微粒子分散・凝集講座　第1巻

分散・凝集の基礎

監修：一般社団法人　日本ディスパージョンセンター

編者：米澤 徹・武田 真一・藤井 秀司・石田 尚之

刊行にあたって

（一社）日本ディスパージョンセンターは，2020年に設立した固体・液体・気体の分散・凝集を利用する形態であるディスパージョン[1]を利用し，人々の生活の向上から地球環境の維持・保全まで幅広い分野での研究をつなげ，支え，発展させることを目的とした一般社団法人です。ディスパージョンは，化粧品・食品・医薬品などの日用品から，塗料・電子部品・電池などの産業応用まで広く用いられる物質形態で，それを作るために，さまざまな撹拌装置，粉砕機器，分散機器が開発されてきました。さらにはそれらの状態を知るための分析機器も多く開発されてきています。

しかしながら，ディスパージョンはあまりにも広く用いられている形態であるにもかかわらず，それ自体を研究し，系統立てて理解することが行われてきたとは必ずしも言えません。現象が身近すぎるのかもしれません。そこで，私たちは，ディスパージョンがどういう風に成り立ち，そこからどういう理論が生まれ，何に，どうやって応用されてきているのかをまとめ，技術者や学生のみなさんに分かりやすく解説できるような書籍が必要ではないかと思うに至り，今回，ディスパージョンの中でも，特に微粒子の濃厚分散系に特化した教科書となりうる書籍シリーズを編纂・刊行することとしました。

本シリーズは，3巻から構成されます。第1巻は基礎編として，固液界面構造や粒子間相互作用など基礎・理論的な内容をまとめました。第2巻は評価編として，分散凝集の評価，分散安定性を支配する因子と評価などをまとめています。さらに第3巻は応用編として，ハード系・ソフト系の分散凝集とその応用例をまとめました。第2巻，第3巻は読んで勉強するだけでなく，研究のときそばに置いて，都度見返して理解を深められるように考えて編集しています。

本書は，ディスパージョンにかかわるすべての企業研究者，大学理工科

1　ディスパージョンとは，固体・液体・気体などのいろいろな形態の物質を扱い，様々な現象（主に分散・凝集）を利用し，人々の生活から地球環境の向上まで幅広い分野での改善を目指した研究分野のことを指す。

系の学生・院生を念頭において執筆されたものです。幸い，株式会社近代科学社では，日本ディスパージョンセンターの願望に賛同され，近代科学社 Digital から編集，印刷，刊行することに惜しみないご協力をいただき，今回，出版することができました。ここに感謝の意を表し，編者代表として，シリーズ刊行のまえがきとします。

一般社団法人 日本ディスパージョンセンター 理事
北海道大学 大学院工学研究院 教授
米澤 徹

はじめに

液中に微粒子が分散した状態は懸濁液やサスペンションと呼ばれますが，産業界では粒子濃度が高い濃厚分散系が多く，スラリーやペーストとも呼ばれます。このような系は日常身近で用いる様々な製品に使われています。そのため，分散系は複雑多岐な現象に関係することになり，これら挙動を勉強する際に何をどこから学べばよいのか迷われる方も多いのではないでしょうか。

そこで，本シリーズでは分散系全般に関する基礎理論，評価法，応用例について役立つ教科書作りを目指しました。とくに第１巻では，分散・凝集挙動を理解する上で是非とも押さえて頂きたい基礎的理論や事項について解説しています。まず「分散・凝集」の用語の説明から始まり，粒子／溶媒界面や粒子間相互作用に関する基礎理論，凝集速度，分散凝集シミュレーションと扱う内容が順に専門的になるような構成を心掛けました。

大学理工科系の専門課程の学生，大学院の博士前期・後期課程の院生，若手研究者，あるいは企業でこの分野に携わり始めた研究員の方々が読まれることを念頭に置いています。本書を読まれた方々の学業やお仕事に少しでも役立つ事を祈念しております。

第１巻　編集代表

一般社団法人 日本ディスパージョンセンター 代表理事

武田 真一

編者

米澤 徹	北海道大学 大学院工学研究院 教授；日本ディスパージョンセンター 理事
武田 真一	武田コロイドテクノ・コンサルティング株式会社 代表取締役社長；日本ディスパージョンセンター 代表理事
藤井 秀司	大阪工業大学 工学部 応用化学科 教授
石田 尚之	同志社大学 理工学部 化学システム創成工学科 教授

著者

武田 真一	武田コロイドテクノ・コンサルティング株式会社 代表取締役社長；日本ディスパージョンセンター 代表理事
大島 広行	東京理科大学名誉教授；東京理科大学総合研究院客員教授
辻井 薫	元北海道大学教授
毛利 恵美子	九州工業大学 大学院工学研究院 物質工学研究系 准教授
小林 幹佳	筑波大学 生命環境系 准教授
石田 尚之	同志社大学 理工学部 化学システム創成工学科 教授
辰巳 怜	プロダクト・イノベーション協会 主任研究員

目次

序章　分散・凝集理論の系譜

第1章　分散・凝集状態を支配する粒子・溶液界面構造と特性

第2章 分散・凝集状態を支配する粒子間相互作用

第3章 分散凝集のダイナミクス

第4章 数値シミュレーション

第5章　演習問題

序章

分散・凝集理論の系譜

0.1　分散・凝集の過程と状態

0.1.1　分散過程と分散状態

様々な分野で，分散は重要な現象であり，濡れ，吸着，粒子間相互作用などが総合的に働く複雑な現象であり，「分散はむずかしい」といわれる原因にもなっている。また，「分散」という用語は，人や分野によって異なった意味に使われるため，誤解を招くことや，理解の妨げにもなっていると思われる。そこで，「分散」という用語の使用法から説明しよう。

1) 操作，過程としての分散。大きな結晶または凝集している大粒子を粉砕して微粒子とし，液（媒質液）で濡らし，液中に均一に浮遊させる。いわゆる「粒子を分散させる」という際の分散 [1]。
2) 状態としての分散。媒質液中に分散させた粒子は熱力学的に不安定であって放置しておくと凝集する。この凝集を防止し，分散させた粒子を安定化しておくような処置がなされたとき「粒子は分散している」という。すなわち，分散状態の安定性のことをいう [1]。

したがって，「分散しにくい」という表現は，「粒子を分散させにくい（微粒子化しにくい）」のか，「分散させやすいが，すぐ擬集してしまう（安定性が悪い）」のか，いずれのことを指しているのかその内容を科学的にはっきりさせる必要がある。また，分散させやすい系が必ずしも分散安定性がいいとも限らないのである。

0.1.2　1 次粒子と凝集粒子

分散特性を議論する場合，「粒子」や「凝集粒子・凝集体」といった用語が頻繁に出てくるので，まずはその定義から確認しておこう。ただし，すべての応用分野で成立する統一的な定義はないので，ここでは国際規格 ISO 26824 (JIS Z8890)[2] に基づいた定義を示す。

「粒子」は，「物理的境界をもった小さな物体」と定義され，「凝集体」については，(a) 強凝集体＝ aggregate，(b) 弱凝集体＝ agglomerate，(c) 軟粒子集合体＝ flocculate のように分類されている。各状態の違いについては，(a)，(b) は一次粒子同士が直接結合して塊になっており，結合の仕方や強さの違いで分類されている。(a) は共有結合もしくは焼結のような強い力で保持されるため不可逆性であり，(b) は van der Waals 力のように弱いか中位の力で保持されるため可逆性である。一方，(c) は高分子電解質等の凝集剤の添加により弱凝集が促進されるときに用いられることが多い。また，この凝集体は二次粒子とも呼ばれ，逆に，一次粒子は，「弱凝集体もしくは強凝集体又はそれらの混合物を構成する粒子」と定義されている。

0.1.3 凝集過程の科学と歴史

粒子が微細になると，表面処理を施していない自然のままの粒子同士でも互いに付着しあって凝集体を作りやすくなる。粉体工学の分野では，このような一般的な粉体粒子の付着や凝集現象に対して，H. E. Rumpf が 1958 年に総説としてまとめている [3]。その論文では，これまでバラバラに説明されていた機構を van der Waals 力，静電気力，液膜による粒子間相互作用などに分類して巧みにまとめられ，個々の粒子の凝集状態の破断強度と関連づけた式が分かりやすく説明されたために一般に広く引用された。しかし，この時点では，凝集粒子の集合構造と流動性の関係を考察するには至っていなかった。その当時，例に挙げられていた集合構造を図 0.1 に示す。二酸化チタンや炭酸カルシウムのような微粒子に見られる塊状凝集体（図 0.1a）と，より微細な粒子であるカーボンブラックやコロイダルシリカの数珠状凝集体（図 0.1b）は明らかに粒子集合体としての構造が異なるが，流動性の違いが説明されてはいなかった。

一方，コロイド科学の分野では第二次世界大戦期に水中での凝集現象に関する重要な理論である DLVO 理論が発表された [4,5]。コロイド分散液に電解質を加えてその濃度を上げていくと，ある濃度 C_{cr}（臨界凝集濃度）で急激に凝集が起きる。種々の系について C_{cr} を実測した結果，C_{cr} は電解質の対イオンの価数 z の 6 乗に反比例することが分かった (Schulze-Hardy の経験則)。当初，この経験則を理論的に予測することは困難と考えられていたが，DLVO 理論は見事にその説明に成功した。DLVO 理論では，粒子間相互作用のポテンシャル曲線の山が濃度 C_{cr} で

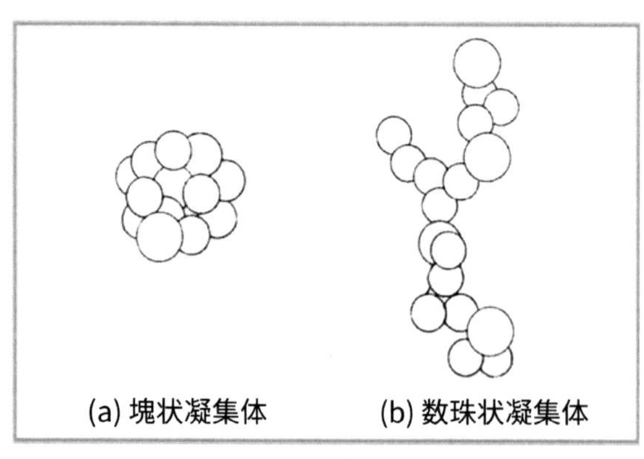

図 0.1　粒子凝集体の形態例

消える，つまり，極大値 V_{max} がゼロになると考えたのである。この理論はその後，現在に至るまで，液中粒子の分散安定性の指標である安定度比 W や緩慢凝集速度を求める際の定法となっている。この理論以外にも，高分子電解質によるコロイド粒子の凝集過程を説明する機構として，架橋作用 [6]，枯渇凝集機構 [7]，荷電中和作用 [8] などが挙げられる。

0.1.4　分散過程の科学と歴史

微粒子・ナノ粒子が大気中で 1 次粒子あるいは凝集粒子のいずれの形態にあっても，一旦，溶媒と接すると，粒子表面はそれまで気体分子と接していた状態から溶媒分子と接する状態に変化する。ただし，必ずそのような置換反応が生じるのではなく，粒子表面の特性に依存して反応の進行の程度が決まる。気体分子との接触状態を維持するような表面特性を「疎液性が高い」，「濡れ性が悪い」と呼ばれる。一方，気体分子から容易に溶媒分子に置換するような表面特性の場合には，「濡れ性が良い」，「液体への親和性が高い」といわれる。とくに水に対して親和性が高い場合には，「親水性」，油に対して親和性が高い場合には，「親油性」の表面であると表現される。

この「濡れ性」と分散過程の関係を議論する場合，

1) 固体表面に対する純液体の濡れ（界面張力の検討）

2) 固体表面に対する界面活性剤や樹脂溶液の濡れ（高分子吸着速度の検討）
3) 粒子凝集体中への溶液の浸透（Washburn の式の検討）[9]

などがあるが，本節の目的で扱える範囲を超えていること，深く掘り下げられず曖昧な記述となってしまうことも懸念されるので，ここでは触れないでおくことにする。さらに，粒子が濡れた後には，機械的解砕の過程があり [9]，ここでは液体相にぬれて凝集力の小さくなった粒子の凝集体が，分散機内で衝撃力やせん断力の作用により，一層小さい凝集体，理想的には一次粒子まで解凝集されるが，機械的解砕法も種々あるので，ここでは省略させて頂く。

0.1.5 状態を表す際の分散性と分散安定性

一般に，「粒子の分散性」の状態を評価する際には，大別して (1) 微粒子化の程度と (2) 分散安定性，の 2 つの観点がある [10,11]。スラリー調製時には「分散性（Dispersibility）」が重要であるが，貯蔵時には「分散安定性（Dispersion stability）」が重要な特性となる。すなわち，調製時の分散状態が時間の経過に対してどのように変化するのか，またその速度はどの程度なのかが重要となる。

例えば凝集粒子を 1 次粒子に微粒子化する場合，その微粒子化の程度やそのし易さの程度については，「分散性（Dispersibility）」を評価すべきであるが，この「分散性」は 1 次粒子の粒子径分布，凝集粒子の大きさやその割合，粒子径の均一性などで表現される。したがって，この場合にはゼータ電位測定は意味をなさない。つまり，ゼータ電位の大小は「分散性」の指標とはなり得ないのである。しかしながら，現状は，「分散・凝集状態」というと，すぐにゼータ電位で評価可能と判断される方が多く，評価法だけでなく，制御因子の選択にも混乱を招く場合がある。そこで，このような混乱を避けるため，ISO ではこれら用語の定義を明確にし，評価法のガイドラインを作成する作業が進められた [10,11]。ここで，その概要を紹介すると，「分散性」を評価したい場合には，ISO/TS22107: Dispersibility of solid particles into a liquid[11] にしたがって，扱おうとしている分散体の評価を行う。すなわち，(1) 分散性＝微粒子化の程度を評価する必要があるのか，(2) 分散安定性＝分散状態の経時変化速度を評価する必要があるのか，を意識して区別しておく必要がある。

0.1.6　分散性を支配する因子

凝集粒子を１次粒子に微粒子化する場合，その微粒子化の程度やそのし易さの程度を「分散性（Dispersibility）」と呼ぶと述べたが，この「分散性」を支配する主な因子が，上記の粒子表面の「濡れ性」である。濡れ性は，粒子－溶媒間の界面エネルギーと密接に関係し，粒子同士の「凝集力」と表裏一体の関係にある。この界面エネルギーや濡れ性の本質は，分子間力である。分子間力は，分子同士，高分子内の離れた部分や粒子表面の官能基間に働く電磁気学的な力で，力の強い順に並べると，イオン間相互作用＞水素結合＞双極子相互作用＞ van der Waals 力，とされている。この４つの力はいずれも静電気的相互作用に基づく引力で，イオン間相互作用，水素結合，双極子相互作用は永続的な＋と－との電気双極子により生じる。一方，van der Waals 力は電荷の誘導や量子力学的な揺らぎによって生じた一時的な電気双極子により生じる。永続的な電荷により引き起こされる引力や斥力は古典的なクーロンの法則で示されるように距離の逆二乗と電荷の量により決定づけられる。前３者の相互作用の違いは主に関与する電荷量の違いであり，イオン間相互作用は，整数量の電荷が関与するため最も強い。水素結合は電荷の一部だけが関与するため，１桁弱い。双極子相互作用はさらに小さな電荷によるため，さらに１桁弱くなる。したがって，スラリー調製時の分散・凝集状態を決めるのは，上記分子間力ということになる。凝集を避け，微粒子化を進めるためには，凝集粒子を構成する１次粒子間に働く分子間力を把握し，凝集時の分子間力に打ち勝つような，すなわち粒子表面に吸着している分子を置換できるような他の種類の分子を反応させることがポイントとなる。

0.1.7　分散安定性を支配する因子

液中粒子の分散安定性には，(1) 沈降に対する安定性と (2) 凝集に対する安定性の２つの観点があり，前者はストークス式により，後者はDLVO

理論により論理的に説明される。DLVO 理論については，次節で詳しく述べるので，ここでは沈降に対する安定性について紹介する。

一般に粒子が 1 次粒子に均質に分散していても凝集していても溶媒の密度よりも粒子密度が大きい場合には沈降し，逆に小さい場合には浮上する。その際，1 次粒子が凝集した後に浮上あるいは沈降する場合と，浮上・沈降した後に凝集する場合が考えられる。沈降層では，粒子が 1 次粒子に分散している場合，最密充填することが多く，凝集している場合にはランダム充填することが多い。そのため凝集粒子がスラリーに含まれる場合には沈降高さがより高くなる。

ここで懸濁液中の 1 個の粒子についてさらに詳細に考えてみると，分散液中の粒子は，ブラウン運動によってランダムに動きまわっている。そして，沈降している途中の粒子は，その濃度勾配に逆らって拡散していき，最終的には均一な濃度になろうとする。したがって，粒子には，重力による沈降とブラウン運動の影響を受けた粒子間相互作用による拡散という 2 つの力が働くことになる。この 2 つの種類の力が平衡している状態は沈降平衡と呼ばれ，次式により表わされる [12]。

$$\rho_S \frac{\pi}{6} d^3 \frac{du}{dt} = \frac{\pi}{6} d^3 \rho_S g - \frac{\pi}{6} d^3 \rho g - C_D \frac{\pi}{4} d^2 \frac{\rho u^2}{2} \qquad (0.1.1)$$

ここで，ρ_S は粒子密度，ρ は流体密度，d は粒子直径，u は粒子速度，C_D は流体抵抗，g は重力加速度である。(0.1.1) 式の左辺は粒子に働く慣性力，右辺の第 1 項は粒子に働く重力，第 2 項は浮力，第 3 項は流体抵抗（代表面積 × 流体の運動エネルギー）を表す。また，沈降速度の遅い微粒子の場合には，抵抗係数 C_D は次式で表される。

$$C_D = \frac{24}{R_e} \qquad (0.1.2)$$

(0.1.2) 式中の R_e はレイノルズ数である。レイノルズ数は流体の流れの状態を表す係数であり，粒子を対象とした場合は次式で表される。

$$R_e = \frac{du\rho}{\mu} \qquad (0.1.3)$$

ここで，μ は流体の粘度である。

ナノ粒子や微粒子が流体中を沈降するとき，最初は加速運動するがすぐに等速運動になる。このときの粒子の沈降速度を終末速度 u_t と呼ぶが，等速運動になると慣性力がゼロなので，(0.1.1) 式の左辺をゼロとおくと (0.1.4) 式が得られる。

$$u_t = \frac{(\rho_S - \rho)\, g d^2}{18\mu} \quad \text{または} \quad d = \sqrt{\frac{18\mu u_t}{(\rho_S - \rho)\, g}} \tag{0.1.4}$$

次に，分散液中の粒子濃度が高くなった濃厚系での沈降について考えてみよう。まず，粒子の濃度が高くなってくると，その分散液の見かけ密度・見かけ粘度が大きくなってくる。その結果，粒子群の沈降速度は，単一の粒子が沈降するときの速度よりも遅くなることが知られている。その理由は，分散液の密度や粘度の抵抗を受けるからで，このような状態になったときの粒子群の沈降の状態は干渉沈降と呼ばれている [13-15]。粒子群が容器の底に沈降する場合にも粒子と分散液が置き換わることになるので，分散液に上昇置換流が発生する。この上昇置換流の影響を受けて，粒子群の沈降速度が遅くなる。さらに濃厚系では，粒子衝突の頻度が高くなるので粒子の合一も起こるので，沈降に対する安定性を支配する因子を考える場合には，粒子の粒度分布，密度，溶媒の粘度，密度だけでなく，干渉を及ぼし合う程度に関与する粒子濃度あるいは粒子間距離も考慮する必要がある。

0.2　分散・凝集の理論発展の系譜

0.2.1　分散凝集に対する 2 つの見方

電解質溶液中に分散した多数のコロイド粒子からなる系では，粒子間引力のために粒子の凝集が起きる（図 0.2）。

この凝集過程に対して，異なる 2 つの見方に基づく理論がある。すなわち DLVO（Derjaguin-Landau-Verwey-Overbeek）理論 [4,5] と Langmuir 理論 [16] である。DLVO 理論では，コロイド粒子の分散状態を厳密に熱力学的意味で安定と考えるのではなく，時間とともに最終的に

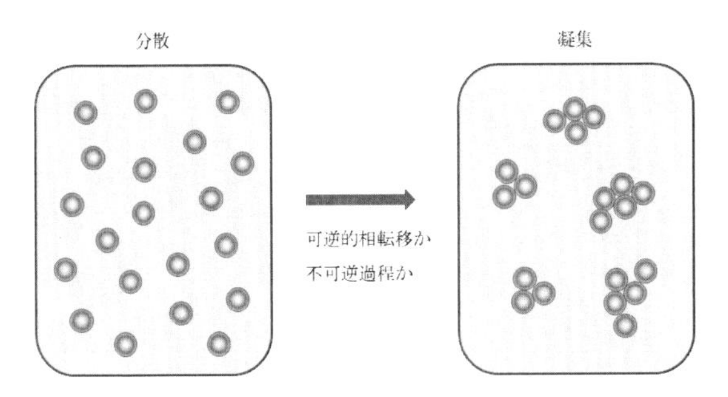

図 0.2　コロイド粒子分散系の凝集に対する 2 つの見方

表 0.1　コロイドの分類

<table>
<tr><td>分散コロイド</td><td>疎水コロイド</td><td>不可逆コロイド</td><td>速度論</td></tr>
<tr><td>会合コロイド</td><td rowspan="2">親水コロイド</td><td rowspan="2">可逆コロイド</td><td rowspan="2">平衡論</td></tr>
<tr><td>高分子コロイド</td></tr>
</table>

は必ず凝集する不安定な状態と見なす。すなわち，凝集過程を不安定な分散状態から安定な凝集状態への不可逆過程と捉えて速度論的に扱い，凝集する速度を評価する。つまり，DLVO 理論における安定な分散系とは系の凝集速度がほとんどゼロと見なせるほどゆっくりした系を意味する。一方，Langmuir 理論では，分散状態と凝集状態を互いに平衡に共存できる 2 つの熱力学的に安定な相とみなし，凝集過程を相転移つまり可逆過程と考える。

これら 2 つの理論が競合した時代があったが，それぞれの理論が対象とする粒子系が異なると考えるべきである。粒子が水中に分散している場合，Langmuir 理論の立場に基づく平衡論は，会合コロイドや水溶性の高分子等の親水コロイド（可逆コロイド）に適用できる。一方，DLVO 理論に基づく速度論的手法は金属粒子等の分散コロイドすなわち疎水コロイド（不可逆コロイド）に適用できる（表 0.1 参照）。

以下では，コロイド粒子の分散・凝集に関する理論発展の系譜について順に述べる。

0.2.2　不可逆コロイドの分散・凝集の速度論

DLVO（Derjaguin-Landau-Verwey-Overbeek）理論 [4,5] については第2章で詳しく解説するが，以下ではこの理論の概略を述べる。多数の微粒子の中で，互いに接近した2個の粒子に着目する。粒子間には van der Waals 引力と静電斥力が働き，これらの2つの力のバランスで分散・凝集が決まると考える。静電斥力が大きければ分散し，van der Waals 引力が大きければ凝集する。

Hamaker[17] は2個のコロイド粒子間の van der Waals 引力が一方のコロイド粒子の構成分子と他方のコロイド粒子の構成分子の間の van der Waals 力の総和で与えられることを理論的に示した（図 0.3）。

一方，それぞれのコロイド粒子周囲に形成される拡散電気二重層が2個のコロイド粒子の接近に伴って重なる結果，粒子間の領域の電解質イオンによる浸透圧が増大して粒子間静電斥力が発生する（図 0.4）。

このようにして得られた van der Waals 引力と静電斥力のそれぞれのポテンシャルエネルギー $V_A(H)$ と $V_R(H)$ の和から全エネルギーを求め，2個の粒子の表面間距離 H に対して図示する。これをポテンシャル曲線と呼ぶ（図 0.5）。このポテンシャル曲線に熱エネルギーより十分高い極大（ポテンシャルの山）が存在すれば，コロイド分散系はゆっくりと凝集（緩慢凝集）して安定とみなし，ポテンシャルの山が低ければあるいは

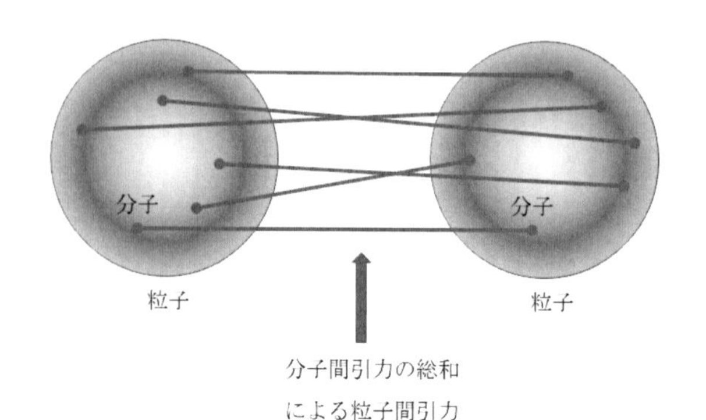

図 0.3　分子間力の総和から粒子間引力

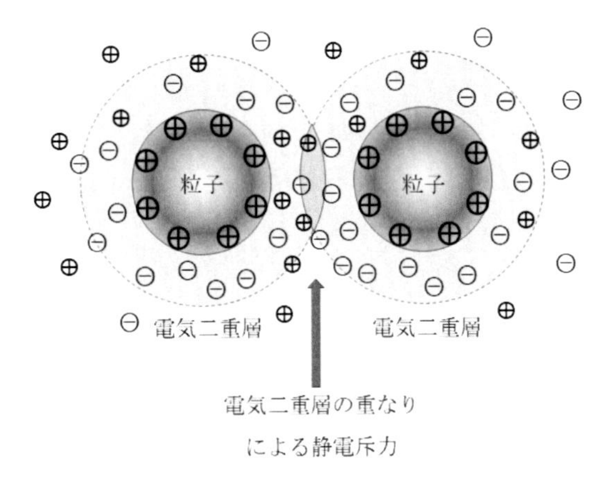

図 0.4 電気二重層重の重なりによる静電反発力

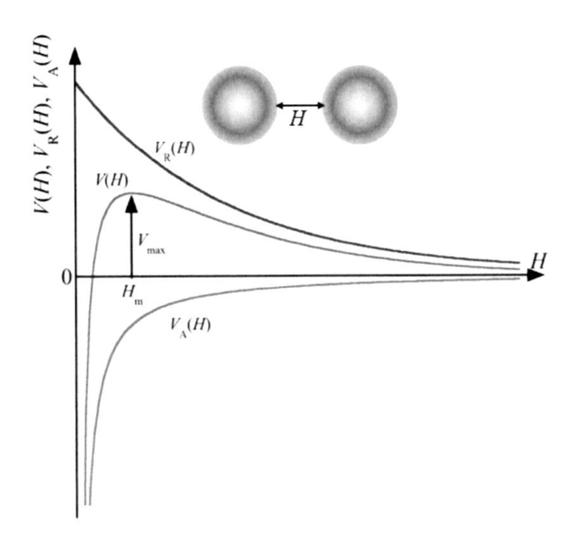

図 0.5 2 個のコロイド粒子間相互作用に対するポテンシャル曲線

存在しない場合は直ちに凝集（急速凝集）すると考える。ポテンシャルの山を越えて凝集する確率から凝集速度を計算し，コロイド粒子分散系の安定性を評価する。

DLVO 理論の正当性は，DLVO 理論の登場する以前から知られていた

Schulze-Hardy の経験則を説明できたことによる。コロイド粒子分散系に電解質を加え，電解質濃度を上げていくと，ある濃度（臨界凝集濃度）で急速凝集が起きる。この経験則によれば，臨界凝集濃度は加えた電解質由来の対イオン（粒子の電荷と反対符号のイオン）の価数の 6 乗に反比例する。この経験則を DLVO 理論は見事に説明できた。なお，コロイド粒子の表面電位が高い場合でないと *Schulze-Hardy* の経験則は説明できず，低い場合は，臨界凝集濃度は対イオンの価数の 6 乗でなく 2 乗に反比例してしまう。実際，1940 年の Derjaguin の論文 [18] では低電位のコロイド粒子を扱っているため，*Schulze-Hardy* の経験則は説明できなかった。Derjaguin は回顧録 [19] の中で述べているように，この問題の解決のために Landau に相談したところ，高電位のコロイド粒子で計算することを助言され，その結果，*Schulze–Hardy* の経験則を説明することができた。Derjaguin と Landau の論文 [4] のタイトルには"strongly charged particles"と明記されている。なお，Verwey と Overbeek は当時第 2 次世界大戦の最中であったため，Derjaguin と Landau の論文 [4] を知らず，独立に同じ結果を導き 1948 年に書籍の形で発表した [5]。後に，Verwey と Overbeek は Derjaguin と Landau のプライオリティを表明している [20, 21]。

0.2.3　可逆コロイドの相転移理論

DLVO 理論に先立ち，1938 年に Langmuir が発表した理論 [16] は以下のように DLVO 理論と全く異なる。

1) コロイド分散系の分散状態と凝集状態を互いに平衡に共存できる 2 つの熱力学的な安定な相とみなし，凝集過程を可逆的相転移と考える。
2) DLVO 理論では 2 個の粒子のみを考えたが，Langmuir 理論では統計力学に基づいて多数の粒子を扱う。
3) コロイド粒子間の van der Waals 引力はコロイド粒子を凝集させる力として不十分であると考え，Hamaker 理論は採用しない。そのかわりに，電解質溶液中の対イオンとコロイド粒子の間に働く静電引力を介して粒子同士が引き合うと考える。この引力発生の機構はイオン結晶に類似している。NaCl 結晶の場合，Na^+ イオン同士および Cl^- イオン同士の間には斥力が働くが，この斥力より Na^+ イオンと Cl^- イオン間の引力が大きいため結晶が形成される。同様に，コロイド粒子同士の間および対イオン同士の間には静電斥力が働くが，コロイド粒子と対イオン間の静電引力の方が大きい場合，コロイド分散系が凝集すると考える。コロイド粒子間，対イオン間，およびコロイド粒子と対イオン間のそれぞれの相互作用エネルギーの計算には Debye-Hückel の強電解質理論を用いた。すなわち，図 0.6 のように，カチオンとアニオンからなる電解質イオンのうち，一方のイオンのサイズのみコロイド粒子のサイズまで大きくして，粒子と対イオンからなる分散系をつくる。この系に Debye-Hückel の強電解質理論を適用して分散系の自由エネルギーを求め，系の圧力を粒子濃度の関数として計算する。

4) コロイド粒子間の電気二重層の重なりによる静電斥力は考えず，粒子自身の熱運動（Brown 運動）によって粒子同士が互いに分散すると考える。

5) DLVO 理論では 2 個の粒子間全相互作用のポテンシャル曲線を描きポテンシャル曲線の極大の高さを議論したが，Langmuir 理論では統計力学的手法を採用しているため，ポテンシャル曲線のかわりに分散系の圧力を粒子濃度の関数として描き，分散相と凝集相の間の相平衡と相転移を議論する。

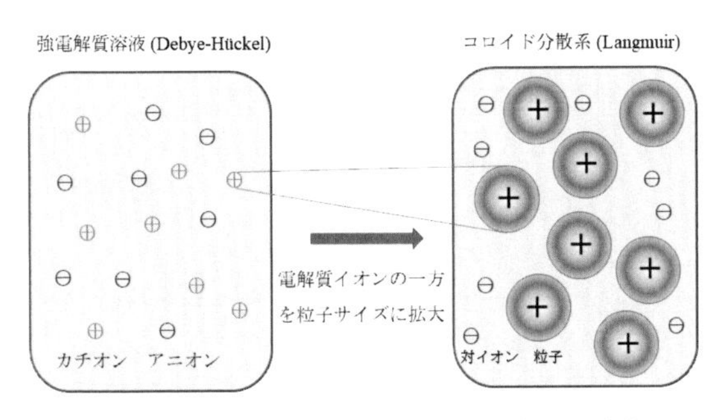

図 0.6　電気二重層重の重なりによる静電反発力

以上のようにして，Langmuir はコロイド分散系の分散系の圧力を粒子濃度の関数として表したところ，図 0.7 のような極大と極小をもつ曲線を得た。

この曲線において粒子濃度が低い領域は分散相に対応し，粒子濃度の高い領域は凝集相に対応する。いずれの領域においても粒子濃度の上昇とともに圧力が増加する。しかし，粒子濃度が中間の領域では粒子濃度の上昇とともに分散系の圧力が減少する。これは，物理的に不可能であり，この中間領域では分散相と凝集相が互いに平衡に共存すると考える。その結果，圧力はこの領域で一定となり，図 0.7 のように水平線になる。この領域では分散相から凝集相への相転移が起きていると結論する。実在気体に対する van der Waals 状態方程式に基づいて実在気体の圧力を体積の関数として図示した場合に全く同じ状況が現れる。しかし，Langmuir 理論を疎水コロイドの分散凝集現象に適用した結果，Schulze-Hardy の経験則を説明できることはできなかった。

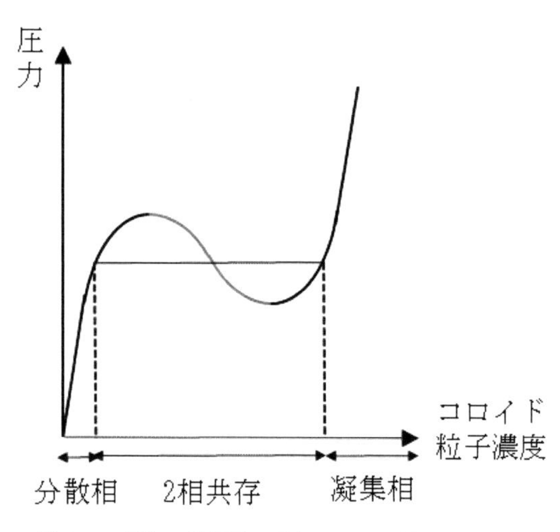

図 0.7　電気二重層重の重なりによる静電反発力

0.2.4　Onsager の排除体積理論

Langmuir 理論では疎水コロイドの凝集を説明できなかったが，粒子分散系を統計力学的に扱い分散状態から凝集状態への変化を相転移としてとらえる考え方は Onsager に引き継がれた [22]。

Onsager[22] は棒状のタバコモザイクウイルス（TMV）溶液において電解質濃度に 依存してウイルスを 2～3% 含む等方相と 3～4.5% 含む異方的な相が共存する現象に着目した。Onsager は 2 つの棒状粒子間の排除体積効果による引力によって，規則構造が形成されることを理論的に示した。粒子は自由に動くことができる領域の体積（自由体積）が大きいほど，あるいは，自由に動くことができない領域の体積（排除体積）が小さいほどエントロピー的に有利である。図 0.8 において，粒子 1 の周囲の点線で囲まれた領域内には粒子 2 の重心は入ることはできない，すなわち，この点線で囲まれた領域が排除体積である。排除体積は粒子の同士の配向によって変化する。図 0.9 に示すように，粒子は互いに垂直に配向する場合と平行に配列する場合を比べると，互いに平行に配列した方が排除体積は小さく，その分，自由体積が大きくなる。この結果，棒状粒子は互いに平行に配列し規則的な結晶構造（液晶）をとる。これが Onsager の異方性粒子に関する排除体積理論である。van der Waals 引力を考えなくても，粒子間に引力が働くことになる。

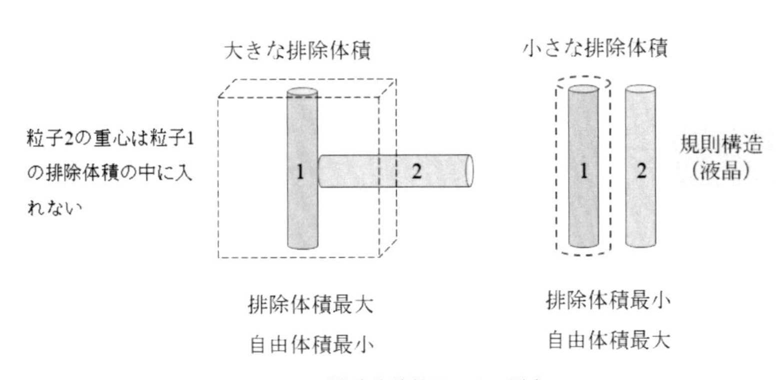

図 0.8　排除体積効果による引力

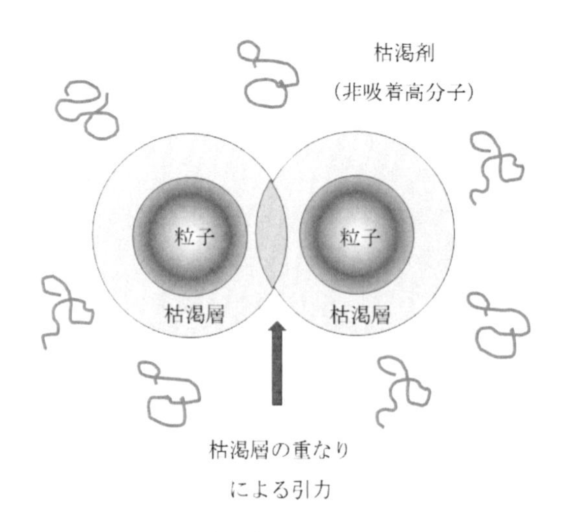

図 0.9　枯渇重の重なりによる引力

その後，Alder と Wainwright[23] は球状粒子の分散系に対する計算機実験を行い，異方性粒子ではなくても分散相から凝集相への転移（Adler 転移）が起こることを示した。

0.2.5　高分子によるコロイド粒子の凝集：朝倉・大澤の枯渇相互作用の理論

朝倉・大澤理論 [7,24] はコロイド粒子に吸着しない高分子の水溶液を考えて，その中に分散する 2 個のコロイド粒子間に働く引力に関する理論のことである。コロイド粒子周囲には高分子の重心がそれ以上接近できない層が形成される。高分子が有限のサイズをもつためである。この層を高分子の枯渇した層すなわち枯渇層と名付け，高分子を枯渇剤と呼ぶ。コロイド粒子を含まない高分子溶液とコロイド粒子を含む高分子溶液を比較しよう。コロイド粒子が存在すると，粒コロイド粒子囲に枯渇層が形成される分だけ，高分子が自由に動きまわれる体積が減少する。つまり，枯渇層は高分子の排除体積であり，枯渇層が形成されると高分子の自由体積が減少する。ところが，2 個の粒子が接近して，互いの枯渇層が重なると，そ

表 0.2　各理論で考慮する粒子間引力と斥力

理論	引力	斥力
DLVO	van der Waals引力	電気二重層の重畳
Langmuir	粒子-対イオン間静電引力	粒子の熱運動
Onsager	異方性粒子間の排除体積効果	粒子の熱運動
Alder	球状粒子間の排除体積効果	粒子の熱運動
朝倉・大澤	粒子-高分子間の排除体積効果	

の分枯渇層の体積すなわち高分子の排除体積が減少し，自由体積が増加する。これは系のエントロピー増大を引き起こし，2 個の枯渇層の重なりは進行する。これは，2 個の粒子間に引力が働くことを意味する。

最後に，この節で述べた各理論で粒子間の引力と斥力としてどのような力を考えているか表 0.2 にまとめた。

参考文献

[1] 北原文雄: 固・液界面の基礎知識, 色材, Vol. 43(12), pp. 622 - 628 (1970).

[2] ISO 26824:2022, Particle characterization of particulate systems-Vocabulary, (2022), JIS Z 8890:2017 (MOD)(2017).

[3] Rumpf, H. E: Grundlagen und methoden des granulierens, *Chem. Ing. Tech.*, Vol. 30(3), pp.144 - 158 (1958).

[4] Derjaguin, B, Landau, L.: Theory of the stability of strongly charged lyophobic solsand of the adhesion of strongly charged particles in solutions of electrolytes, *Acta Physicochimist URSS*, Vol. 14, pp.633 - 662 (1941)

[5] Verway, E. J. W, Overbeek, J. Th. G.: "Theory of the stability of lyophobic colloids", Amsterdam: Elesevier (1948).

[6] Ruehrwein, R. A., Ward, D. W.: Mechanism of clay aggregation by polyelectrolytes, *Soil, Sci.* Vol. 73(6), pp.485 - 492 (1952).

[7] Asakura, A, Oosawa, F.: On Interaction between Two Bodies Immersed in a Solution of Macromolecules, *J. Chem. Phys.*, Vol. 22, pp.1255-1256 (1954).

[8] Gregory, J.: Rates of flocculation of latex particles by cationic polymers, *J. Colloid Interface Sci.*, Vol. 42(2), pp.448 – 456 (1973).

[9] 小林敏勝: 顔料分散の基本的な考え方と最新技術, 色材, Vol. 74(3), pp. 136 - 141 (2001).

[10] ISO/TR13097: Guidelines for the characterization of dispersion stability (2013).

[11] ISO/TS22107: Dispersibility of solid particles into a liquid (2021).

[12] 奥山喜久夫: 沈降法による測定技術, エアロゾル研究, Vol. 2(3), pp.170 - 175 (1987).

[13] 大友涼子: 液体中における微粒子の分離操作, 関西大学理工学会誌-理工学と技術, Vol. 24, pp.31 - 34 (2017).

[14] Sobisch, T., Lerche, D.: Application of a new separation analyzer for the characterization of dispersions stabilized with clay derivatives, *Colloid Polym. Sci.*, Vol. 278, pp. 369 - 374 (2000).

[15] Kynch, G. J.: A Theory of Sedimentation, *Trans. Faraday Soc.*, Vol. 48, pp.166 -176 (1952).

[16] Langmuir, I.: The role of attractive and repulsive forces in the formation of tactoids, thixotropic gels, protein crystals and coacervates, *J. Chem. Phys.*, Vol. 6, pp. 873 - 896 (1938).

[17] Hamaker, H. C.: The London - van der Waals attraction between spherical particlesm, *Physica*, Vol. 4, pp. 1058 - 1072 (1937).

[18] Derjaguin, B. V.: On the repulsive forces between charged colloid particles and on the theory of slow coagulation and stability of lyophobe sols, *Trans. Faraday Soc.*, Vol. 35, pp. 203 - 215 (1940).

[19] Derjaguin, B. V.: This week's citation classic, Vol. 32, August 10 (1987).

[20] Verwey, E. J. W, Overbeek, J. Th. G.: General discussion, *Discuss. Faraday Soc.*, Vol. 18, pp 180 - 228 (1954).

[21] Verwey, E. J. W, Overbeek, J. Th. G.: Theory of the stability of lyophobic colloids. *J. Colloid Sci.*, Vol. 10, pp 224 - 225 (1955).

[22] Onsager, L.: The effect of shape on the interaction of colloidal particles, *Ann. New York Acad. Sci.* pp. 627 - 659 (1949).

[23] Alder, B. J., T. E. Wainwright, T. E.: Phase transition for a hard sphere system, *J. Chem. Phys.*, Vol. 27, pp. 1208 - 1209 (1957).

[24] Asakura. S., Oosawa, F.: Interaction between particles suspended in solutions of macromolecules, *J. Polym. Sci.*, Vol. 33, pp.183 - 192 (1958).

第1章

分散・凝集状態を支配する粒子・溶液界面構造と特性

1.1　界面エネルギーと濡れ

本書は，分散・凝集に関する書籍である。その本でまず「界面エネルギーと濡れ」が取り上げられるのは何故か？ はじめにその理由について記しておこう。

界面エネルギーは，熱力学量（自由エネルギー）である。そして，熱力学的には分散状態は常に不安定で，より界面エネルギーの低い凝集状態に変化しようとしている。それが，分散・凝集問題の根底にある原則である。したがって，分散の安定性とは熱力学的安定性ではなく，速度論的安定性（凝集までの時間の永さ）を意味することを先ず肝に銘じておいて頂きたい。

では次に，なぜ濡れの知識が必要か？ それは，濡れが分散過程の最も初期の段階を支配する現象だからである。例えば，煤（スス：カーボンブラック）のような疎水性の粉体を水に投入した場合，粉体はママコになってしまって水に浮かんでしまう。その原因は，煤が水に濡れないためである。煤を水に分散するためには，先ず水に濡れるようにしてやらなければならない。それが，分散過程に濡れが必要とされる理由である。そして濡れは，界面エネルギーが諸に（顕わに）支配する現象なのである。つまり，分散・凝集現象の最も根本のところに，本節の問題「界面エネルギーと濡れ」が存在しているといえよう。

1.1.1　表面（界面）エネルギー

界面とは，巨視的な2種類の物質が接する境界（境目）のことである。例えば，水と油の境界は液体／液体界面であり，お皿と空気の境界は気体／固体界面である。これらの界面，特に液体と液体，液体と気体の界面では，接する2つの物質相の極近傍で，分子が幾分か混ざり合うことは充分に考えられる。その意味で，界面とは幾何学的な面ではなく，ある程度（分子サイズ）の厚みを持つものと考えるべきである。実際にどの程度の厚みを想定するべきかという問題は，まだよく解っていない。界面における分子レベルの構造は，未だ現在の先端的研究課題である。

ここで，「表面」と「界面」という言葉の定義を説明しておこう。物質と物質の境界（境目）が界面であるが，これらの界面のうち，片方が真空や気体の場合に，特に「表面」と呼ぶことが多い。したがって，「界面」の方が一般的な名称であり，「表面」は界面の一種（真空や気体との界面）であるということになる。

界面エネルギーとは何かを考える場合，真空や気体との界面である表面を取り上げた方が理解し易い。そこで本項では，まず表面エネルギーの説明から始めることにする。ところで，表面エネルギーは「表面張力」という呼称の方がより一般的である。その２つが全く同じものであることは，本項で解説する。

(1) 表面エネルギー（張力）とは？

蓮や里芋の葉の上の水滴が，丸くなって転がることは，読者の皆さんはよくご存知であろう。また，古い体温計を壊したりして，床にこぼした水銀も丸くなる。このように，液体が自由にその形をとることができる場合には，球になる。一方，水より比重の大きな物体であっても，それが濡れなければ水の表面に浮かぶことがある。例えば，アメンボは水面を自在に動きまわることができるし，汚れた一円玉や縫い針は，静かに水面に置くと水に浮かぶ。

液体がもし純然たる流体であれば，重力下においてはいかなる場合でも，重力方向に垂直な平面になるはずである。然るに，上述のように，ハスの葉の上の水滴が球形になったり，ポリエチレンやテフロンの固体表面上の水滴は半球状に丸く盛り上がる。これらの現象は，あたかも水の表面にゴム風船の膜に類似のものが存在するかのような印象を与える。アメンボや一円玉が水に浮かぶ現象も，同様に水表面における膜の存在を印象付ける。

実際に，ゴム風船の膜と液体の表面には類似性がある。ゴム風船を膨らませた場合，ゴムの薄膜の縮まろうとする張力によって，内部の圧力が外部よりも高くなる。同様に，液体の風船であるシャボン玉の内部も，その圧力は外部よりも高くなっている。つまり，シャボン玉の液膜には，風船のゴム膜と類似の縮まろうとする張力が存在するのである。シャボン玉の膜は２枚の水溶液表面から成っているが，１枚の表面を有する水滴の場合

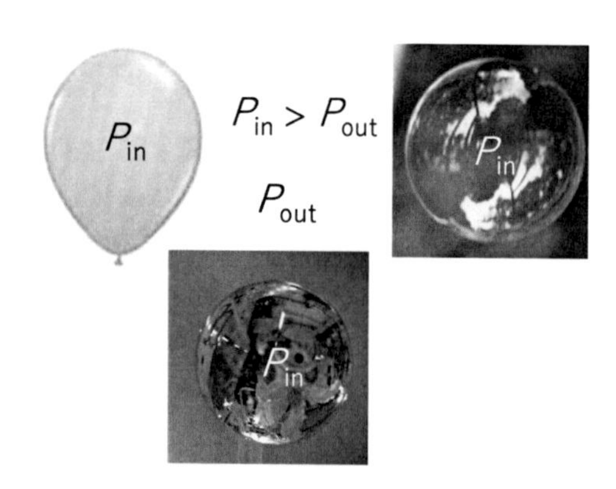

図 1.1　ゴム風船の膜の張力と表面張力の類似性。シャボン玉や水滴の内部の圧力は，ゴム風船と同様に外部より高い。

も，内部の圧力が外部よりも高くなっている。水の表面に，縮もうとする張力が働いているのである（図 1.1）。これが表面張力である。

(2) 表面エネルギー（張力）の起源

これまで水滴やシャボン玉の例から，表面には縮まろうとする性質があり，それが表面張力であると述べてきた。それでは何故，表面には縮まろうとする性質，つまり表面張力が存在するのであろうか？ それは，液体の表面は，内部に比べて自由エネルギーが高いことに原因がある。表面の自由エネルギーが高いので，できるだけ表面積を小さくし，自由エネルギーの低い状態になろうとするのである。表面積を小さくしようとする力，それは表面を縮めようとする張力に他ならない。読者が持たれるであろう次の疑問は，ではどうして表面の自由エネルギーが内部より高いのかということであろう。凝縮相（液体と固体をこう呼ぶ）を形成する分子や原子間には，互いに引力が働いている。その引力が熱運動に打ち勝っているからこそ，分子や原子はバラバラにならず，液体や固体として存在することができるのである。一個の分子を，真空中から凝縮相に移したとすると，周りの仲間の分子との引力によってその分子は安定化する。一人ぼっちで寂しい思いをしている人が，仲間のなかに入ると安心し，居心地が良くなるのに似ている。その居心地の良さ（安定化の自由エネルギー）が凝

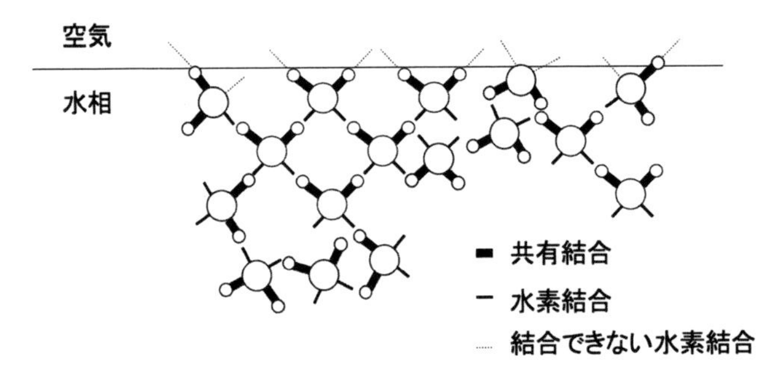

図 1.2　表面エネルギー（張力）の起源。表面の水分子には，外（蒸気）側から水素結合を作る分子は存在しない。

集エネルギーである。例えば水分子の場合，真空中から水中に移されると，最大 4 個の水素結合を結ぶことが可能である。その水素結合のエネルギー分だけ安定化することができる。もちろん，水素結合以外にも，van der Waals 引力等も働き，安定化に寄与していることはいうまでもない。

さてここで，表面にいる分子を考えてみよう。この分子には，外側（真空または蒸気側）に相互作用する分子が存在しない。図 1.2 に，水の例を挙げる。表面にいる水分子は，外側とは水素結合を結ぶことができず，その分内部（バルク中）にいる分子より自由エネルギーが高くなる。この表面にいるが故に高くなる自由エネルギーを，単位表面積あたりで表したものが表面張力である。表面には過剰の自由エネルギーが存在するので，液体はできるだけ表面積を小さくしようとする。蓮の葉の上の水滴や，床にこぼれた水銀が球になるのはこのためである。同じ体積なら，球の表面積が最も小さいからである。

図 1.3 に，表面張力によって液体が表面積を小さくしようとすることを示す，簡単な実験を挙げた。枠の 1 つが可動である四角い枠に，石鹸膜（シャボン玉膜）が張られている。この可動の枠を離すと，枠は液膜に引っ張られて左に動く。このとき，枠に働く力を f とし，石鹸膜と接している枠の長さを l とすると，表面張力 γ は，(1.1.1) 式で定義される。

$$\gamma = \frac{f}{2l} \tag{1.1.1}$$

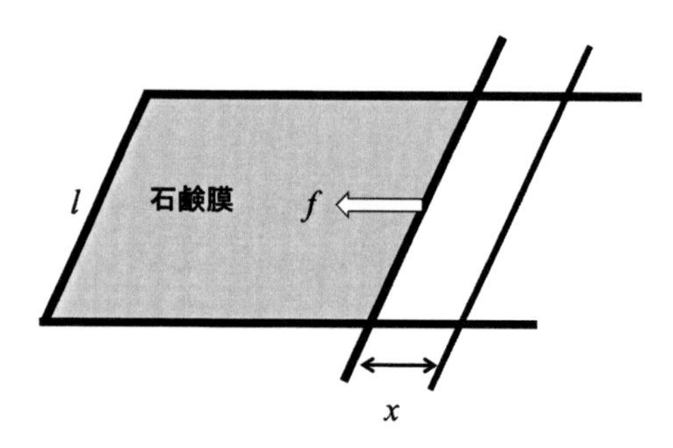

図 1.3　表面エネルギー（張力）が表面積を小さくすることを示す簡単な実験。四角形の枠の中に張られた石鹸膜は，表面積を小さくしようとして可動性の枠に力 f を及ぼす。

分母に係数 2 が掛かるのは，液膜に表と裏の 2 つの表面があるからである。さて，この可動枠を力 f に逆らって，距離 x だけ右に引っ張ったとしよう。このとき，この液膜になされた仕事 w は fx で，表面積の増加 s は $2lx$ である。表面張力は引っ張った距離 x に依存しないので [1]，仕事 w はこのように書き表せる。(1.1.1) 式の分母と分子に x を掛けると，

$$\gamma = \frac{f}{2l} = \frac{fx}{2lx} = \frac{w}{s} \tag{1.1.2}$$

となる。(1.1.1) 式は表面張力を単位長さあたりの力として表したものであり，(1.1.2) 式は単位表面積あたりの自由エネルギー（仕事）として表現したもので，全く同じものである。

表面張力の定義から容易に理解できるように，凝集エネルギー（分子間の引力相互作用）の大きい物質ほど表面張力も大きい。なぜなら，内部にいれば得られる大きな分子間相互作用による安定化が，表面では得られないからである。つまり，内部にいれば得られる自由エネルギーが大きいほど，表面にいるが故に損をする自由エネルギーも大きいわけである。表 1.1 には代表的な金属の，また表 1.2 には溶剤の表面張力の値を示した。金属の表面張力は，溶剤に比べて桁違いに大きい。それは，金属原子間には金属結合という非常に大きな相互作用が働いているからである。溶剤のなかでは水の表面張力が際立って大きいが，それは水素結合に由来する凝集エネルギーが大きいためである。

表 1.1 各種金属の表面張力。( ) 内は液体の値。

金属	温度／°C	固体または（液体）	表面張力／mNm^{-1}
金	700 (1120)	固体（液体）	1205 (1128)
銀	900 (995)	固体（液体）	1140 (923)
銅	1050 (1140)	固体（液体）	1430または1670 (1120)
鉄	1400 (1530)	固体（液体）	1670 (1700*)
錫	150 (700)	固体（液体）	704 (538)
アルミニウム	(700)	（液体）	(900)
水銀	(20)	（液体）	(476)

液体および固体のデータは，各々次の文献から採用した。A. Bondi: *Chem. Rev.* **52**, 417-458 (1953). H. Udin: *Metal Interfaces*, p.114, American Society of Metals (1952). 但し金の固体のデータは，実験化学講座7，界面化学，p.32 (1956)より引用。
*鋼鉄（steel）のデータから合金の炭素濃度を 0 に外挿して求めた値で，誤差は大きい。

表 1.2 代表的な溶剤の表面張力およびそれらと水との界面張力

溶剤	温度／°C	表面張力／mNm^{-1}	水との界面張力／mNm^{-1}
水	20	72.8	—
水	25	72.0	—
ブロモベンゼン	25	35.75	38.1
ベンゼン	20	28.88	35.0
ベンゼン	25	28.22	34.71
トルエン	20	28.43	
n−オクタノール	20	27.53	8.5
クロロフォルム	20	27.14	
四塩化炭素	20	26.9	45.1
n−オクタン	20	21.8	50.8
ジエチルエーテル	20	17.01	10.7

データは，J. T. Davies, E. K. Rideal: *Interfacial Phenomena*, ch.1, Academic Press, New York (1963).から採用。

表面張力は，温度の上昇に伴って小さくなる。それは，温度上昇と共に熱運動によって平均の分子間距離が大きくなり，分子間の凝集エネルギーが小さくなるからである。

固体にも，当然表面張力が存在する。そしてその値は，一般的には液体よりも大きい（表 1.1）。なぜなら，固体は液体より大きな凝集エネルギーを有しているからである。液体より大きな凝集エネルギーを有しているからこそ，液体より分子運動が遅く，規則性の高い個体（結晶）状態で存在できるのである。

固体であっても，ポリエチレン，ポリプロピレン，テフロンなどの高分子の固体の表面張力は小さい。単位体積あたりの凝集エネルギーが小さいからである。ところが，分子が非常に大きいため，部分間の相互作用は小さくても分子全体の相互作用エネルギーは大きくなり，熱エネルギーによって分子がバラバラになることはない。それ故に，表面張力は小さいが，固体で存在することが出来るのである。

もうお気付きだと思うが，気体には表面張力が無い。分子間の引力が熱運動に負けて，凝集エネルギーが存在しないからである。

(3) 界面エネルギー（張力）

水と油のような溶け合わない 2 つの液体が接しているとき，その界面にも界面エネルギー（張力）が存在する。界面に存在する分子の自由エネルギーは，やはり内部にいる分子の自由エネルギーよりも高いのである。そのため，界面の面積を小さくしようとして，張力が働くのである。微粒子とそれを分散する媒体の間にも，当然，界面エネルギーは存在する。その上，微粒子であるが故に界面積は非常に大きい。それ故に，微粒子分散状態は大きな界面エネルギーを有することになる。本節の最初に「分散状態は常に熱力学的に不安定である」と記したのはこの意味である。

界面エネルギーを説明する模式図を図 1.4 に示す。表面エネルギー（張

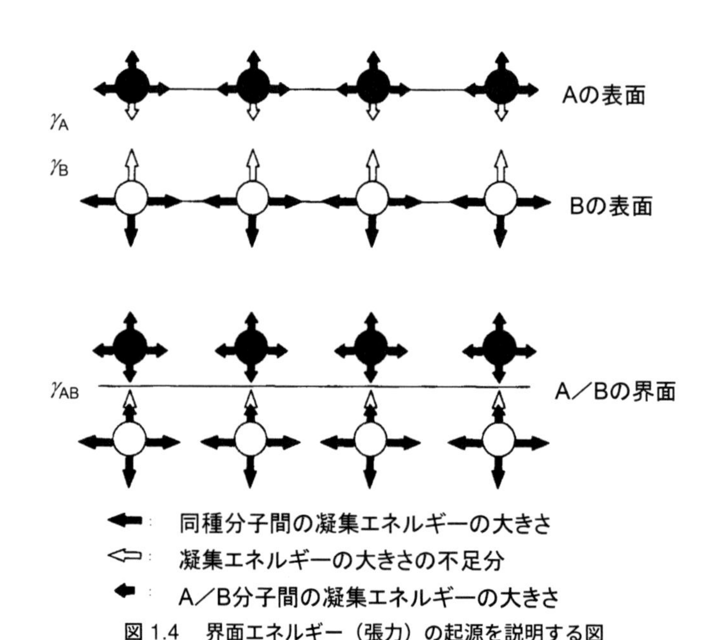

図 1.4　界面エネルギー（張力）の起源を説明する図

力）の図（図1.2）と比べて違うところは，空気（蒸気）相が油相に代わっていることである。水分子と空気との間には相互作用はない（無視できるほどに小さい）が，油分子との間では引力相互作用が存在する。これまで相手がいなくて相互作用できず，損をしていた凝集エネルギー分が，油分子との引力相互作用で幾分か補償される。つまり，この引力に相当する分だけ，水と油の表面における過剰凝集エネルギーが解消される。したがって，水／油間の界面張力 γ_{AB} は，液体 A と B の表面張力の和よりは小さい。つまり，単位面積あたりの水と油の分子間凝集エネルギーを σ_{AB} と書けば，界面張力 γ_{AB} は (1.1.3) 式で表される。

$$\gamma_{\mathrm{AB}} = \gamma_A + \gamma_B - 2\sigma_{\mathrm{AB}} \tag{1.1.3}$$

σ_{AB} の前に 2 が掛かっているのは，A の側からも B の側からも不足分が補われるからである。もし，A 分子同士と B 分子同士の相互作用が同じ種類（例えば，van der Waals 相互作用）であれば，σ_{AB} は $(\gamma_{\mathrm{A}}\gamma_{\mathrm{B}})^{1/2}$ と表せる。つまり，(1.1.3) 式は (1.1.4) 式となる。

$$\gamma_{\mathrm{AB}} = \gamma_A + \gamma_B - 2\sqrt{\gamma_A \gamma_B} \tag{1.1.4}$$

このような場合には，界面張力の値が各々の表面張力から計算できるので大変便利である。また特別な場合として，σ_{AB} が γ_{B} と等しいときには $\gamma_{\mathrm{AB}} = \gamma_{\mathrm{A}} - \gamma_{\mathrm{B}}$ となり，界面張力は両液体の表面張力の差になる。水と非極性の有機溶媒の場合に，この例が比較的よく現れる。水と非極性有機溶媒との相互作用の大きさ σ_{AB} は，非極性有機溶媒分子同士の相互作用 γ_{B} に近い値だからである。水分子は非極性有機溶媒分子とは水素結合を結ぶことはできず，van der Waals 相互作用のみが可能であり，その値は非極性有機溶媒分子同士の相互作用の大きさに近いのである。この場合の界面張力の起源は，水分子同士に働く水素結合分の凝集エネルギーである。表 1.2 に示されるように，四塩化炭素や n-オクタンの水との界面張力の値は表面張力の差になっており，この良い例である。

界面張力は，擬人的に表現するとわかりやすい。界面張力とは，人間関係における緊張感のようなものである。仲良しの二人の間では緊張感は小さいが，仲の悪い人の間では大きい。二種類の物質間にこの擬人的な関係を適用すると，仲良しの関係とは相互作用エネルギーの大きいことを意味し，仲が悪いとは小さいことを意味する。(1.1.3) 式から，相互作用エネルギーが大きいと界面張力は小さくなり，その逆も成り立つことが分かる。

1.1.2　濡れ

(1) 平らな表面の濡れ

濡れは，表面張力と界面張力が直接的に支配する現象である。濡れは日常的な現象で，日々，常時目にしている。例えば，テフロン加工したフライパンの上に水を垂らすと水滴は丸いドーム状の形になるが，きれいに洗ったガラス表面上では拡がって平らになる。この違いを支配しているのが，表面張力と界面張力である。図 1.5 は，固体の表面上に液滴が乗っている状態である。液滴の形を決めているのは，液体の表面張力 γ_{L}，固体の表面張力 γ_{S}，液体と固体の間の界面張力 γ_{SL} の横方向の釣合いである。図に示すように，これら 3 つの力が一点で交わる接触点で釣り合う。その釣り合いの式は，ヤング（Young）の式と呼ばれ (1.1.5) 式で表される。

$$\gamma_S = \gamma_{\mathrm{SL}} + \gamma_L \cos\theta \quad \text{または} \quad \cos\theta = \frac{\gamma_S - \gamma_{\mathrm{SL}}}{\gamma_L} \tag{1.1.5}$$

ここで θ は接触角で，接点から引いた液体表面との接線と固体表面とのなす角で，液体を含む方の角度で定義される。接触角が 90 度より小さいときに“濡れる”，大きいときに“はじく”という。ヤングの式を支配しているのは表面張力と界面張力であり，それら表面（界面）張力は物質に固有の物理量である。つまり，濡れを支配しているのは，固体および液体物質そのものの組み合わせである。それ故に，濡れに対するこの因子は，化

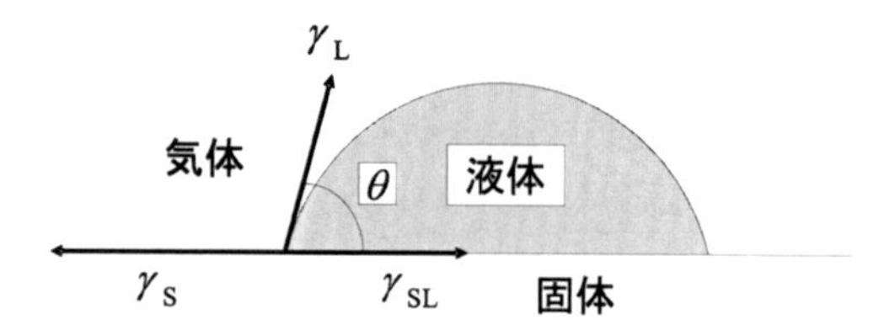

図 1.5　平らな表面上の濡れ。接触角は表面張力と界面張力の横方向の釣り合いで決まる。

学的因子と呼ばれる。

ガラス表面に水滴が乗っている場合には，ガラスの表面張力が大きく，水とガラスの間の界面張力は小さい。したがって，固体の表面張力に強く引っ張られて，接触角は小さくなる。つまり，濡れるのである。テフロン表面上に水が乗っている場合は，その逆である。これらの関係は，先に述べた擬人的表現で考えればわかりやすい。仲良し（界面エネルギーの小さい組み合わせ）同士はくっついていたいし，仲が悪いと離れていたい。平らな表面上の接触角を決めているヤングの式は，このような事情を表現したものである。

化学的因子を使って撥水性を得ようとするとき，フッ素系材料がよく使用される。それは，フッ素系材料の低い表面張力を利用しているのである。フッ素原子は，原子番号（電子数）の割に原子半径が小さいために，外部電場に対して電子雲は揺らぎ難い。その結果，分極率が小さくなり，分子間の van der Waals 引力，つまり凝集力が小さくなる。小さな凝集力は，当然小さな表面張力を与える。中でも CF_3 基は，現在我々が知っている最小の臨界表面張力（≈ 表面張力）である約 6mN/m を示すことが知られている [2]。もし固体表面上をこの CF_3 基で完全に覆うことができれば，最も水をはじく（接触角の大きい）表面を得ることができるであろう。この試みがなされ，水との接触角が約 120 度の結果が得られている。つまり，固体表面が平らであれば，これ以上の接触角は得られないということである。いわゆる超撥水表面の接触角は，170 度を超えるものも多く存在する [3]。このような場合，必ず表面の何らかの凹凸構造が寄与している。濡れに対する表面の凹凸構造の因子については，後に解説する。

(2) 毛（細）管現象

毛管現象というと，細いガラスのキャピラリーの端を水につけたとき，水が毛管中に上昇してくる現象と理解している人が多いであろう。その理解は正しいが，水が水面より下がる場合もあることを知っておいて頂きたい。例えば，テフロンやポリエチレンの毛細管を水につけると，水はテフロンやポリエチレン管から押し出され，水面より下がる。以下に，この原理について説明しよう。

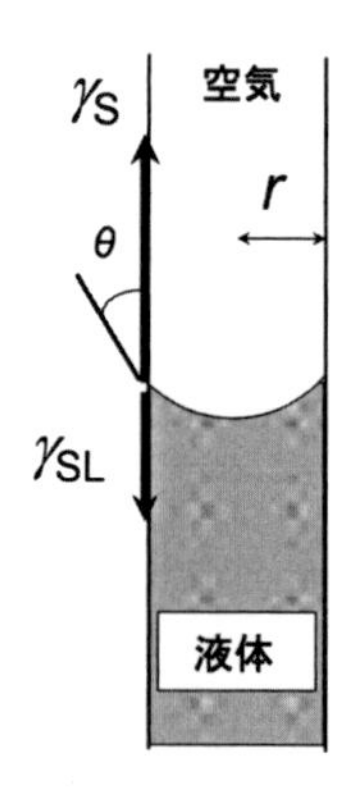

図 1.6　毛管現象を説明する図

毛管現象は，浸漬濡れと呼ばれる濡れの現象の 1 つである。図 1.6 を使って，その説明をしよう。毛管の端が，液体に浸かっているとする。このとき，毛管中の液体の表面は，固体の表面張力 γ_S で毛管内部に引き上げられ，固／液の界面張力 γ_{SL} で毛管の外に引き下げられる。つまり，その張力の差に円周を掛けた力が，液体表面にかかることになる。この力を毛管の断面積で割れば，毛管中の液体表面にかかる圧力が得られる。

$$\Delta P = \frac{2\pi r\left(\gamma_S - \gamma_{SL}\right)}{\pi r^2} = \frac{2\left(\gamma_S - \gamma_{SL}\right)}{r} \tag{1.1.6}$$

この圧力（毛管圧力）ΔP は，空気側から液体側の圧力を引いたものである。ヤングの (1.1.5) 式を用いて，(1.1.6) 式は次式となる。

$$\Delta P = \frac{2\gamma_L \cos\theta}{r} \tag{1.1.7}$$

固体表面が液体で濡れる ($\theta < 90$ 度) 場合には，この圧力は正，つまり，液体側の圧力が空気側より低くなっているわけである。空気に対して曲がった液体の面は，表面積を小さくしようとして平らになろうとするから，液体側の圧力が低くなる結果をもたらす。液体表面（界面）が曲率をもつとき，凹側の圧力が表面（界面）張力の働きによって高くなる事実は，記憶しておく価値がある（シャボン玉や液滴の内部の圧力のことを思い出して頂きたい）。

毛管現象による液体の細い管や隙間への浸入は，日常生活の至る所で出会う。洗濯時の布への洗濯液の浸入，タオルによる汗の拭い，紙に対するインクの滲み，吸い取り紙によるインクの除去，天ぷらの油切り紙の働き，シャンプー液の毛髪間隙への侵入等々，全てこの毛管現象（浸漬濡れ）の働きである。粉体の粒子間の間隙も毛細管と見なされ，その中への分散媒の侵入は分散現象の最初の過程である。

一方，(1.1.7) 式によれば，接触角が 90 度より大きくなると毛管圧力が負になり，液体は毛細管に侵入出来ず，逆に押し出される。テフロンやポリエチレンの毛細管と水の組合せはこの場合に相当する。また，煤のような疎水性の粉体を水に分散しようとしても，ママコになってしまって浮かんでしまう。これも粉体の粒子間に水が侵入できず，押し出されてしまうからである。このような場合の，界面活性剤による濡れの促進効果の有用な例については後に述べよう。

(3) 凹凸表面の濡れ

平らな表面上で濡れ（接触角）を決めているのは，化学的因子，つまり固体表面と液体の物質そのものであることを先に説明した。より具体的には，固体と液体の表面張力，および固体／液体間の界面張力の釣り合い（ヤングの式）である。本項では，濡れを決めるもう 1 つの因子，表面の構造（凹凸）因子について述べよう。結論を先に言うと，化学的因子は平らな表面上の接触角を決め，表面の微細な凹凸構造はその接触角を強調する方向に働く。つまり，濡れる表面はより濡れるようになり，はじく表面はよりはじくようになるのである。蓮や里芋は決してフッ素材料を利用している訳ではないが，その葉の上ではほぼ完全に水をはじく。その原理は，表面の微細な凹凸構造にある。

微細な凹凸構造を有する，粗い表面の濡れを説明する理論が主に 2 つある。Wenzel の理論と Cassie/Baxter の理論である。分散・凝集を扱う本書において，これらの理論を詳細に説明する必要はないであろう。詳細は文献 [4-6] に譲り，ここではその結論だけを簡潔に述べよう。固体表面が微細な凹凸構造を有しており，その上に置かれた液体がその固体表面と完全に接触する場合，Wenzel の理論が適用される。一方，撥液表面の凹凸構造の溝が深く（及び，又は狭く）なり，毛管現象によって液体が溝の底まで到達できず，液滴の下に空気が残る場合には，Cassie-Baxter 理論の取り扱いとなる。いずれの場合も，濡れる表面はより濡れるようになり，はじく表面はよりはじくようになる。粉体の塊の表面は，粒子の大きさの凹凸が存在する。したがって，粉体を分散媒に投入した場合の初期の濡れに関しては，これらの理論の対象になるであろう。次いで，粒子間隙の毛管現象が重要になることは，先に述べた通りである。

(4) 界面活性剤による濡れの促進

界面活性剤が示す最も特徴的な機能は，水の表面張力を下げることである（1.2 節）。これによって起こる顕著な現象は，濡れの促進である。例えば，テフロン加工したフライパンの上に水を垂らすと，水滴は半球のドーム状の丸い形になるが，この水滴に界面活性剤を少量溶かすと，たちまち平らになって濡れる。この現象を考えるために，図 1.7 を見て頂きたい。図 1.7(a) は，固体上に水滴が乗っている状態である。水滴の形を決めているのは，ヤングの式である。さて，この水滴の中に界面活性剤が溶けると，濡れはどう変化するであろうか？ 図 1.7(b) のように，界面活性剤は水の表面および固／液界面に吸着し，これらの表（界）面張力を低下させる。(1.1.5) 式の右辺の 2 つの項が共に小さくなった結果，水滴は固体の表面張力に引っ張られ，接触角が小さくなり濡れが進行するのである。接触角が 90 度より大きな状態から小さな状態に変化すると，毛管中への水の侵入が起こる ((1.1.7) 式)。したがって，疎水性粉体がママコになって水に浮かんでしまう場合に，界面活性剤は極めて有効である [7]。

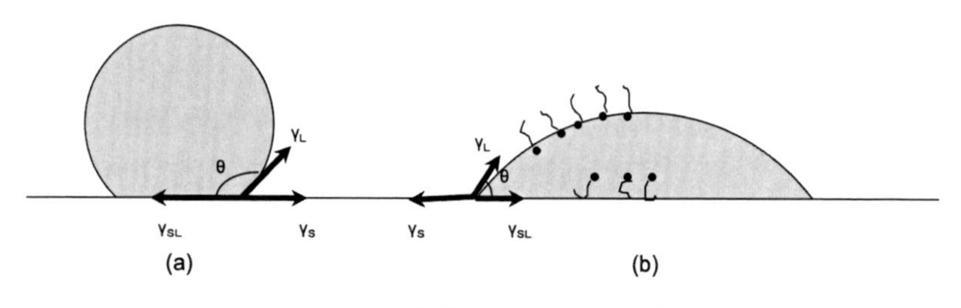

図 1.7　界面活性剤による濡れの促進

1.1.3　分散状態と溶液の境界

本節の最初に，分散状態は熱力学的には常に不安定状態で，分散安定性とは速度論であると述べた。しかし，タンパク質の水溶液や分子量の大きな高分子溶液などでは，微粒子と同程度のサイズ（コロイドサイズ）の分子が溶けている。これらの場合は溶液であり，熱力学的に安定な状態である。つまり，粒子の大きさだけで分散であるか溶液であるかの区別ができないのである。では，分散状態（熱力学的に不安定）と溶液（熱力学的に安定）の境界（区別）は何によって決まるのであろうか？　本節の最後に，この問題を論じておこう。

この問題を考える上で大変参考になるのは，アインシュタインによるブラウン運動の理論である [8,9]。彼はこの理論を導くに際して，2 つの仮定をした。それは，

1) 微粒子はその周囲の分散媒分子と熱力学的平衡状態になる
2) 微粒子の分散媒中における運動は巨視的な流体力学（ストークスの式）に従う

という仮定である。これらの仮定の下で，有名なアインシュタインの関係式（巨視的な粒子に対して成り立つ粘度や摩擦係数といった量と，原子・分子を特徴づける量である拡散定数を結び付ける式）を導いた。本項はブラウン運動を説明することが目的ではないので，これ以上の解説はしない。しかし，ここで使われた仮定「微粒子が周囲の分子と熱力学的に平衡状態になる」とは，微粒子は溶液状態であることを意味している。ブラウン運動によって永遠に沈降することのない微粒子は，溶液であるということである。

では，ブラウン運動するだけ小さな粒子の分散状態は全て溶液と見なすべきであろうか？ いくら粒径が小さくても，疎水性物質の水中における分散物はいずれ凝集して分離（沈降）するであろう。つまり，この系は分散であって溶液ではない。この場合，熱力学的に安定な状態は凝集状態だからである。このように考えると，親液性でブラウン運動が沈降を凌駕する粒径なら溶液，ブラウン運動する微粒子でも疎液性であれば分散と

考えてよいであろう。実際，コロイド安定性を論じた最も著名な単行本『Theory of the Stability of Lyophobic Colloids』でも，“Lyophobic Colloids”と疎液性コロイドであることが明記されている。

ところで，親液性／疎液性という概念は，熱力学的には微粒子と分散媒との間の界面エネルギーが，負か正かという意味だと解すべきである。界面エネルギーが正であれば，凝集状態の方が安定だからである。親液性の微粒子の例としては，先に述べたタンパク質や高分子溶液の外にも，水中における界面活性剤のミセル，ベシクル，可溶化系等が考えられる。これらの溶液は，界面活性剤が水および水と油に接すると自発的に形成されるので，界面エネルギーが負であることは明白である。高分子ゲルとその内部の液体，例えばヒドロゲルとそれを取り巻く水溶液との界面エネルギーは正か負かは，なかなか悩ましい問題である。筆者には正と思われるが，その実験的結果は寡聞にして未だ聞かない。

1.2　吸着と吸着層の構造

吸着とはある成分の濃度が表面・界面でバルクと異なっている現象である。表面・界面近傍の濃度がバルク相よりも高い場合を正吸着，バルク相よりも低い場合を負吸着と呼ぶが，実際には「正吸着」の意味で「吸着」という語を用いることが多く，以下でもその意味で「吸着」という語を使用する。吸着される成分のことを吸着質，吸着する基板等のことを吸着剤または吸着媒という。通常，吸着質は分子，イオンのように吸着剤に比べて小さい粒子であるが，吸着質が高分子などの場合に吸着質と吸着剤の大きさが同等になることがある。

このような吸着現象が起こる理由は，吸着によって界面のギブス自由エネルギーが低下するためである。一般に，物質の表面・界面の自由エネルギーは，バルクの自由エネルギーと比較して高いため，表面・界面は活性であるといわれる。様々な物質が表面・界面に吸着されることでその表面・界面エネルギーを下げ表面（界面）が安定化される。

本節では，まず基本となる様々な界面への物質の吸着（気相吸着）について述べる。気相吸着の基本的な考え方は，液相吸着にも応用可能である。その後，溶液中の粒子（固体）界面への分子の吸着について概説する。

1.2.1　物理吸着と化学吸着

吸着には物理吸着と化学吸着がある。物理吸着では，吸着質と吸着剤の間に水素結合，疎水結合，van der Waals 結合などが生じるが化学結合（共有結合）はない。一方で，化学吸着では化学結合が生じる。そのため，一般に物理吸着は吸着エネルギーが 20~40 kJmol^{-1} 程度で可逆であるのに対して，化学吸着では 100~400 kJmol^{-1} で不可逆である。これは，化学吸着では化学反応を伴い，反応の活性化エネルギーを超える必要があるためである。

吸着現象を定量的に評価するには，一定温度で吸着質の圧力を変えて，吸着量を測定し吸着等温線を得る。吸着質が気体の場合（気相吸着）には圧力を変えて，液体の場合（液相吸着）には濃度を変えて測定する。なお，液相吸着の場合，吸着質—吸着剤の相互作用以外に吸着質—溶媒および吸着剤—溶媒の相互作用を考慮する必要がある。

1.2.2　固体表面への分子の吸着

吸着量を実験的に求めるには，気体吸着の場合は吸着前後の体積差（または一定体積条件での圧力差）を測定する。一定圧力条件下（圧力 p）での体積減少量を ΔV，絶対温度を T，吸着剤の質量を w とすると，理想気体の仮定のもと吸着量 A（単位質量あたりの物質量）は次のように表される。

$$A = \frac{p\Delta V}{RTw}$$

吸着剤の比表面積が既知であれば，単位面積あたりの吸着量を算出できる。

吸着量の測定により，吸着等温線を作成することができる。一定温度下で吸着質（気体）の圧力を変えて吸着量を測定し，平衡時の圧力に対して吸着量をプロットしたものを吸着等温線という（液相吸着の場合は，圧力の変わりに濃度を用いる）。

多くの種類の吸着等温線が報告されており，吸着等温線の分類は 1940 年代から試みられている [10]。現在 IUPAC による（気相吸着の）分類では図 1.8 の 6 つに分類されている [11]。人名のついた吸着等温式もよく知られているので，あわせて以下に述べる。

(1) Henry 型吸着等温式

ヘンリーの法則（温度が一定のとき一定量の液体に溶解する気体の質量はその気体の圧力（分圧）に比例する）を吸着量にも適用した吸着等温式である。吸着量 Γ （単位面積あたりの物質量）は気体の平衡圧 p に 比例する。($\Gamma = k_H p$, k_H は比例定数） どの型の吸着等温線も低圧部や吸着量の少ないところでは，この式が近似的に成立している。

(2) Langmuir の吸着等温式（I 型吸着等温線）

最もよく知られた吸着理論式である。吸着質と吸着剤の相互作用が強く単層のみの吸着が起こる場合に，このタイプの等温線を示す。この理論は,

(1) 吸着剤には吸着質が吸着可能なサイトがあり，その吸着サイトには 1 つの吸着質が吸着される

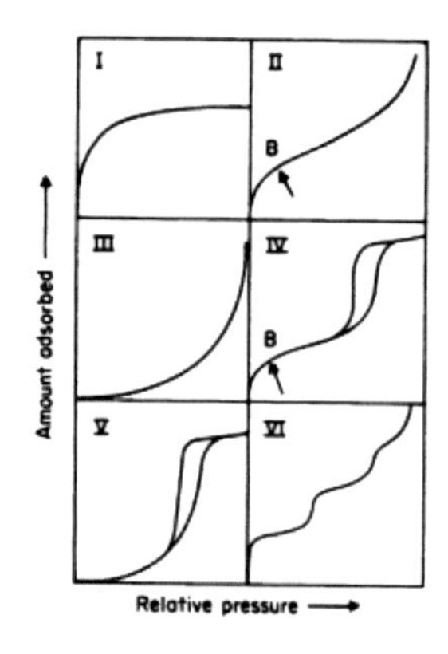

図 1.8　IUPAC による吸着等温線の分類 [11]

(2) 吸着質同士の相互作用はない
(3) 吸着速度と脱着速度が等しい

という前提のもと組み立てられている。この仮定により，単層のみの吸着が起こることが前提となり，吸着サイトはその周辺環境（周囲にすでに吸着分子がいるかどうか）によらず等価に扱われることになる。実際の系では，化学吸着（気相吸着，液相吸着）でよく見られる。吸着等温線は，平衡圧 p のときの吸着量を A，飽和吸着量を A_m とすると，次式で表される（a は吸着の平衡定数）。

$$A = \mathrm{a}A_m p/(1+\mathrm{a}p)$$

(3) BET の吸着等温式（II 型，III 型吸着等温線）

この吸着等温線の理論を構築した研究者の名前（Brunauer, Emmett, Teller）の頭文字をとって命名された。この理論も，Langmuir の吸着等温式と同じように吸着と脱着の速度論をもとに組み立てられており，多層吸着に拡張したものである。このタイプの等温線は，吸着質と吸着剤の相互作用がそれほど強くなく多層吸着が起こる場合に見られる。

吸着等温式は下記のように表される。

$$\frac{A}{A_m} = \frac{c\frac{p}{p_0}}{\left(1-\frac{p}{p_0}\right)\left\{1+(c-1)\frac{p}{p_0}\right\}}$$

ここで A は吸着量，A_m は第一層の吸着量，平衡圧 p, 飽和蒸気圧 p_0 である。c は定数で，その内容は以下のように表され ΔH_1 と ΔH_L はそれぞれ第 1 層および第 2 層以上への吸着熱で吸着質の凝縮熱を用いればよい。

$$c = exp\left(\frac{\Delta H_1 - \Delta H_L}{RT}\right)$$

上記の吸着等温線が II 型のような形になるためには，定数 c が 1 より大きい値をとる必要があり，ΔH_1 が十分に ΔH_L よりも大きい値である必要がある。一方で，III 型のような形の吸着等温線は，定数 c が 1 より小さいときに相当する。つまり，$\Delta H_1 < \Delta H_\mathrm{L}$ の場合であり，吸着質と吸着剤との相互作用よりも吸着質同士の相互作用が強い場合である。

(4) Freundlich の吸着等温式

経験式であり，Henry 式の拡張式の 1 つで，吸着量は次の式で表される。吸着サイトが均一ではなく，吸着剤―吸着質の相互作用が均一ではない不均一表面系に相当する。吸着量 A（単位質量の固体に吸着または吸着質（気体）の質量）は，次式のように表される。

$$A = \mathrm{k}p\frac{1}{\mathrm{n}}$$

p は気体の平衡圧，k と n は吸着剤と吸着質の種類と温度に依存する定数である。理論的には，それぞれのサイトに Langmuir 式が成立すると仮定したものに相当する。

(5) IV 型，V 型吸着等温線

IV 型と V 型はメソ孔（2-50nm）と呼ばれる細孔が多数存在する場合の等温線。この細孔には飽和蒸気圧よりも低い圧力で蒸気が凝縮される（この現象は毛管凝縮と呼ばれる）。IV 型は吸着剤と吸着質の相互作用が強い場合，V 型はこの相互作用が弱い場合である。

IV 型は，低圧では固体表面に気体が吸着し，急な立ち上がりの部分で毛管凝縮が起こる。II 型と異なり，メゾ孔中への吸着が飽和すると完了する。ヒステリシスは，いったんメゾ孔に凝縮した液体が気化しにくいことによる。固体表面に吸着しにくいが毛管凝縮の圧力に達すると急激に吸着量が増加する。V 型は，III 型と同じように協調的効果がある。細孔であるため毛管凝縮が起こりヒステリシスループが観測される。

(6) VI 型吸着等温線

階段状吸着が特徴的である。一様な非多孔質表面へ多層吸着が起こる。階段の高さがそれぞれの層での吸着量に対応する。

1.2.3　液相吸着

液相吸着は，溶液中の吸着質が固体吸着剤へ吸着される場合である。例えば，粒子が液体に分散したコロイド中に，第 3 の分子が存在する場合，この分子が固体粒子表面に吸着される場合も該当する。このような系での

吸着層の形成は，粒子の分散や凝集に大きく影響することから，重要なトピックスである [12]。

液相吸着については，基本的には上記で述べた気相吸着と同様に考えることができるが，液相吸着では，溶媒の存在を考える必要がある。吸着質（溶質）－吸着剤の他に，溶媒－吸着剤，溶媒－吸着質（溶質）の相互作用が存在し，固体表面への吸着は，吸着質と溶媒との競争となる。溶媒－吸着剤，溶媒－吸着質（溶質）の相互採用が重要な指標となり，親和性が高い場合はいずれも，吸着質（溶質）の吸着は阻害される。一方，吸着質と溶媒の親和性が低い場合，吸着質と吸着剤の間に強い親和性がない場合でも吸着が起こる。これは，吸着質が溶媒との接触を避けるために，結果的に吸着剤への吸着が進むためである。さらに，溶媒中での溶質の会合現象，溶媒同士の会合現象も考慮する必要がある場合もある。

なお，吸着剤あるいは吸着質に吸着した溶媒によって，吸着剤－吸着質の相互作用が弱められるため，液相吸着では多層膜の形成は気相吸着の場合と比較して起こりにくい。また，気相吸着と比較して温度や圧力の影響が小さい。吸着挙動の解析には Langmuir 型，Freundlich 型の吸着等温線がしばしば用いられるが，Freundlich 型の方がよく当てはまることが確かめられている [13]。吸着質濃度が非常に低いときには Henry 型の吸着が成り立つ。吸着剤と吸着質の間に強い相互作用が働く場合は，BET 型，Freundlich 型がよく用いられる。さらに，吸着質としてより複雑でありながら重要性が高い界面活性剤と高分子系について，以下で概説する。

(1) 界面活性剤の吸着

界面活性剤の固体表面への吸着を考える上では，静電的相互作用と化学的な相互作用の両方が重要になる。界面活性剤のアルキル鎖数が表面活性に与える影響としては，一般的にトラウベの規則（Traube's rule）に従うとされ，多くの研究がなされている。固液表面でのイオン性界面活性剤の（親水的固体表面への）吸着について，吸着等温線をいくつかの領域に分けたモデルが提唱されているので紹介する。

Gu らは図 1.9 のような two-step モデルを提唱している [14]。界面活

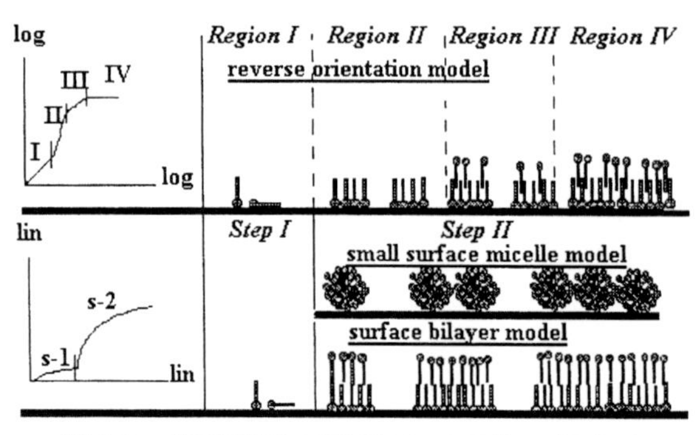

図 1.9　界面活性剤の固液界面への吸着モデル [14]

性剤濃度の低い第一段階では，界面活性剤と固体表面との静電的相互作用により吸着が起こる。第二段階では，1 層目の界面活性剤との相互作用により新な界面活性剤が吸着し，ヘミミセル（単分子層の会合体）を形成する [15]。

もう 1 つの代表的なモデルは，Somasundaran らによって提唱された four region モデル（または reverse orientation モデル）[16] と呼ばれるものである。このモデルでは，図 1.9 のように吸着等温線を対数軸でプロットし 4 つの領域に分割する。領域 I では界面活性剤の親水基部位と吸着剤表面間の静電的相互作用により通常ヘンリーの法則に従って吸着が起こるが，領域 II では界面活性剤間の分子間力によりヘミミセルと呼ばれる会合体が形成する。ここでは静電的相互作用と疎水的相互作用が重要になる。さらに吸着が進むと，ヘミミセルが成長し領域 III では会合体が 2 層になる。この領域では，固体表面の吸着サイトは占有されており，もはや静電的な相互作用は支配的ではない。領域 IV では，完全な二分子吸着層になりこれ以上の吸着は起こらない。このモデルと良よく似ているが，初期に二分子吸着層を形成するモデル（surface bilayer モデル）も Harwell らによって提唱されている [17]。

(2) 高分子の吸着 [18]-[20]

高分子鎖が固体界面に吸着されると，高分子のとりうる形態は制限され，エントロピー的に大きく不利になる。一方で，高分子と固体界面との相互作用は大きく，このエントロピー的不利を補って吸着が起こることが多い。高分子吸着は低分子の吸着と比較して低濃度で吸着が起こるが，濃度に加えて分子量が重要なパラメータとなり，高分子量のものが優先的に吸着される。また，高分子と溶媒との相互作用に強く影響される。分子が大きいため吸着剤と高分子間の相互作用が遠距離まで及ばないため，吸着等温線はおおむね見かけ上は Langmuir 型である。一方で，吸着形態は多様であり，典型的な形態は図 1.10 に示すようなものである。高分子の全セグメントが固体界面に吸着される場合もあるが，固体界面の曲率半径が大きくなる（平面に近づく）と，空間的制限が大きくなるために，この構造をとることは難しくなる。このように，一分子の中にループ，トレイン，テール構造と呼ばれる構造が含まれるため，厳密には Langmuir 式で表すことはできない。実験的に吸着状態を測定するには，粒子表面の場合は各種散乱法（光，X 線，中性子），固体平面の場合には各種反射率法を用いることが多い。

高分子吸着の理論的研究は主に 2 つのモデルが提唱されており，Scheutjens-Fleer 理論（S-F 理論）[21] とスケーリング則による理論 [22] である。前者は，高分子鎖の分子形態の統計を計算するもので，後者は厚み方向に対する吸着層の濃度に焦点を当て，高分子層の密度分布を計

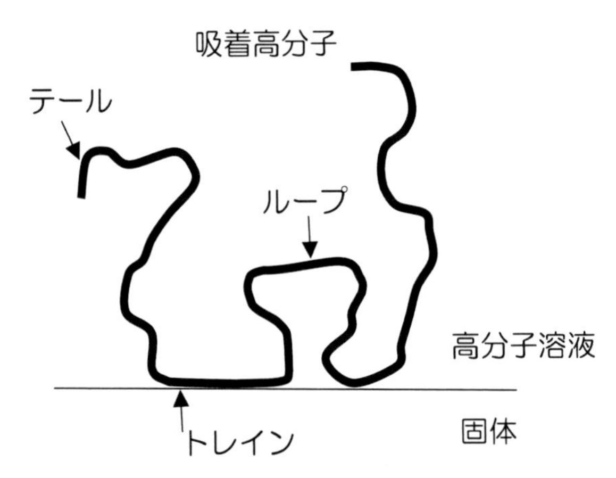

図 1.10　固体表面での吸着高分子の構造

算するものである。

Scheutjens-Fleer（S-F）理論 [21] では，平らな吸着表面からバルク相に向って m 層からなる 2 次元格子を考え，各層中の溶媒，吸着鎖及び吸着していない自由鎖の部分を配列するための分布関数を求める。その分布関数が最大になるときの吸着表面からの吸着鎖全体あるいはループやテール部分の密度分布を求める。

一方，高分子溶液におけるスケーリング理論 [22] では，吸着層を高分子溶液の自己相似なものとして扱い，近接領域，中央領域，末端領域の 3 つの領域を考え，吸着層を高分子セグメントの密度分布関数で表す。近接域はトレイン層に相当し，高分子の体積分率 φ は吸着面からの距離 z によらず一定になる。中央領域では，Θ 溶媒においては $\varphi \propto z^{-4/3}$，末端領域では，$\varphi \propto e^{-z}$ となる。

1.2.4　溶液表面への吸着

この項では気液界面など固体を含まない界面への吸着について述べる。気液界面に溶質が吸着されると，吸着膜が形成され界面張力が低下する。特に，水は種々の液体の中でも表面張力が大きく吸着により表面張力が低下するため，吸着現象が起こりやすい。Gibbs の吸着式によると，溶質の吸着量と表面張力の変化は下記のような関係がある。

$$\Gamma = -\frac{1}{RT}\frac{d\gamma}{dlnC}$$

ここで，Γ は表面過剰量（単位面積あたりの物質量），γ は溶液の表面張力，C は溶液中の物質の濃度，R は気体定数，T は絶対温度である。表面過剰量とは，界面とバルクでの単位面積あたりの溶質量の差であり，界面での吸着量と考えることができる。では，このときの界面はどのように定義するのか。一般に下記のように定義されることが多くギブス分割面と呼ばれる。図 1.11 は，2 つの相（気相—液相）界面近傍の溶媒および溶質の濃度プロファイルを模式的に示している。ギブス分割面を選ぶ方法の 1 つは，特定の成分の吸着量が 0 となる面を選ぶことである。多くの場合，溶媒の吸着量を 0 とする位置（図 1.11 上）を界面と定義し，この界面を基準にした場合の溶質の表面過剰量が Γ（図 1.11 下）となる。前節の固体表面への吸着の場合は，分割面として固体と気体の物理的境界面を選べばよいため吸着量はギブス分割面の選び方に依存しにくいが，気液界面や液液界面ではギブス分割面の定義が重要である。

実際に吸着量を求めるには，濃度の異なる試料の表面張力を測定し，$\ln C$ に対して表面張力 γ をプロットすると，各濃度における傾きから吸着量 Γ を求めることができる。さらに，この吸着量を濃度に対してプロットすると前節で述べた吸着等温線に相当するものが得られる。

界面活性をもつ物質の場合は，$d\gamma/d\ln C$ が負の値（濃度上昇とともに表面張力が低下）をとるため，上式から Γ が正の値となり，正吸着が起こることと一致する。表面張力の低下は，表面自由エネルギーの低下を意味し，吸着が自発的に起こる（自由エネルギーが減少する）ことを示す。一方で，$d\gamma/d\ln C$ が正の値（濃度上昇とともに界面張力が上昇）をとる場合には，Γ が負の値となり負吸着が起こることと対応する。電解質溶液の

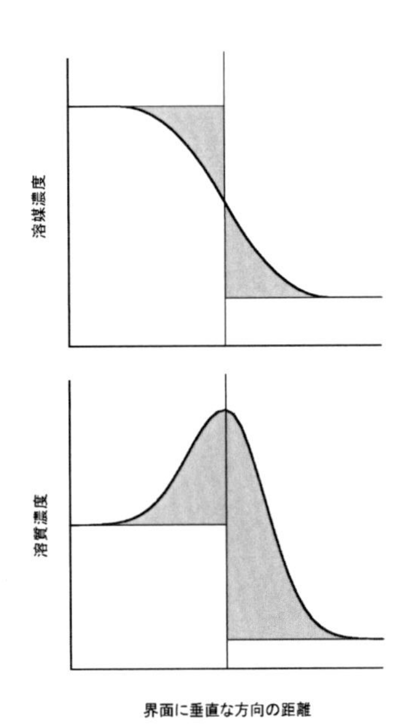

図 1.11　気液界面のギブス分割面（界面に垂直な方向に対する液体成分の模式図）

場合には，負吸着が起こることがよく知られている。また，両親媒性の高分子電解質系においては，濃度上昇に対して表面張力が変化しないにもかかわらずミセル形成が起こる系が報告されており，負吸着現象とともにこれらは鏡像力によって説明されている [23]。

1.3　帯電機構

固液界面の帯電は，Reuss により，電気泳動と電気浸透と同時に発見された [24]。Hardy は，加熱した卵白タンパク質粒子の電気泳動の向きが酸あるいはアルカリの添加により変わること，さらには等電点（電気泳動が起きない条件）があることを見出した [25]。Mattson は，多様な土粒子の電気泳動移動度を測定し，酸化アルミニウムと酸化鉄に対するケイ酸の割合 $R_{Si/AlFe}=SiO_2/(Al_2O_3+ Fe_2O_3)$ が大きい土粒子では酸やアルカリを添加しても電気泳動移動度の変化が少ないこと，$R_{Si/AlFe}$ が小さいと酸を加えることで電気泳動移動度が正に，アルカリの添加により負になることを報告した [26, 27]。これは，$R_{Si/AlFe}$ が大きな土では同型置換による永久電荷が卓越し，$R_{Si/AlFe}$ の小さな土では H^+ の解離・結合による pH 依存の変異電荷が卓越したためと考えられる [27]。本節では，帯電機構の１つとして，後者の H^+ の結合と解離に起因する変異電荷のモデル化についてまとめる。理論的モデルとして，酸解離定数と電気二重層モデルを取り入れた 1pK モデル [28, 29] を取り上げ，シリカ [30-32] とヘマタイト [33] を実際の事例として考える。

1.3.1　水素イオンの解離・結合に起因する電荷

表面に解離基として-COOH を持つ粒子は，水中で以下の反応

$$-\mathrm{COOH} \leftrightarrow -\mathrm{COO}^- + \mathrm{H}^+ \tag{1.3.1}$$

$$\frac{[-\mathrm{COO}^-]\,[\mathrm{H}^+]}{[-\mathrm{COOH}]} = K = 10^{-\mathrm{p}K} \tag{1.3.2}$$

により，H^+ を放出し負に帯電する。(1.3.1) 式の反応から，H^+ 濃度の低

下（pH の上昇）により，H^+ が解離して負電荷を持つ解離基の割合が増すことがわかる。反応定数に相当する酸解離定数 pK が pH に依存する負電荷の量を決めることになる。

酸化鉱物の電荷の発生についても H^+ の解離・結合で議論できる [28, 29]。シリカでは，Si の 4+ の電荷が，まわりを囲む 4 つの O との結合に 1+ ずつ配分される。鉄・アルミニウムの水酸化物では，3+(Fe^{3+}，Al^{3+}) の金属イオンの電荷が配位する 6 個の OH に 0.5+ ずつ配分される。シリカや鉄・アルミニウムの水酸化物の内部では，O，OH がそれぞれ 2 つの Si，陽イオンと結合することで安定する。しかし，水と酸化物の界面では，あまった電荷を打ち消すために水中の H^+ との結合が起きる。

$$-\mathrm{SiOH} \leftrightarrow -\mathrm{SiO}^- + \mathrm{H}^+ \quad (1.3.3)$$

$$-\mathrm{FeOH_2}^{0.5+} \leftrightarrow -\mathrm{FeOH}^{0.5-} + \mathrm{H}^+ \quad (1.3.4)$$

$$-\mathrm{AlOH_2}^{0.5+} \leftrightarrow -\mathrm{AlOH}^{0.5-} + \mathrm{H}^+ \quad (1.3.5)$$

これらの反応式から酸化物の帯電挙動が pH の影響を受けることが理解できる。

ある pH で H^+ の結合・解離がどの程度になるかは，物質ごとに決まる pK に依存する。コロイド粒子表面においては，H^+ の解離・結合は表面電位と電解質濃度によって変化する。そのため，見かけ上，pK は電解質濃度によって変化してしまう。電解質濃度によらず粒子の種類のみで定まる pK の値で電荷密度を再現するためには，粒子の表面電位と電気二重層モデルを組み込んだ理論モデルが必要になる。

1.3.2 シリカの帯電挙動

シリカの表面では，シラノール基 (SiOH) が H^+ を，

$$-\mathrm{SiOH} \leftrightarrow -\mathrm{SiO}^- + \mathrm{H_S}^+ \quad (1.3.6)$$

のように解離することで，電荷が発生する。下付きの S は表面近傍での濃度であることを強調するために付している。H^+ を解離したシラノール基の表面濃度 [SiO^-] と H^+ を結合している表面濃度 [SiOH] の和が全シラ

ノール基の表面濃度 Γ_T になる。

$$\Gamma_T = [\mathrm{SiOH}] + [\mathrm{SiO^-}] \tag{1.3.7}$$

表面電荷密度 σ は解離したシラノール基に起因するので，

$$\sigma = -e\,[\mathrm{SiO^-}] \tag{1.3.8}$$

と書ける。ここで，e は電気素量である。表面電荷密度は，表面での質量作用の法則

$$\frac{a^S_{\mathrm{H^+}}\,[-\mathrm{SiO^-}]}{[-\mathrm{SiOH}]} = K = 10^{-\mathrm{p}K} \tag{1.3.9}$$

$$a^S_{\mathrm{H^+}} = a_{\mathrm{H^+}} \exp\left(\frac{-e\psi_0}{k_B T}\right) \tag{1.3.10}$$

によって決まる。ここで，$a^S_{\mathrm{H^+}}$ と $a_{\mathrm{H^+}}$ はそれぞれ $\mathrm{H^+}$ の表面および表面からは十分に離れたバルクでの活量（濃度），ψ_0 は表面電位，k_B は Boltzmann 定数，T は絶対温度である。(1.3.10) 式により，シリカ表面が負電荷を持つと，$\mathrm{H^+}$ がバルク濃度よりも濃縮される効果が表現されている。

表面電位は，電気二重層のモデルにより，表面電荷密度と関係付けられる。代表的な電気二重層モデルには，二重層をコンデンサーとして考える Helmholtz モデル，イオンの拡散分布を考慮した Gouy-Chapman モデルがある。シリカの場合，Helmholtz のモデルと Gouy-Chapman のモデルを組み合わせた Stern による電気二重層モデル（図 1.12）が，表面電荷密度の実験結果を良好に説明できることが知られている。Stern モデルは，表面に溶媒分子あるいはイオンが吸着することを念頭におき，コンデンサーとしてモデル化された Stern 層を表面付近に導入する。Stern 層での電荷と電位の関係は，キャパシタンスを C_s として，

$$\sigma = C_s\left(\psi_0 - \psi_d\right) \tag{1.3.11}$$

と書ける。ψ_d は，Stern 層の外縁の電位であり，拡散層電位と呼ばれる。Stern 層の内部では，電位は表面電位 ψ_0 から拡散層電位 ψ_d に直線的に変化する。Stern 層の外縁からは，バルクに向かって拡散層が発達し，電

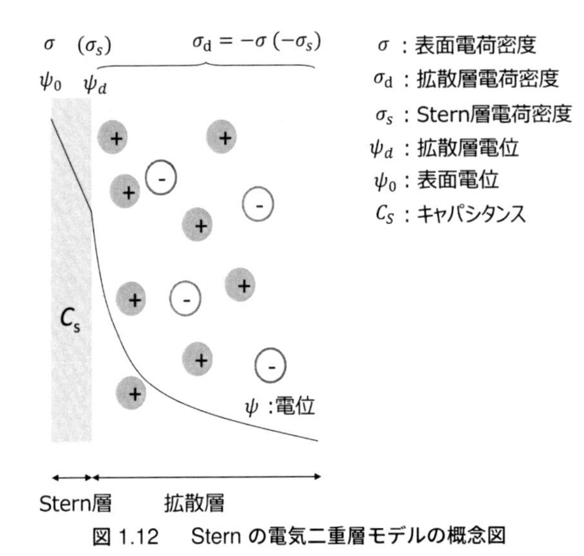

図 1.12 Stern の電気二重層モデルの概念図

位は指数関数的に減衰する。Stern 層でのイオンの吸着を考慮しない場合，KCl や NaCl などの 1:1 型の対称電解質溶液中では，表面電荷密度と表面電位，拡散層内の電荷密度 σ_{d} の関係は，Gouy-Chapman モデルにより，

$$\sigma = -\sigma_d = \left(\frac{2\varepsilon_{\mathrm{r}}\varepsilon_0 \kappa k_B T}{e}\right) \sinh\left(\frac{e\Psi_d}{2k_B T}\right) \tag{1.3.12}$$

と書ける。ここで，$\varepsilon_r \varepsilon_0$ 誘電率，κ は Debye 長の逆数であり電解質の数濃度 n を用いて，

$$\kappa = \left(\frac{2e^2 n}{\varepsilon_{\mathrm{r}}\varepsilon_0 k_B T}\right)^{\frac{1}{2}} \tag{1.3.13}$$

と定義される。

モデルパラメータとして pK, Γ_T, C_{s} の値を決めてやり，(1.3.7)-(1.3.12) 式からなる連立方程式を解けば，様々な pH，電解質濃度での表面電荷密度 σ と表面電位 ψ_0 が求められる。このモデルは，Stern 層での KCl などの支持電解質からのイオンの吸着を無視するモデルで，1pK basic Stern(1pK-BS) モデルと呼ばれる。

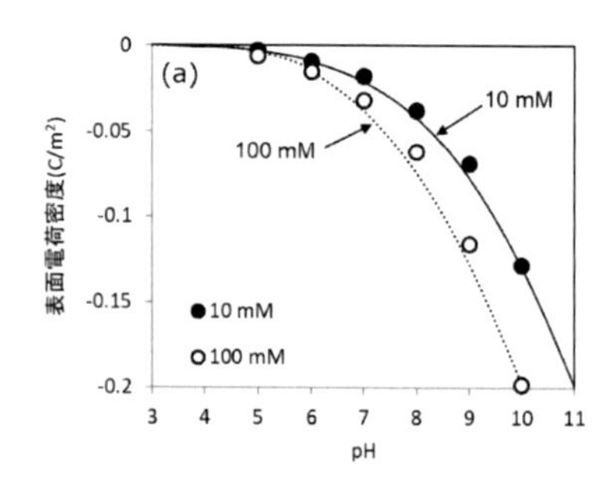

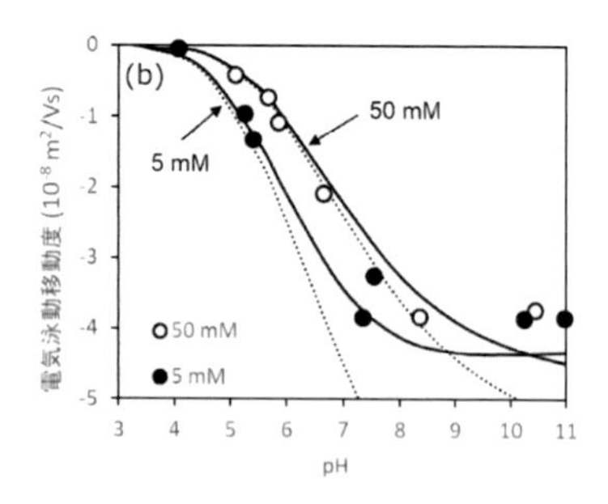

図 1.13　シリカの帯電挙動。(a) 表面電荷密度の実験値（記号）[7] と計算値（曲線），(b) 電気泳動移動度の実験値（記号）と計算値（曲線）。(b) 中の実線では電気二重層の緩和効果を考慮している。

図 1.13 に，モデル計算と実験値との比較のため，シリカの表面電荷密度と pH，電気泳動移動度と pH の関係をプロットしている。図中の記号は実験値 [29]，曲線は 1pK-BS モデルによる計算値である。計算では，実験値とよく一致するモデルパラメータとして，pK=7.5，Γ_T=8 nm^{-2}，C_S=2.9 F m^{-2} が採用されている [28, 29, 31, 32]。電気泳動移動度の計算では，電気二重層の緩和効果（図 1.14）[34] を考慮した式での結果が実線で，緩和効果を考慮していない Helmholtz-Smoluchowski 式での計算値が点線でプロットされている。なお，ゼータ電位 ζ は，ψ_d を持つ面からゼータ電位 ζ が定義されるすべり面までの距離 x_s を x_s=0.5 nm とし，Gouy-Chapman の解

$$\zeta = \frac{4k_BT}{e}\operatorname{arctanh}\left[\tanh\left(\frac{e\psi_d}{4k_BT}\right)\exp\left(-\kappa x_s\right)\right] \tag{1.3.14}$$

から求められている。図 1.13 の通り，1 組のモデルパラメータ，pK=7.5，Γ_T=8 nm^{-2}，C_S=2.9 F m^{-2} を用いた 1pK-BS モデルによる計算結果が，異なる pH と電解質濃度で測定された電荷密度と電気泳動移動度とよくあっていることがわかる。特に表面電位の絶対値が大きくなると，緩和効果を取り入れた電気泳動理論の方がより実験結果と近いことがわかる。

1.3.3　ヘマタイトの帯電挙動

ヘマタイトのような酸化鉄の微粒子の場合，粒子表面での H^+ の解

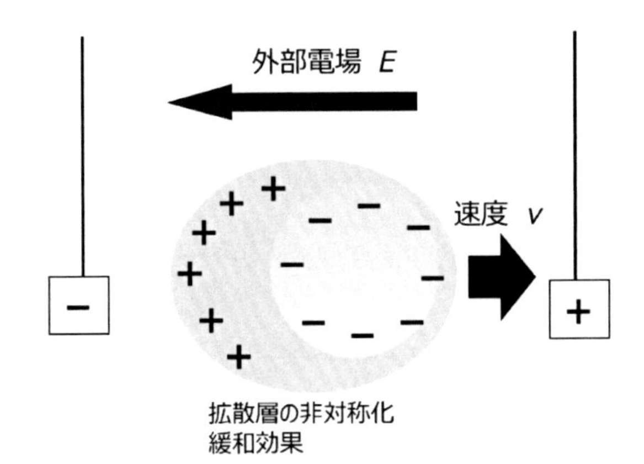

図 1.14　電気泳動中の緩和効果の模式図

離は,

$$-\mathrm{FeOH_2}^{0.5+} \leftrightarrow -\mathrm{FeOH}^{0.5-} + \mathrm{H_S}^{+} \tag{1.3.15}$$

となる。H^+ 濃度の増減が表面濃度 $\left[-\mathrm{FeOH}^{0.5-}\right]$，$\left[-\mathrm{FeOH_2}^{0.5+}\right]$ の増減をもたらし，結果として粒子は正の表面電荷を帯びたり負の表面電荷を帯びたりすることがわかる。シリカの場合と同様に，表面における質量作用の法則は,

$$\frac{a^S_{\mathrm{H}^+}\left[\mathrm{FeOH}^{0.5-}\right]}{\left[\mathrm{FeOH}_2^{0.5+}\right]} = K = 10^{-p\mathrm{K}} \tag{1.3.16}$$

$$a^S_{\mathrm{H}^+} = a_{\mathrm{H}^+}\exp\left(\frac{-e\psi_0}{k_B T}\right) \tag{1.3.17}$$

となる。(1.3.16) 式から，pH=pK において，$\left[-\mathrm{FeOH}^{0.5-}\right]=\left[-\mathrm{FeOH_2}^{0.5+}\right]$ となり，正味の電荷がゼロになる電荷ゼロ点（PZC）になることがわかる。

酸化鉄の帯電挙動のモデル化においては，シリカに適用できた 1pK-BS モデルを拡張して，Stern 層での陽イオンと陰イオンの吸着を考慮する必要がある。このモデルは 1pK Stern モデルと呼ばれる。例として，硝酸ナトリウム水溶液中の酸化鉄粒子を取り上げる。Stern 層での Na^+ と NO_3^- の吸着がそれぞれ反対符号の電荷を持つ表面サイトでのみ起きると

するならば，これらの吸着反応は，

$$\mathrm{FeOH^{0.5-} \cdot Na^+ \leftrightarrow FeOH^{0.5-} + Na^+} \tag{1.3.18}$$

$$\mathrm{FeOH_2{}^{0.5+} \cdot NO_3^- \leftrightarrow FeOH_2{}^{0.5+} + NO_3^-} \tag{1.3.19}$$

の式で書ける。これらの反応が起きる位置において，電位を ψ_d で与えて Boltzmann 分布を考慮し，質量作用の法則を適用すると，

$$\frac{\left[\mathrm{FeOH^{0.5-}}\right] a_{\mathrm{Na^+}} \exp\left(-e\psi_d/k_BT\right)}{\left[\mathrm{FeOH^{0.5-} \cdot Na^+}\right]} = K_+ = 10^{-\mathrm{p}K_+} \tag{1.3.20}$$

$$\frac{\left[\mathrm{FeOH_2{}^{0.5+}}\right] a_{\mathrm{NO_3^-}} \exp\left(e\psi_d/k_BT\right)}{\left[\mathrm{FeOH_2{}^{0.5+} \cdot NO_3{}^-}\right]} = K_- = 10^{-\mathrm{p}K_-} \tag{1.3.21}$$

と書ける。$a_{\mathrm{Na^+}}$ と $a_{\mathrm{NO_3^-}}$，K_+ と K_- は，$\mathrm{Na^+}$ と $\mathrm{NO_3^-}$ の活量および解離定数である。$\left[\mathrm{-FeOH^{0.5-}}\right]$ と $\left[\mathrm{-FeOH_2{}^{0.5+}}\right]$ の持つ電荷 が各々 ±0.5 なので，表面電荷密度 σ は，

$$\sigma = 0.5e\left(\begin{array}{c}\left[\mathrm{FeOH_2{}^{0.5+}}\right] + \left[\mathrm{FeOH_2{}^{0.5+} \cdot NO_3^-}\right] \\ -\left[\mathrm{FeOH^{0.5-}}\right] - \left[\mathrm{FeOH^{0.5-} \cdot Na^+}\right]\end{array}\right) \tag{1.3.22}$$

となる。Stern 層の電荷密度 σ_s は吸着した $\mathrm{Na^+}$ と $\mathrm{NO_3^-}$ が要因なので，

$$\sigma_s = e\left(\left[\mathrm{FeOH^{0.5-} \cdot Na^+}\right] - \left[\mathrm{FeOH_2{}^{0.5+} \cdot NO_3^-}\right]\right) \tag{1.3.23}$$

となる。電気二重層の拡散層内にある単位面積あたりの電荷を σ_d とすると，表面，Stern 層，拡散層の電荷の和が 0 であり，

$$\sigma + \sigma_s + \sigma_d = 0 \tag{1.3.24}$$

となる。$\mathrm{H^+}$ の解離・結合を担う全解離基の表面濃度 Γ_T は，

$$\begin{aligned}\Gamma_T \quad = \quad & \left[\mathrm{FeOH_2{}^{0.5+}}\right] + \left[\mathrm{FeOH_2{}^{0.5+} \cdot NO_3^-}\right] \\ & + \left[\mathrm{FeOH^{0.5-}}\right] + \left[\mathrm{FeOH^{0.5-} \cdot Na^+}\right]\end{aligned} \tag{1.3.25}$$

と表わされる。

表面電荷と表面電位，Stern 層電荷と拡散層電位の関係は，コンデンサーモデルと Gouy-Chapman の理論から，Stern 層では，

$$\sigma = C_s\left(\psi_0 - \psi_d\right) \tag{1.3.26}$$

となり，拡散層では，

$$\sigma_d = -\left(\frac{2\varepsilon_{\mathrm{r}}\varepsilon_0\kappa k_B T}{e}\right)\sinh\left(\frac{e\psi_d}{2k_B T}\right) \tag{1.3.27}$$

となる。

pK，pK_+，pK_-，C_s，Γ_T の数値をモデルパラメータとして与え，(1.3.16-17)，(1.3.20-27) 式を連立方程式として解くことで，異なる pH，電解質濃度における表面電荷密度や表面電位，拡散層電位を求めることができる。

図 1.15 には，ヘマタイト粒子の電気泳動移動度と表面電荷密度 [33] の実験値（記号）が 1pK Stern モデルによる計算値（曲線）とともにプロットされている。1pK Stern モデルで使用されたパラメータは，pK=9.2，Γ_T=8 nm^{-2}，C_s=1.1 F m^{-2}，pK_+=pK_-=0.3 である。電気泳動移動度の計算では，拡散電気二重層の緩和効果を考慮した理論 [34] を使用し，インプットとして必要なゼータ電位 ζ は，1pK Stern モデルで求めた拡散層電位 ψ_d で代替されている。図 1.15 からわかる通り，同じパラメータの組に基づく 1pK Stern モデルによる計算値は，電荷密度と電気泳動移動度の実験値を無理なく再現できている。

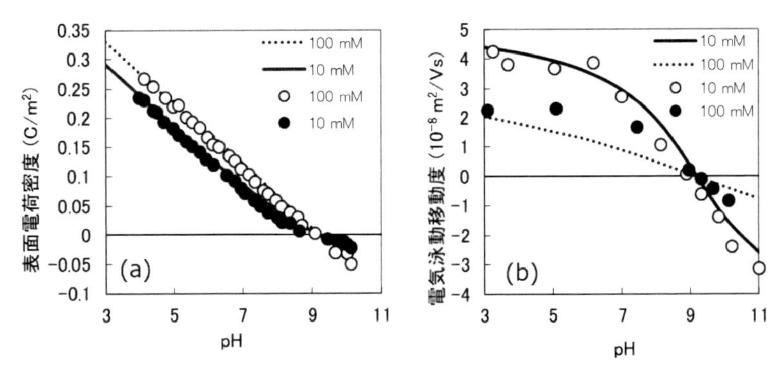

図 1.15　ヘマタイトの (a) 表面電荷密度，(b) 電気泳動移動度 [33]。記号は実験値，曲線は計算値。

1.3.4　モデルのパラメータについて

用いたモデルパラメータの値が妥当であるかは，Hiemstra *et al.*[28, 29] によって考察されている。シリカに対する 1pK-BS モデルのパラメータは，異なる研究グループの測定結果を比較的よく再現できており，一定の普遍性があると言えよう。Stern 層の C_S はコンデンサーの極板間の距離と誘電率で決まるものであり，溶媒分子の大きさや界面での分子の拘束を考慮して議論できそうではある。しかし，これらを実験や理論により個別に定量化することは困難であり，実験値に合わせるパラメータ C_S として扱われている。Γ_T については，熱重量分析など別の分析法やトリチウムの交換から見積もられた値の範囲 (4.6〜8 nm^{-2}) にある。pK 値については，溶液中のモノマーの酸解離定数と原子と H^+ 間の距離に基づいた理論的考察により推定されてもいる。

1pK-Stern モデルを用いた解析は，TiO_2, FeOOH, AlOOH, Al_2O_3 など他の（水）酸化物の表面電荷密度に対しても試みられている。しかし，表面電荷密度と電気泳動移動度を同時に同一のパラメータで解析した例は意外に少なく，両者は同一のパラメータでは再現されなかったという課題もある [35]。同一の粒子なら，本来，帯電のメカニズムは同じはずなので，この問題を克服するためのさらなる研究が必要であろう。

以上，帯電挙動の理論モデルの 1 つである 1pK-Stern モデルを取り上げ，pH に依存する電荷を持つ代表的な粒子であるシリカ粒子とヘマタイト粒子に対する解析例を紹介した。1pK-Stern モデルは pH および電解質濃度に応じて変化するシリカとヘマタイトの表面電荷密度と電気泳動移動度をよく再現できることを示した。このようにして得られた表面電位や表面電荷密度は，帯電した表面間の静電的力の計算に利用される。しかし，コロイドをプローブとして使う原子間力顕微鏡法によって推定された表面電位と 1pK basic Stern モデルで計算された電位にずれがあることも報告されている [36]。粒子間の相互作用に寄与する実質的な表面電位の実体の理解やその予測についてはまだ不完全な点も残されている。

1.4　電気二重層

電解質溶液中の微粒子の表面はその表面に存在する解離基あるいは溶液からのイオンの吸着によって帯電していることが多い。帯電した粒子周囲には，微粒子表面の電荷と反対符号のイオン（対イオン）が集まってくる，一方，粒子表面電荷と同符号のイオン（副イオン）は粒子表面から遠ざけられる。対イオンの表面への結合定数が大きい場合は吸着するが，大多数のイオンは熱運動により粒子表面周囲にイオン雲を形成し拡散構造をとる。このイオン雲を拡散電気二重層あるいは略して電気二重層と呼ぶ。粒子はそれ自身，裸で存在するのではなく，イオン雲の衣を着ている。図1.16に半径 a の球状帯電粒子周囲の拡散電気二重層を模式的に表した。

電気二重層の厚さはDebye長ともよばれ，$1/\kappa$ と表される。κ はDebye-Hückelのパラメータである（(1.4.14)式参照)。粒子のサイズと電気二重層の厚さの比（半径 a の球の場合 κa）は界面電気現象において重要な働きをする。電気二重層の厚さは電解質溶液の濃度に依存する。高濃度ほど薄くなり，低濃度にすると厚くなる（図1.17)。同時に，高濃度ほど二重層内のイオン濃度は高く，低濃度ほどイオン濃度は低い。電解質濃度が高くなると，粒子表面の曲率は無視できるようになり，表面を平面と近似できる。一方，電解質濃度がゼロの極限では，二重層内のイオンがゼロになり二重層は消失する。

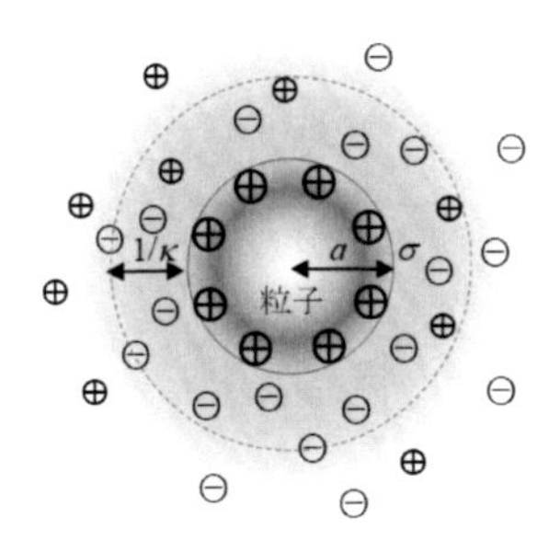

図1.16　半径aの球状粒子周囲の電気二重層。1/κ= 電気二重層の厚さ(Debye長)。

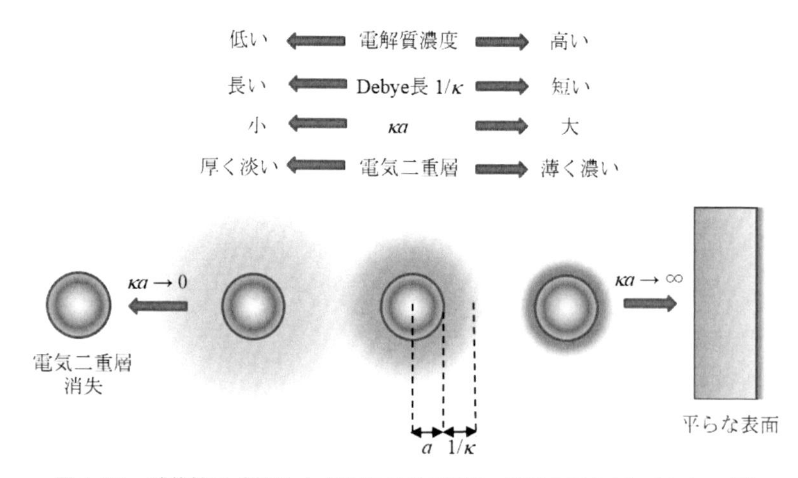

図 1.17　球状粒子（半径 a）周囲にできる電気二重層の厚さ $1/\kappa$（Debye 長）と電解質濃度

1.4.1　Poisson-Boltzmann 方程式とその近似解

電気二重層を定量的に扱うためには，Poisson-Boltzmann 方程式（PB 方程式と略す）を解く必要がある。PB 方程式は Poisson の式と Boltzmann の式を組み合わせたものである。電位 ψ を測る際の基準点を粒子から十分離れた電解質溶液のバルク相にとり，そこでの ψ の値をゼロと置く。電位 ψ を生み出す原因である電荷は，粒子表面の電荷と電解質イオンの電荷である。粒子の表面電荷密度を σ，電解質イオンによる体積電荷密度を ρ_{el} と置く。PB 方程式は ψ と σ の関係から導かれる。この式は微分方程式であるが，その境界条件に σ が登場する。ψ を与えて σ を求めることが目的であるが，σ 自身も未知である。ψ も σ もともに未知であるから，ψ と σ を結びつける式が 2 つ必要である。その 2 つの式から ρ_{el} を消去したものが PB 方程式である。以下，帯電した平板状粒子が対称型電解質（価数 z，バルク濃度 n (m^{-3})）の水溶液に接している系を考える。平板に垂直に x 軸を定め，原点を平板表面にとる。領域 $x > 0$ を電解質溶液に対応させる（図 1.18）。

$\psi(x)$ と $\rho_{el}(x)$ を結びつける第 1 の関係は次の Poisson の式である。1

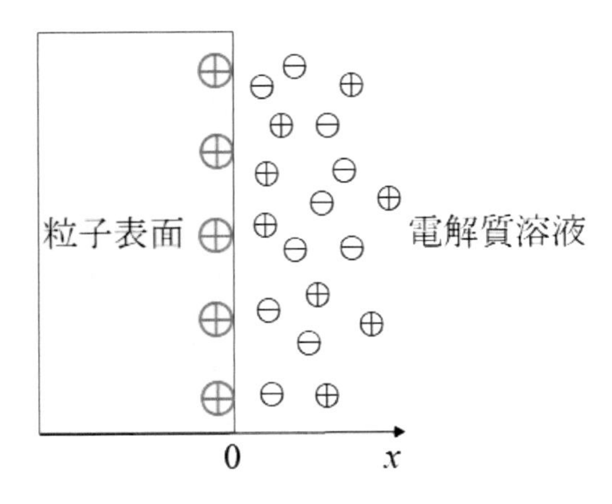

図 1.18　電解質溶液に接した平面

次元の場合，

$$\frac{d^2\psi(x)}{dx^2} = -\frac{\rho_{\mathrm{el}}(x)}{\varepsilon_{\mathrm{r}}\varepsilon_0} \tag{1.4.1}$$

になる。ここで，ε_{r} は電解質溶液の比誘電率，ε_{o} は真空の誘電率である。(1.4.1) 式は $\rho_{\mathrm{el}}(x)$ が原因となって，どのような結果 $\psi(x)$ が得られるかを与える式である。(1.4.1) 式は次のように導かれる。電位の代わりに，

$$E(x) = -\frac{d\psi(x)}{dx} \tag{1.4.2}$$

で定義される電場 $E(x)$ を考える。電場は 1 C（クーロン）の電荷に働く電気的な力であり，その力に逆らっている度合いが電位（電気的位置エネルギーの略）$\psi(x)$ である。電解質溶液中において位置 x と $x+\Delta x$ に挟まれる厚さ Δx の薄い液層を考える。この中に含まれる電荷量は $\rho_{\mathrm{el}}(x)\Delta x$ である。この電荷量を $\varepsilon_{\mathrm{r}}\varepsilon_0$ で割った量がこの電荷量による電場の増加分 ΔE である。

$$\Delta E = \frac{\rho_{\mathrm{el}}(x)}{\varepsilon_{\mathrm{r}}\varepsilon_0}\Delta x \tag{1.4.3}$$

(1.4.3) 式の両辺を Δx で割り，$\Delta E/\Delta x \to dE/dx$=-$d^2\psi/dx$ と変形すれ

ば (1.4.1) 式が導かれる。(1.4.1) 式に対する境界条件は,

$$\psi(a) = \psi_o \tag{1.4.4}$$

$$\psi(x) \to 0, x \to \infty \tag{1.4.5}$$

である。ψ_o は $x = 0$ における電位の値つまり表面電位である。(1.4.5) 式は電位の基準点を無限遠に定めたことに対応する。さらに, 平板表面に密度 σ の電荷が面分布している。表面における電位勾配（電場）と σ は次式で関係づけられる。

$$\left.\frac{d\psi}{dx}\right|_{x=0} = -\frac{\sigma}{\varepsilon_r \varepsilon_0} \tag{1.4.6}$$

ただし, 平板内の電場の影響は無視している。

さて, (1.4.1) 式の右辺の $\rho_{el}(x)$ が未知数なので , (1.4.1) 式に加えて, もう 1 つ式が必要になる。そこで, イオン分布が Boltzmann 分布に従うと考え, 点 x におけるカチオンの濃度 $n_+(x)$ (m^{-3}) とアニオンの濃度 $n_-(x)$(m^{-3}) をその点の電位 $\psi(x)$ を用いて次のように表す。

$$n_+(x) = n \exp\left(-\frac{ze\psi(x)}{kT}\right) \tag{1.4.7}$$

$$n_-(x) = n \exp\left(+\frac{ze\psi(x)}{kT}\right) \tag{1.4.8}$$

ここで, k は Boltzmann 定数, T は絶対温度, n (m^{-3}) は粒子表面から十分離れた場所（バルク相）におけるカチオンとアニオンの濃度である (そこでは, 電気的に中性であり, 対称型電解質であるから両濃度は相等しい)。また, イオンの濃度として, 数密度を用いているので, n, n_+, n_- は単位体積当りのイオンの個数すなわち m^{-3} の単位をもつ。(1.4.7) 式はカチオンが場所 x に存在する確率はカチオンがエネルギー $ze\psi(x)$ をもつ確率に等しいことから導かれる（アニオンについても同様)。

さて, 点 x における電荷密度 $\rho_{el}(x)$ はその場所におけるカチオンの電荷（カチオン 1 個当りの電荷 ze と濃度 $n_+(x)$ の積）$zen_+(x)$ とアニオンの電荷-$zen_-(x)$ の和に等しいので, (1.4.7) 式と (1.4.8) 式を用いて,

$$\begin{aligned}\rho_{\mathrm{el}}(x) &= zen_{+}(x) - zen_{-}(x) \\ &= zen\left\{\exp\left(-\frac{ze\psi(x)}{kT}\right) - \exp\left(+\frac{ze\psi(x)}{kT}\right)\right\}\end{aligned} \tag{1.4.9}$$

と表される。(1.4.1) 式が $\rho_{\mathrm{el}}(x)$ を与えて $\psi(x)$ を求める式であるのに対し，(1.4.7) 式は $\psi(x)$ を与えて $\rho_{\mathrm{el}}(x)$ を求める式であることに注意したい。これらの 2 式を連立させて，$\rho_{\mathrm{el}}(x)$ を消去すれば，次のような未知数として $\psi(x)$ のみをもつ方程式が得られる。

$$\frac{d^2\psi}{dx^2} = -\frac{zen}{\varepsilon_{\mathrm{r}}\varepsilon_0}\left\{\exp\left(-\frac{ze\psi}{kT}\right) - \exp\left(+\frac{ze\psi}{kT}\right)\right\} \tag{1.4.10}$$

この式は Poisson の式と Boltzmann 分布の式を組み合わせたものなので，PB の式と呼ばれ，界面電気現象の理論の出発点になる最も重要な式である。

(1.4.10) 式は非線形の微分方程式で一般に解くことは難しいが，一次元の場合は厳密に解ける。まず，近似解を求めよう。電位 $\psi(x)$ が低く（したがって，電荷密度 $\rho_{\mathrm{el}}(x)$ も小さく），

$$\frac{ze\left|\psi(x)\right|}{kT} \ll 1 \tag{1.4.11}$$

が満足される場合を考えよう。(1.4.9) 式は電位 $\psi(x)$ すなわち電気的位置エネルギー $ze\psi(x)$ が熱エネルギー kT に比べて十分小さいことを意味する。(1.4.10) 式において exp(小さい数) ≈1 ＋ (小さい数) という近似，すなわち，

$$\exp\left(\mp\frac{ze\psi}{kT}\right) \approx 1 \mp \frac{ze\psi}{kT} \tag{1.4.12}$$

を用いると，(1.4.10) 式は次のような簡単な式（Debye-Hückel 方程式）に帰着する。

$$\frac{d^2\psi}{dx^2} = \kappa^2\psi \tag{1.4.13}$$

ここで，κ は次式で定義され，Debye-Hückel のパラメータと呼ばれる。

$$\kappa = \sqrt{\frac{2z^2e^2n}{\varepsilon_{\mathrm{r}}\varepsilon_0 kT}} \tag{1.4.14}$$

(1.4.13) 式は容易に解け，その解は，

$$\psi(x) = \psi_o e^{-\kappa x} \tag{1.4.15}$$

である。ここで，境界条件 (1.4.6) 式に (1.4.15) 式を代入すると，

$$\psi_o = \frac{\sigma}{\varepsilon_r \varepsilon_0 \kappa} \tag{1.4.16}$$

が得られる。

対称型電解質に限らない一般の電解質溶液では PB 方程式は次式に一般化される。

$$\frac{d^2\psi}{dx^2} = -\frac{1}{\varepsilon_r \varepsilon_0}\sum_{i=1}^{N} z_i e n_i \exp\left(-\frac{z_i e \psi(x)}{kT}\right) \tag{1.4.17}$$

ここで，溶液中には N 種類のイオンが存在し，i 番目のイオンの価数が z_i，バルク濃度が n_i である。

一般の電解質溶液の κ は次式で定義される。

$$\kappa = \sqrt{\frac{\sum_{i=1}^{N} z_i^2 e^2 n_i}{\varepsilon_r \varepsilon_0 kT}} \tag{1.4.18}$$

電解質イオンの濃度として n_i（単位：m^{-3}）のかわりにモル濃度（単位：M）を用いる場合には，

$$n_i \rightarrow 1000 N_A n_i \tag{1.4.19}$$

と置き換えればよい。

1 価対称型電解質（NaCl, KCl）では，25 ℃の水溶液中における $1/\kappa$ の値は濃度 0.1M で約 1nm，0.01M では約 3nm，0.001M では約 10nm である。(1.4.14) 式および (1.4.18) 式からわかるように，$1/\kappa$ は濃度 n の平方根に反比例するから，濃度を 100 倍に希釈すると $1/\kappa$ は約 10 倍に，10 倍希釈では $1/\kappa$ は約 3 倍に伸びる。25 ℃の水溶液中における電気二重層の厚さ $1/\kappa$（Debye 長）は，

$$\frac{1}{\kappa} = \frac{0.3}{z\sqrt{n}}\,(\mathrm{nm}) \tag{1.4.20}$$

である。ただし，(1.4.20) 式の電解質濃度 n の単位は M である。

1.4.2　Poisson-Boltzmann 方程式の厳密解

以下では，z-z 型対称型電解質と接する平板上固体平面に対して，PB 方程式 (1.4.10) を厳密に解く。この式は非線形の微分方程式であるが，右辺が x を含まないので，両辺に $d\psi/dx$ をかけることにより積分できる。結果の式で，$x=0$ と置き，境界条件 (1.4.6) 式を用いると，表面電荷密度 σ と表面電位 ψ_o を結びつける式として次式が得られる。

$$\sigma = \frac{\varepsilon_r \varepsilon_0 \kappa kT}{ze}\left[\exp\left(\frac{ze\psi_o}{2kT}\right) - \exp\left(-\frac{ze\psi_o}{2kT}\right)\right] \tag{1.4.21}$$

または，逆に解くと，

$$\psi_o = \frac{2kT}{ze}\ln\left[\frac{ze\sigma}{2\varepsilon_r\varepsilon_0\kappa kT} + \sqrt{\left(\frac{ze\sigma}{2\varepsilon_r\varepsilon_0\kappa kT}\right)^2 + 1}\right] \tag{1.4.22}$$

が得られる。さらに，PB 方程式をさらに 1 回積分すると，

$$\psi(x) = \frac{4kT}{ze}\operatorname{arctanh}\left(\gamma e^{-\kappa x}\right) = \frac{2kT}{ze}\ln\left(\frac{1+\gamma e^{-\kappa x}}{1-\gamma e^{-\kappa x}}\right) \tag{1.4.23}$$

が得られる。ここで，γ は次式で定義される。

$$\gamma = \tanh\left(\frac{ze\psi_o}{4kT}\right) = \frac{\exp\left(ze\psi_o/2kT\right) - 1}{\exp\left(ze\psi_o/2kT\right) + 1} \tag{1.4.24}$$

(1.4.21)-(1.4.23) 式は，非線形の微分方程式である PB 方程式 (1.4.10) の厳密解である。これらに対する近似解が (1.4.15) 式と (1.4.16) 式であるが，この近似が成り立つ条件は，(1.4.11) 式で与えられる。室温で 1-1 型電解質の場合 ($z=1$)，この条件は，

$$|\psi_o| \ll 25\,\mathrm{mV} \tag{1.4.25}$$

になる。この 25 mV という値は電位の単位で表した熱エネルギーである。しかし，実用上は，

$$|\psi_o| \le 40\,\mathrm{mV} \tag{1.4.26}$$

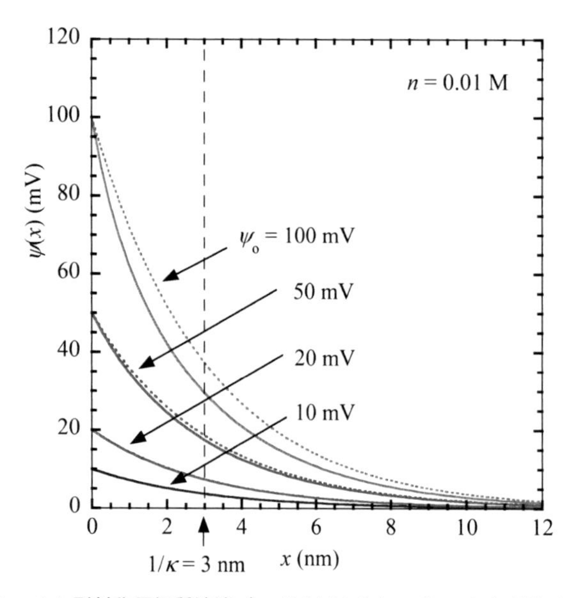

図 1.19　1:1 型対称電解質溶液（n =0.01 M, $1/\kappa = 3$ nm）に接した 帯電表面周囲の電位分布 $\psi(x)$ 。実線：厳密解（(1.4.23) 式），点線：Debye-Hückel 近似（(1.4.15) 式)。

線形近似は良い近似とみなされている（図 1.19 参照)。

図 1.19 に n =0.01M（$1/\kappa$= 3nm）の 1:1 型対称電解質に接した平板周囲の電位分布 $\psi(x)$ を示す。表面電位 ψ_o が 10, 20, 50, 100 mV の各場合について，厳密解（(1.4.23) 式）と線形近似（Debye-Hückel 近似, (1.4.15) 式）で計算した電位分布 $\psi(x)$ を示した。

1.4.3　球状粒子の電荷と電位

表面電荷密度 σ，表面電位 ψ_o，半径 a の球のまわりの電位分布 $\psi(r)$（r = 球の中心からの距離）は，曲率を考慮した以下の PB の式を解いて得られる。

この方程式は,

$$\frac{d^2\psi}{dr^2} + \frac{2}{r}\frac{d\psi}{dr} = -\frac{1}{\varepsilon_r\varepsilon_0}\sum_{i=1}^{N} z_i e n_i^{\infty} \exp\left(-\frac{z_i e\psi}{kT}\right), r \geq a \tag{1.4.27}$$

で与えられる。粒子表面における境界条件は以下のように与えられる。

$$\psi(a) = \psi_o \tag{1.4.28}$$

$$\psi(r) \to 0, r \to \infty \tag{1.4.29}$$

$$\left.\frac{d\psi}{dr}\right|_{r=a^+} = -\frac{\sigma}{\varepsilon_r \varepsilon_0} \tag{1.4.30}$$

ここで，ψ_o は表面電位である。電位が低い場合は，(1.4.27) 式は，

$$\frac{d^2\psi}{dr^2} + \frac{2}{r}\frac{d\psi}{dr} = \kappa^2\psi \tag{1.4.31}$$

になる。κ は Debye-Hückel のパラメータである（(1.4.18) 式）。この解は，

$$\psi(r) = \psi_o \frac{a}{r} e^{-\kappa(r-a)} \tag{1.4.32}$$

である。(1.4.32) 式を (1.4.30) 式に代入すると，表面電位 ψ_o と表面電荷密度 σ が次式で関係づけられることがわかる。

$$\psi_o = \frac{\sigma}{\varepsilon_r \varepsilon_0 \kappa \left(1 + \frac{1}{\kappa a}\right)} \tag{1.4.33}$$

$\kappa a \gg 1$ では，(1.4.32) 式と (1.4.33) 式はそれぞれ平面に対する (1.4.15) 式と (1.4.16) 式に帰着する。逆の極限の $\kappa a \ll 1$ の場合では，(1.4.33) 式は次式になる。

$$\psi_o = \frac{\sigma a}{\varepsilon_r \varepsilon_0} \tag{1.4.34}$$

さらに，粒子表面の全電荷 $Q = 4\pi a^2 \sigma$ を導入すると，(1.4.34) 式は，

$$\psi_o = \frac{Q}{4\pi \varepsilon_r \varepsilon_0 a} \tag{1.4.35}$$

になる。また，このとき，(1.4.32) 式は，

$$\psi(r) = \frac{Q}{4\pi \varepsilon_r \varepsilon_0 r} \tag{1.4.36}$$

になる。(1.4.35) 式は，電解質の存在しない場合の電位（クーロン電位）に一致する。$\kappa a \ll 1$ の場合と電解質の存在しない場合は等価である。

表面電位 ψ_o が任意の大きさの場合は，非線形の Poisson-Boltzmann 方程式 (3.2.1) を解かねばならない。z:z 型電解質中にある，曲率を考慮した半径 a の球状粒子に対する σ と ψ_o の関係としては，次式が提出されている [37]。$\kappa a \geq 0.5$ の場合，誤差は 1% 未満である。

$$\sigma = \frac{2\varepsilon_r\varepsilon_0\kappa kT}{ze}\sinh\left(\frac{y_o}{2}\right)\left[1+\frac{1}{\kappa a\cosh^2\left(\frac{y_o}{4}\right)}+\frac{8\ln\left[\cosh\left(\frac{y_o}{4}\right)\right]}{(\kappa a)^2\sinh^2\left(y_o/2\right)}\right]^{\frac{1}{2}} \tag{1.4.37}$$

ただし，$y_o = ze\psi_o/kT$ は無次元化した表面電位である。また，z:z 型電解質水溶液中の球状粒子周囲の電位分布に対して次の近似式が導かれている。

$$\psi(r) = \frac{2kT}{ze}\ln\left[\frac{(1+Bs)\left(1+\frac{Bs}{2\kappa a+1}\right)}{(1-Bs)\left(1-\frac{Bs}{2\kappa a+1}\right)}\right] \tag{1.4.38}$$

ただし，

$$s = \frac{a}{r}\exp\left(-\kappa\left(r-a\right)\right) \tag{1.4.39}$$

$$B = \frac{\left(\frac{2\kappa a+1}{\kappa a+1}\right)\tanh\left(\frac{y_o}{4}\right)}{1+\left\{1-\frac{2\kappa a+1}{(\kappa a+1)^2}\tanh^2\left(\frac{y_o}{4}\right)\right\}^{\frac{1}{2}}} \tag{1.4.40}$$

1.4.4　円柱状粒子の電荷と電位

円柱状粒子の場合，Poisson-Boltzmann 方程式は次のようになる。

$$\frac{d^2\psi}{dr^2}+\frac{1}{r}\frac{d\psi}{dr} = -\frac{1}{\varepsilon_r\varepsilon_0}\sum_{i=1}^{N} z_i e n_i^{\infty}\exp\left(-\frac{\mathrm{z_i e}\psi}{\mathrm{kT}}\right) \tag{1.4.41}$$

球の場合と同様の境界条件は以下のように与えられる。

ここで，σ は円柱状粒子の表面電荷密度である。

電位が低い場合，(1.4.41) 式は次式になる。

$$\frac{d^2\psi}{dr^2}+\frac{1}{r}\frac{d\psi}{dr}=\kappa^2\psi \tag{1.4.42}$$

ここで，κ は (1.4.18) 式で与えられる。(1.4.42) 式の解は，

$$\psi(r)=\psi_o\frac{K_0(\kappa r)}{K_0(\kappa a)} \tag{1.4.43}$$

である。ここで，ϕ_o は円柱状粒子の表面電位，$K_n(z)$ は n 次の第 2 種変形ベッセル関数である。また，表面電位と表面電荷密度の関係は次式で与えられる。

$$\psi_o=\frac{\sigma}{\varepsilon_r\varepsilon_0\kappa}\frac{K_0(\kappa a)}{K_1(\kappa a)} \tag{1.4.44}$$

$\kappa a \gg 1$ では，球の場合と同様に (1.4.43) 式と (1.4.44) 式はそれぞれ平面に対する (1.4.15) 式と (1.4.16) 式に帰着する。z:z 型電解質の場合において，任意の大きさの電位に適用できる近似式として以下の式が導かれている [37]。

$$\psi(r)=\frac{2kT}{ze}\ln\left[\frac{(1+Dc)\left\{1+\left(\frac{1-\beta}{1+\beta}\right)Dc\right\}}{(1-Dc)\left\{1-\left(\frac{1-\beta}{1+\beta}\right)Dc\right\}}\right] \tag{1.4.45}$$

$$\sigma=\frac{2\varepsilon_r\varepsilon_0\kappa kT}{ze}\sinh\left(\frac{y_o}{2}\right)\left[1+\left(\frac{1}{\beta^2}-1\right)\frac{1}{\cosh^2(y_o/4)}\right]^{\frac{1}{2}} \tag{1.4.46}$$

ここで，

$$c=\frac{K_0(\kappa r)}{K_0(\kappa a)} \tag{1.4.47}$$

$$\beta=\frac{K_0(\kappa a)}{K_1(\kappa a)} \tag{1.4.48}$$

$$D=\frac{(1+\beta)\tanh\left(\frac{y_o}{4}\right)}{1+\left\{1-(1-\beta^2)\tan\mathrm{h}^2\left(\frac{y_o}{4}\right)\right\}^{\frac{1}{2}}} \tag{1.4.49}$$

$y_o=ze\psi_o/kT$ は無次元化した表面電位である。

1.4.5 柔らかい粒子の電荷と電位

本項では固体粒子ではなく，表面に帯電した高分子の層が吸着した粒子を考える。このような粒子を柔らかい粒子と呼ぶ [38]（図 1.20)。粒子表面に帯電高分子からなる表面電荷層が存在する。表面電荷層内に電解質イオンが浸透できると仮定する。この層内部の電荷と電位の関係を求めよう。

高分子電解質を，それを透過させない半透膜で囲むと膜の内外に電位差が生じる。この電位は Donnan 電位と呼ばれる。表面電荷層の内部と外部の電解質溶液の間にも電位差が発生する。これも Donnan 電位である。この後者の Donnan 電位が，柔らかい粒子の界面電気現象で重要な役割を演じる。厚さ d の表面電荷層内に価数 Z の解離基（完全解離とする）が密度 N で一様に分布しているものとする。つまり，密度 ZeN で表面電荷層内に固定電荷が分布していることになる。対称電解質溶液（価数 z，バルク濃度 n）と接する平板状粒子を考える。表面電荷層の表面に垂直に x 軸をとり，$x < 0$ の領域を表面電荷層内部，$x > 0$ の領域を表面電荷層外部とする。$x < 0$ に対する Poisson-Boltzmann 方程式は次のようになる。

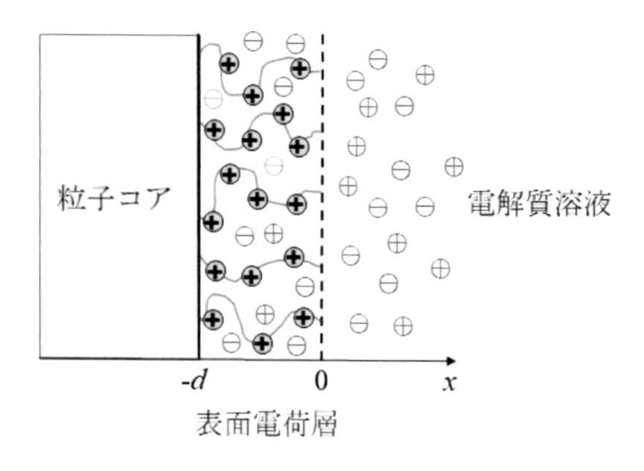

図 1.20　表面電荷層で覆われた柔らかい粒子の表面

$$\frac{d^2\psi}{dx^2} = \frac{zen}{\varepsilon_r\varepsilon_0}\left[\exp\left(\frac{ze\psi}{kT}\right) - \exp\left(-\frac{ze\psi}{kT}\right)\right] - \frac{Zen}{\varepsilon_r\varepsilon_0}, x < 0 \qquad (1.4.50)$$

ここで，右辺第 2 項は固定電荷 ZeN の寄与を表す。$x > 0$ の領域に対しては，以下のような通常の Poisson-Boltzmann 方程式が適用される。

$$\frac{d^2\psi}{dx^2} = \frac{zen}{\varepsilon_r\varepsilon_0}\left[\exp\left(\frac{ze\psi}{kT}\right) - \exp\left(-\frac{ze\psi}{kT}\right)\right], x > 0 \qquad (1.4.51)$$

$x = 0$ における境界条件は，

$$\psi(-0^-) = \psi(-0^+),\ \left.\frac{d\psi}{dx}\right|_{x=-0^-} = \left.\frac{d\psi}{dx}\right|_{x=-0^+}, \qquad (1.4.52)$$

である。また，表面電荷層の厚さ d が電気二重層の厚さ $1/\kappa$ より十分厚い場合は，表面電荷層の奥深い内部では電位が平らになるべきであるから，

$$\frac{d^2\psi}{dx^2} \to 0, x \to -\infty \qquad (1.4.53)$$

になる。この平らになった電位が Donnan 電位 ψ_{DON} である。この電位は，(1.4.50) 式の右辺がゼロとおいて得られる。結果は，

$$\psi_{\mathrm{DON}} = \left(\frac{kT}{ze}\right)\mathrm{arcsinh}\left(\frac{ZN}{2zn}\right) = \left(\frac{kT}{ze}\right)\ln\left[\frac{ZN}{2zn} + \left\{\left(\frac{ZN}{2zn}\right)^2 + 1\right\}^{\frac{1}{2}}\right] \qquad (1.4.54)$$

である。N が小さい場合，(1.4.54) 式は次のように近似でき，ψ_{DON} が N に比例することが分かる。

$$\psi_{\mathrm{DON}} = \frac{ZNkT}{2z^2ne} = \frac{ZeN}{\varepsilon_r\varepsilon_0\kappa^2} \qquad (1.4.55)$$

図 1.20 において，表面電荷層の先端 $x = 0$ における電位の値が柔らかい粒子の表面電位 ψ_o になる。この値を求めるには表面電荷層内外の Poisson-Boltzmann 方程式 (1.4.50)，(1.4.51) を解く必要がある。これらの式を積分して，$x = 0$ と置いて等置すると（(1.4.52) 式），次式が得られる。

$$\begin{aligned}\psi_o &= \psi_{\mathrm{DON}} - \left(\frac{kT}{ze}\right)\tanh\left(\frac{ze\psi_{\mathrm{DON}}}{2kT}\right)\\ &= \left(\frac{kT}{ze}\right)\left(\ln\left[\frac{ZN}{2zn} + \left\{\left(\frac{ZN}{2zn}\right)^2 + 1\right\}^{\frac{1}{2}}\right] + \frac{2zn}{ZN}\left[1 - \left\{\left(\frac{ZN}{2zn}\right)^2 + 1\right\}^{\frac{1}{2}}\right]\right)\end{aligned} \tag{1.4.56}$$

とくに，電位が低い場合は，

$$\psi_o = \frac{ZNkT}{4z^2ne} = \frac{ZeN}{2\varepsilon_r\varepsilon_0\kappa^2} \tag{1.4.57}$$

になる。この場合，(1.4.55) 式との比較からわかるように，ψ_o は ψ_{DON} の半分の大きさである。

このように，表面電荷層の電荷と表面電位を結びつける式は，固体表面の場合と大きく異なる。固体表面の場合，電荷が面密度 $\sigma(\mathrm{C\cdot m^{-2}})$ で与えられるのに対し，柔らかい粒子の場合では体積密度 ZeN $(\mathrm{C\cdot m^{-3}})$ になる。表面電荷層の内部，外部ともに電位は指数関数的な変化をするが，実際，表面電荷層内部の電位分布は，

$$\psi(x) = \psi_{\mathrm{DON}} + \left(\psi_o - \psi_{\mathrm{DON}}\right)e^{-\kappa_m|x|} \tag{1.4.58}$$

で近似できることが示される。ここで，

$$\kappa_m = \kappa\cosh\frac{1}{2}y_{DON} = \kappa\left[1 + \left(\frac{ZN}{2zn}\right)^2\right]^{\frac{1}{4}} \tag{1.4.59}$$

は表面電荷層内の Debye-Hückel のパラメータと解釈できる。

図 1.21 に柔らかい粒子の表面電荷層を横切る電位分布 $\psi(x)$ の計算例を与えた。$n = 0.01$ M および ZN=1, 0.1, 0.02 M の各場合に対して，(1.4.58) 式を用いて計算した。表面電荷層外部に対しては，(1.4.23) 式を用いた。表面電荷層の深部における電位が Donnan 電位で与えられることが分かる。

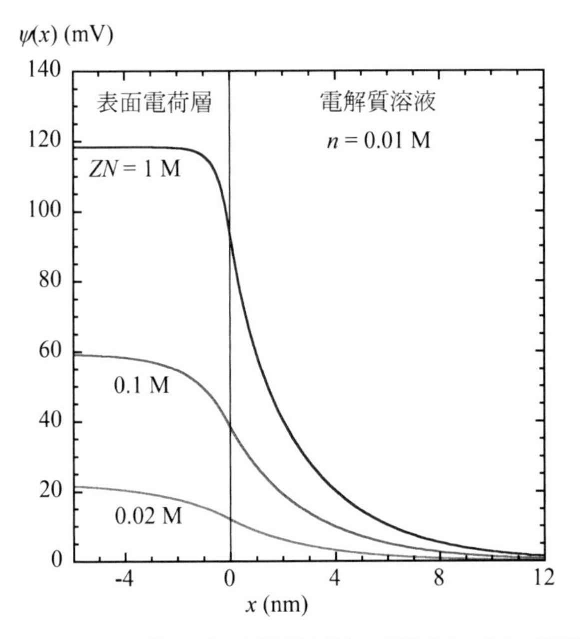

図 1.21　柔らかい粒子の表面電荷層を横切る電位分布 $\psi(x)$ の計算例

1.5　水系の界面動電現象

電解質水溶液等の液体媒質中に帯電したコロイド粒子を分散させる。この系に電場をかけると粒子が動く。あるいは，帯電した固定板表面に沿って電場をかけると液体が動く。これが電気泳動で界面動電現象の 1 つである。粒子表面と液体媒質の界面にゼータ電位と呼ばれる電位が発生するために生じる [39, 40]。電場以外に重力場や圧力勾配，電解質の濃度勾配等によっても粒子または液体の移動が起きる。これらも界面動電現象である。界面動電現象の研究はドイツ生まれのロシアの化学者ラウス (Ferdinand Friedrich von Reuss) による電気泳動と電気浸透の発見に始まる。「ゼータ (ζ) 電位」の命名はフロインドリッヒ (Herbert Max Finlay Freundlich) による。表 1.3 に代表的な界面動電現象をまとめた。

表 1.3　代表的な界面動電現象

界面動電現象	外場	流れ	観測量
電気泳動	静電場	粒子	電気泳動移動度
電気浸透		液体	電気浸透流速
沈降電位	重力	粒子	沈降電位
流動電位	圧力勾配	液体	流動電位
コロイド振動電位(CVP)	超音波	粒子	CVP
電気音響超音波振幅(ESA)	振動電場	粒子	ESA
拡散泳動	電解質濃度勾配	粒子	拡散泳動移動度
拡散浸透		液体	拡散浸透流速

1.5.1　すべり面とゼ―タ電位

液体媒質中を動く粒子に乗って周囲の液体の流れを眺めると，粒子表面で液体の流れの速度（粒子に対する液体の相対速度）がゼロになる。粒子表面から離れるにつれ流速が増大し，沖の方では粒子の速度にマイナスをつけた量になる（図 1.22)。

液体の相対速度がゼロになる面をすべり面と呼ぶ。ゼータ電位はすべり面の電位と定義される（すべり面はすべりが開始する面であり，面上では相対速度がゼロであることに注意)。粒子表面には一般に媒質分子の吸着

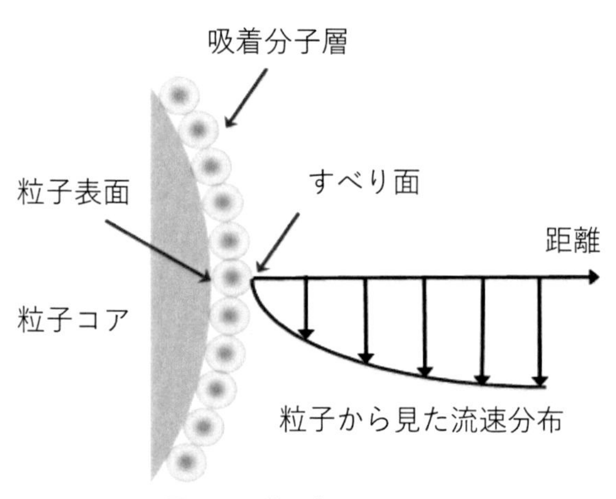

図 1.22　粒子表面とすべり面

層が形成される。すべり面は吸着分子層の厚さの分だけ真の表面より外側に位置する。したがって，ゼータ電位と表面電位は異なるが，近似的に両者は等しいと見なす場合が多い。

水中の粒子の場合，厳密には，「すべり面上で流速ゼロ」の条件（すべりなし条件）は水分子と表面の分子間の分子間力が強い親水性粒子に対してのみ正しい。疎水性粒子の場合は分子間力が弱く，すべり面上で流体のすべりが生じる [41]。

外場が弱い場合には，界面動電現象に基づく測定における種々の測定量（電気泳動移動度や沈降電位等）はゼータ電位に比例する。したがって，界面動電現象の測定からコロイド粒子のゼータ電位を評価することができる。ただし，ゼータ電位は物体の重量やサイズのように直接測定される量ではなく，電気泳動移動度や沈降電位等から適切な理論式を用いて計算される量である。理論式が異なれば，同じ測定量から異なるゼータ電位の値が見積もられる。したがって，測定条件に合致した最も適切な理論式を選択する必要がある。

1.5.2　Debye 長より大きな粒子の電気泳動：Smoluchowski の式

代表的な界面動電現象である電気泳動を考えよう。外部電場 $\boldsymbol{E}$ の下で液体媒質中を速度 $\boldsymbol{U}$ で電気泳動する粒子の電気泳動移動度 μ は $\boldsymbol{U}=\mu\boldsymbol{E}$ で定義される。ここで，E と U はそれぞれ $\boldsymbol{E}$ と $\boldsymbol{U}$ の大きさを表す。電気泳動移動度 μ の測定値からゼータ電位 ζ を計算する理論式はいくつか導かれている。その中で最も広く使われる式は Smoluchowski の式である。電解質水溶液（比誘電率 ε_r, 粘度 η）の中を電気泳動する球状粒子（半径 a）の電気泳動移動度 μ に対する Smoluchowski の式は次式で与えられる（ε_0=真空の誘電率）。

$$\mu = \frac{\varepsilon_r \varepsilon_0}{\eta}\zeta \tag{1.5.1}$$

電解質溶液中で帯電粒子は電気二重層に囲まれている（1.4 節）。Smoluchowski の (1.5.1) 式は電気二重層の厚さ Debye 長 $1/\kappa$ が粒子サイズ（球の場合，半径 a）に比べて十分薄く粒子表面を事実上平面と見なせる場合に適用できる。このような場合, (1.5.1) 式は粒子の形状に依存せず，円柱状粒子や楕円体粒子であっても適用できる。(1.5.1) 式は次のように導かれる。図 1.23 のように粒子から見た流速分布 $u(x)$ は電位分布 $\psi(x)$ と同じように指数関数的に変化し，表面からデバイ長 $1/\kappa$ 程度離れるとほぼ $-U$ に等しくなる。ここで，x は平板表面からの距離を表す。したがって，粒子表面における速度勾配の大きさ du/dx は $U/(1/\kappa)=\kappa U$ にほぼ等しい。よって，粒子表面に働く粘性力（液体の粘度）×（速度勾配）$=\eta du/dx$（単位面積当たり）は $\eta\kappa U$ である。一方，粒子表面の電荷密度を σ とすると表面に働く電気力は単位面積当たり σE になる。粒子が一定速度 U で電気泳動する定常状態では粘性力と電気力がつり合うため，つり合いの式は以下のようになる。

$$\eta\kappa U=\sigma E \tag{1.5.2}$$

このつり合いの式から，電気泳動移動度 $\mu=U/E$ は，

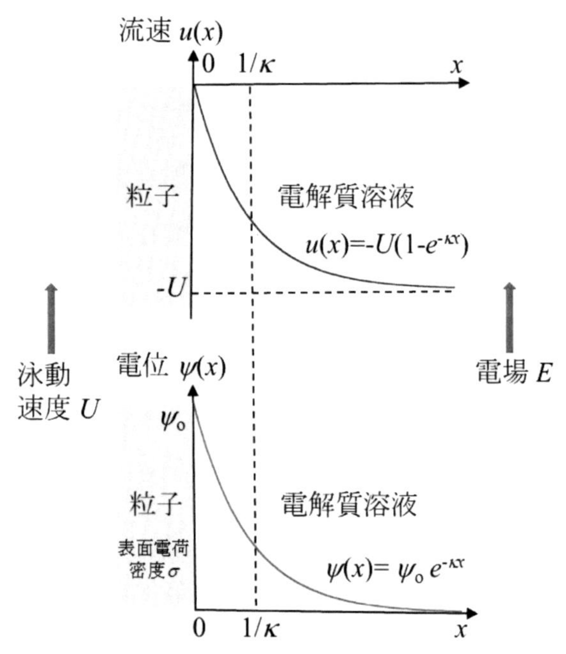

図 1.23　帯電平板周囲の流速分布 $u(x)$ と電位分布 $\psi(x)$

$$\mu = \frac{\sigma}{\eta\kappa} \tag{1.5.3}$$

のように得られる。この式に表面電荷密度 σ と表面電位 ψ_o を結びつける式（(1.4.16) 式),

$$\psi_o = \frac{\sigma}{\varepsilon_r \varepsilon_0 \kappa} \tag{1.5.4}$$

を代入し，かつ $\psi_o = \zeta$ と近似すると (1.5.1) 式になる。以上の (1.5.1) 式の導出では近似式（(1.5.4) 式）を用いたが，問題を厳密に解いても同じ結果が得られる。

1.5.3　Smoluchowski の式の厳密な導出：Navier-Stokes の式

Smoluchowski の式を Navier-Stokes の式から厳密に導く。平板表面に垂直に x 軸をとり，原点を平板表面に定める（図 1.24)。

位置 x と $x+\Delta x$ にはさまれた厚さ Δx の薄い液体の層に働く力のつり合いを考えよう。この液相には電場からの力と粘性力が働く。液体中に速

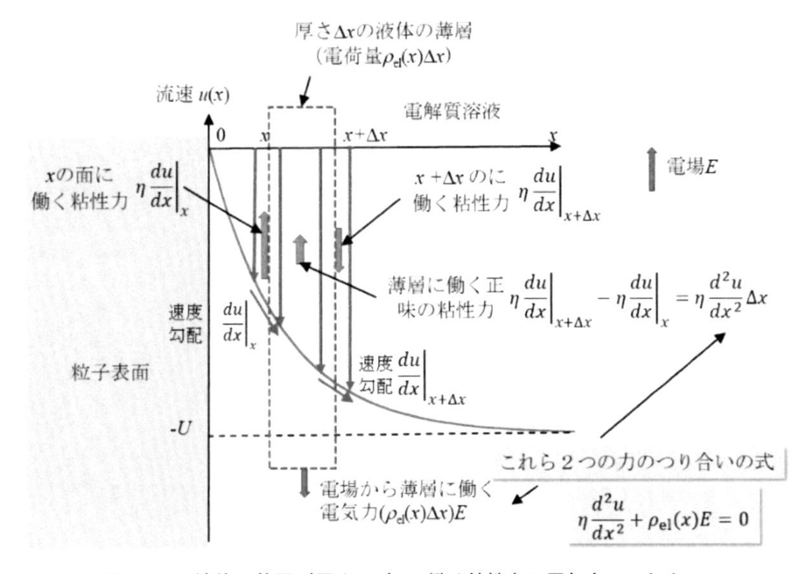

図 1.24　液体の薄層（厚さ Δx）に働く粘性力と電気力のつりあい

度の異なる（速度勾配のある）部分があると速度差をなくそうとする力が生じる。これが粘性力であり $\eta du/dx$ で与えられる。x の面では液層の内側に比べて外側の方が遅いので液層に対して図の上向きに力が働く。$x+\Delta x$ の面では逆に外側の方が速いので液層に対して図の下向きに力が働く。したがって，正味の粘性力（図の上向き）は上記の 2 つの力の差,

$$\eta \left.\frac{du}{dx}\right|_{x+\Delta x} - \eta \left.\frac{du}{dx}\right|_{x} = \eta \left.\frac{d^2u}{dx^2}\right|_{x} \Delta x \tag{1.5.5}$$

が与えられる。一方，この液層に働く電気力は液層に含まれる単位面積当たりの電気量 $\rho_{\mathrm{el}}(x)\Delta x$ に電場 E を掛けた量 $\rho_{\mathrm{el}}(x)\Delta xE$ で与えられる。$\rho_{\mathrm{el}}(x)$ は位置 x における電解質イオンによる電荷密度である。液層に働く粘性力と電気力のつり合いの式は,

$$\eta\frac{d^2u(x)}{dx^2} + \rho_{\mathrm{el}}(x)E = 0 \tag{1.5.6}$$

になる。この式は遅い流れに対する Navier-Stokes の式である。$\rho_{\mathrm{el}}(x)$ はさらに位置 x における電位 $\psi(x)$ の 2 階の導関数と Poisson の式 ((1.4.1) 式),

$$\frac{d^2\psi(x)}{dx^2} = -\frac{\rho_{\mathrm{el}}(x)}{\varepsilon_{\mathrm{r}}\varepsilon_0} \tag{1.5.7}$$

で結ばれる。この式を (1.5.6) 式に代入すると次式が得られる。

$$\eta\frac{d^2u(x)}{dx^2} - \varepsilon_{\mathrm{r}}\varepsilon_0\frac{d^2\psi(x)}{dx^2}E = 0 \tag{1.5.8}$$

流速 $u(x)$ に対する境界条件は,

$$u(0) = 0 \tag{1.5.9}$$

$$u(x) \to -U, x \to \infty \tag{1.5.10}$$

で与えられ，電位 $\psi(x)$ に対する境界条件は,

$$\psi(0) = \zeta \tag{1.5.11}$$

$$\psi(x) \to 0, x \to \infty \tag{1.5.12}$$

である。これらの境界条件のもとで，(1.5.8) 式を積分すると，

$$\eta \frac{\mathrm{d}u(x)}{dx} - \varepsilon_r \varepsilon_0 \frac{d\psi(x)}{dx} E = 0 \tag{1.5.13}$$

さらに積分すると，

$$\eta \{u(x) + U\} - \varepsilon_r \varepsilon_0 \psi(x) E = 0 \tag{1.5.14}$$

ここで，$x = 0$ と置くと，Smoluchowski の式 ((1.5.1) 式）が得られる。

1.5.4　Debye 長より小さな粒子の電気泳動：Hückel の式

Smoluchowski の式は電気二重層の厚さ（Debye 長 $1/\kappa$）に比べて大きなサイズをもつ粒子に適用される。この条件は半径 a の球の場合，$a \gg 1/\kappa$ つまり $\kappa a \gg 1$ である。以下では，逆に粒子のサイズに比べて Debye 長がはるかに大きい場合（$a \ll 1/\kappa$ つまり $\kappa a \ll 1$）の電気泳動を考える。電解質濃度が低い場合や電解質イオンの存在が無視できるような非水系，有機溶媒系が対象である。電解質濃度を下げていくと粒子周囲のイオン雲の厚さである Debye 長が長くなり，同時にイオン雲はかすれて希薄になりついに消失する（図 1.17 参照）。この極限では事実上電解質濃度ゼロで電気二重層の存在しない系になる。厳密には電解質濃度ゼロといっても，電気的中性条件から粒子の電荷に等しい量の対イオンが系内に存在しなければならない。このような系を無添加塩系あるいは無塩系と呼ぶ（1.6 節）。

電気二重層が存在しない場合，電場 $\boldsymbol{E}$ のもとで速度 $\boldsymbol{U}$ で泳動する球状粒子（半径 a）の電気泳動移動度 μ は以下のように求められる。粘度 η の液体媒質中を速度 $\boldsymbol{U}$ で動く半径 a の球状粒子に働く粘性抵抗は $6\pi\mu a\boldsymbol{U}$ である（ストークス抵抗）。一方，粒子の表面電荷の総量を Q とすると，粒子が電場から受ける力は $Q\boldsymbol{E}$ である（図 1.25）。

したがって，電気力と粘性抵抗のつりあいの式は，

$$6\pi\eta a U = QE \tag{1.5.15}$$

になる。さらに，電解質濃度ゼロなので，粒子の表面電位 ψ_0 はクーロン電位，

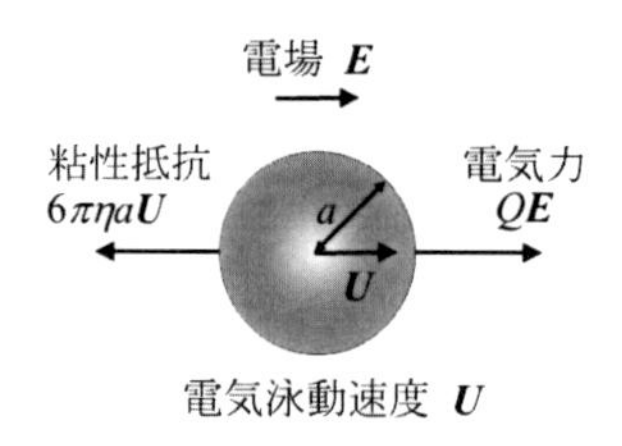

図 1.25　電気二重層のない粒子に働く電場からの力と粘性抵抗（Stokes 抵抗）のつりあい

$$\psi_\mathrm{o} = \frac{Q}{4\pi\varepsilon_\mathrm{r}\varepsilon_0 a} \tag{1.5.16}$$

で与えられる。この式を (1.5.15) 式に代入して，$\psi_\mathrm{o} = \zeta$ と近似すると，電気泳動移動度 $\mu = U/E$ に対する以下の Hückel の式が得られる。

$$\mu = \frac{2\varepsilon_\mathrm{r}\varepsilon_0}{3\eta}\zeta \tag{1.5.17}$$

Hückel の式（(1.5.17) 式）と Smoluchowski の式（(1.5.1) 式）を比べると係数が 2/3 異なる。粒子周囲の電位分布と流速分布が κa が大きい場合（Smoluchowski）と小さい場合（Hückel）で大きく異なることに起因する。図 1.23 と図 1.26 を比較すると，電位と流速の変化が Smoluchowski の場合は粒子表面周囲の厚さ $1/\kappa$ の狭い領域に局限されているのに対して，Hückel の場合は粒子サイズ（半径 a）程度の広い範囲にわたっていることがわかる。このために，Smoluchowski の場合は粒子表面を平面とみなし粒子表面の単位面積あたりの力のつりあいを考えたが，Hückel の場合は粒子全体に対する力のつりあいを扱ったのである。

1.5.5　Smoluchowski の式と Hückel の式をつなぐ Henry の式

Smoluchowski の式と Hückel の式をつなぐ式を求めよう。電場 E の中に半径 a の球状粒子がある。球の中心に原点 O を置く球座標 (r, θ, φ) を定める。粒子外部の任意の場所にける電位 Ψ は対称性から r と θ のみに依存し，次のように表される。

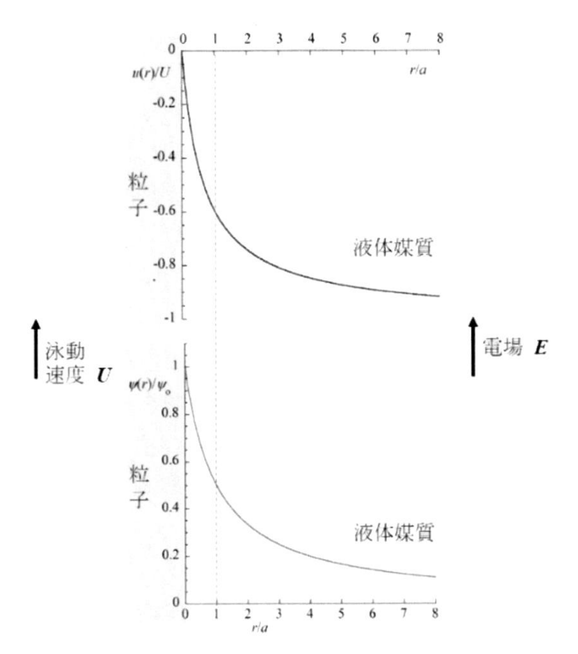

図 1.26　電気二重層のない場合の球状粒子周囲の電位 $\psi(r)$ と速度 $u(r)$。$u(r)$ は粒子表面に平行な速度の接線成分。r は粒子表面からの距離を表す。

$$\Psi(r,\theta)=\psi^{(0)}(r)+\Psi_1(r,\theta)+\Psi_2(r,\theta) \tag{1.5.18}$$

右辺第 1 項の $\psi^{(0)}(r)$ は電場のないときの平衡状態における電気二重層電位，第 2 項の $\Psi_1(r,\theta)$ は外部電場および粒子の存在による電場の歪み（電気泳動遅延効果と呼ぶ）に対応する電位，第 3 項の $\Psi_2(r,\theta)$ は電気二重層の変形（緩和効果）に対応する電位で粒子のゼータ電位が低いときは無視できる [39, 40]。(1.5.18) 式では外部電場は電気二重層の電場より弱いと仮定して外部電場 E に比例する項のみが考慮されている。$\Psi_1(r,\theta)$ は以下のように表される。

$$\Psi_1(r,\theta)=-E\left(r+\frac{a^3}{2r^2}\right)\cos\theta \tag{1.5.19}$$

(1.5.19) 式の右辺かっこ内の第 1 項 r は外部電場，第 2 項 $a^3/2r^2$ は粒子の存在による外部電場の歪みに対応する。電解質イオンが粒子内部に侵入できないため，粒子表面で表面に垂直な電場成分がゼロになるように電場の歪みが生じ，電場は粒子表面に平行になる。図 1.27 は $\Psi_1(r,\theta)$ に対応する電場の様子である。図に描かれている曲線矢印は電気力線である。力線の向きと密度は電場の向きと強さを表す。電場が粒子表面に平行になるように歪められ，かつ粒子表面近傍で電気力線が押し付けられて互いの間隔が狭くなり，電場が強くなっていることがわかる。元の外部電場と歪み電場は表面近傍でそれぞれ $r \approx a$, $r + a^3/2r^2 \approx (3/2)a$ であるから，電場は表面近傍で 3/2 倍強くなる。図 1.27 では粒子周囲のイオンの密度分布を電気力線の分布に重ねた結果である。電気二重層が薄い場合（図 1.27 (a)），イオンは粒子表面の 3/2 倍強められた電場を感じている。これは Smoluchowski の式に対応する。一方，電気二重層が厚い場合（図 1.27 (b)），ほとんどのイオンは元の歪められていない電場を感じている。これは Hückel の式に対応する。

Smoluchowski の式と Hückel の式をつなぐ式が以下の Henry の式である。球状粒子（半径 a, ゼータ電位 ζ）の電気泳動移動度 μ に対する Henry の式は次式で与えられる。

$$\mu = \frac{\varepsilon_r \varepsilon_0 \zeta}{\eta} f(\kappa a) \tag{1.5.20}$$

ここで，$f(\kappa a)$ は Henry 関数と呼ばれ，$\kappa a \to 0$ で $f(\kappa a) \to 2/3$ であり，(1.5.20) 式は Hückel の式（(1.5.17) 式）になる。また，$\kappa a \to \infty$ で $f(\kappa a)$

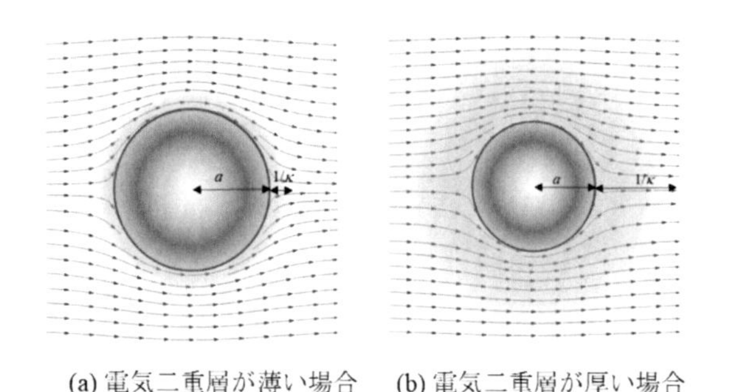

図 1.27　粒子周囲の流線分布と電気二重層（薄い場合 (a) と厚い場合 (b)）

→1 であり，(1.5.20) 式は Smoluchowski の式（(1.5.1) 式）になる。このように Henry の式は Smoluchowski の式と Hückel の式をつなぐ式である。Henry の導いた $f(\kappa a)$ は指数積分を用いた複雑な式であるが，以下の近似式が導かれている [42]。

$$f(\kappa a) = \frac{2}{3}\left[1 + \frac{1}{2\left\{1 + \frac{2.5}{\kappa a(1+2e^{-\kappa a})}\right\}^3}\right] \tag{1.5.21}$$

この式は次のように簡単に導くことができる。粒子の存在による外部電場の歪み $\Psi_1(r,\theta)$（(1.5.19) 式）に対応して，位置 (r,θ) の電位が $-Er\cos\theta$ から $-Er(1+a^3/2r^3)cost\theta$ まで $1+a^3/2r^3$ 倍に増加する。Debye 長 $1/\kappa$ の厚さをもつ電気二重層中のイオン分布の重心の r 座標を $r \approx a + \delta/\kappa$ と表し δ は 1 2 程度の大きさの数)，r を重心の座標 $a + \delta/\kappa$ で置き換えると，電場の歪みによる電位の増加量は，

$$\frac{r + \frac{a^3}{2r^2}}{r} = 1 + \frac{a^3}{2r^3} = 1 + \frac{1}{2\left\{1 + \frac{\delta}{\kappa a}\right\}^3} \tag{1.5.22}$$

になる。さらに，厳密解とよく一致するように δ を，

$$\delta = \frac{2.5}{1 + 2e^{-\kappa a}} \tag{1.5.23}$$

のように選んだ結果得られた式が (1.5.21) 式である。

図 1.28 に Henry 関数 $f(\kappa a)$ を κa の関数として与えた。すべての κa の値に対して，Henry の式が適用できるが，とくに，κa <0.3 では Henry の式を使わずに，Hückel の式（(1.5.17) 式）を適用でき，κa >200 では Smoluchowski の式（(1.5.1) 式）が適用できることがわかる。Henry の式（(1.5.20) 式）は 1:1 型対称電荷質溶液中の電気泳動の場合，ゼータ電位の大きさが 50 mV 以下の場合に良い近似式である。

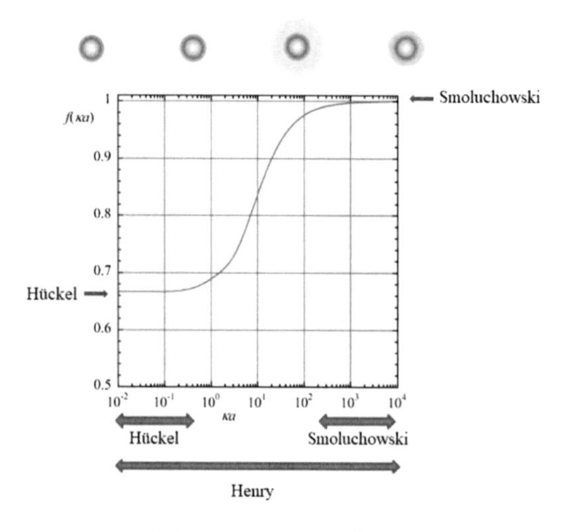

図 1.28　Henry 関数 $f(\kappa a)$

1.5.6　液滴の電気泳動

液滴が電気泳動を行うと液滴内部に液体の流れが生じる（図 1.29）。このため，固体粒子に比べ電気泳動速度は増大する。球状の水銀粒子内外の流速分布を図 1.30 に与えた。この図で $u(r)$ は流速の接線成分（粒子表面に平行な成分）の r に依存する部分を表す。ただし，r は球の中心 0 から測った距離である。比較のために固体粒子の場合の $u(r)$ も示してある。

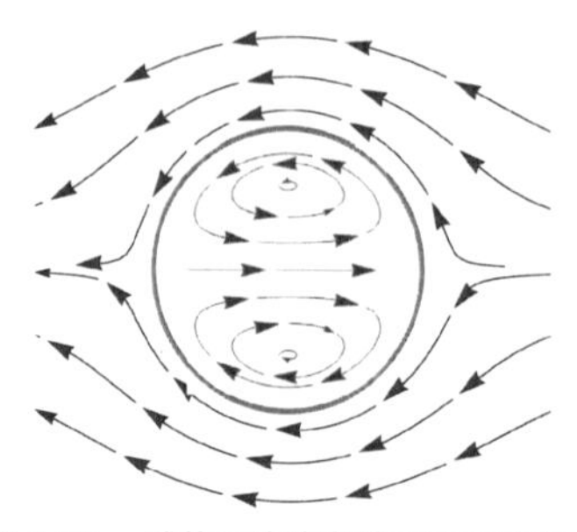

図 1.29　球状の液滴内外の流線分布

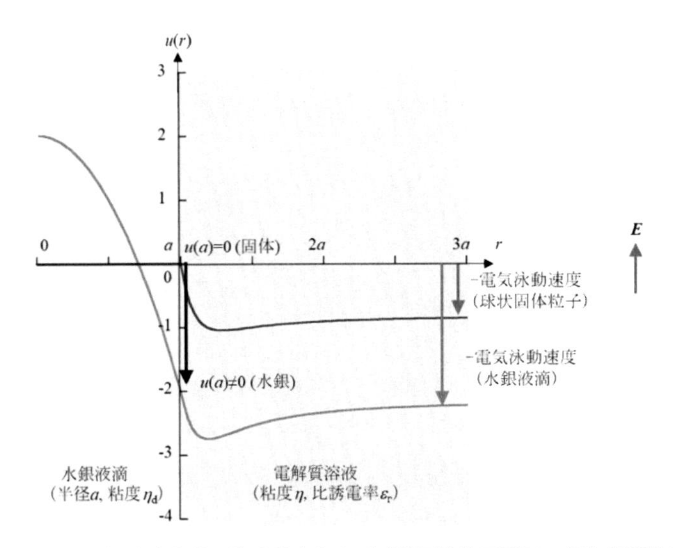

図 1.30　水銀液滴内外の流速分布および球状固体粒子周囲の電気浸透流速分布。$u(r)$ は粒子表面に平行な接線成分の r 依存を示す。縦軸の 1 目盛りは $\varepsilon_r\varepsilon_0\zeta E/\eta$ を表す)。

$r\to\infty$ における流速 $u(-\infty)$ が電気泳動速度 U に負号を付けた量になる。電気泳動速度 U をさらに電場で割った量が電気泳動移動度 $\mu = U/E$ である。液滴の粘度 $\eta_d\to\infty$ で液滴は固体になり，流速分布 $u(r)$ は固体粒子周囲の流速分布 $u(r)$ に帰着する。液滴内部で液体の流動が起きるために，固体表面の場合と違って，液滴表面上の流速 $u(0)$ はゼロにならずに，有限の値をとる。この結果，ゼータ電位の値が等しくても，液滴粒子の電気電気泳動速度は固体粒子の電気泳動速度より大きな値を示す。

水銀の電気泳動移動度 μ に対する一般式 [43] から以下の近似式が導かれている [44]。この式は液滴に対する Henry の式に対応する。

$$\mu = \frac{2\varepsilon_r\varepsilon_0\zeta}{3\eta}\left\{1 + \frac{1}{2\left(1 + \frac{1.86}{\kappa a}\right)^3}\right\}\left\{\frac{\eta}{3\eta_d + 2\eta}\kappa a + \frac{3\left(\eta_d + \eta\right)}{3\eta_d + 2\eta}\right\} \tag{1.5.24}$$

(1.5.24) 式は水銀のように電気泳動の間，表面が等電位に保たれる液滴に適用できる。

1.5.7　柔らかい粒子（高分子電解質層で覆われた粒子）

高分子電解質からなる表面電荷層で覆われた粒子すなわち柔らかい粒子の電気泳動を考えよう [45]。

典型的な場合として，表面層の厚さが 10 nm 程度で電解質濃度があまり低くない場合，表面層より電気二重層が薄くなり，粒子コア表面の電荷の影響が表面層の先端まで届かず，その影響は小さい。以下では，電解質水溶液中にあって Debye 長に比べて十分大きなサイズをもち，かつコア表面が帯電していない粒子の電気泳動を考える。この条件下では，粒子表面を平板と見なせる。図 1.31 のように，粒子表面は厚さ d の表面電荷層で覆われている。表面電荷層内には，イオン価 Z の解離基が密度 N（電荷密度は $\rho_{\mathrm{fix}} = ZeN$）で一様に分布し，かつ電解質イオンが浸透できる。膜面に垂直に x 軸をとる。流速を $u(x)$ とする。Brinkman-Debye-Bueche モデルを適用すると，表面電荷層内における $u(x)$ に対する方程式は (1.5.6) 式にかわって次のようになる。

$$\eta \frac{d^2 u}{dx^2} - \gamma u + \rho_{\mathrm{el}}(x) E = 0 \tag{1.5.25}$$

この式には，高分子鎖からの抵抗 $(-\gamma u)$ が加わっている。高分子鎖が，半径 a_{p}，数密度 N_{p} の球形のセグメントからなっているものとし，流れは，各セグメントからストークスの抵抗 $6\pi\eta a_{\mathrm{p}}$ を受けると仮定すると，$\gamma = 6\pi\eta a_{\mathrm{p}} N_{\mathrm{p}}$ になる。$d \gg 1/\lambda, 1/\kappa$ の場合，(1.5.25) 式を用いて，柔らかい

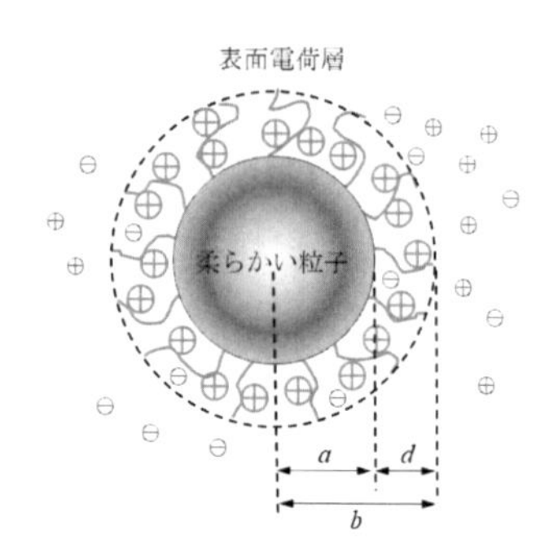

図 1.31　柔らかい粒子。a =コアの半径。d =表面電荷層の厚さ，$b = a+d$。

粒子の電気泳動移動度 μ に対する以下の近似式が導かれている [45]。

$$\mu = \frac{2\varepsilon_{\mathrm{r}}\varepsilon_0}{3\eta}\left(1+\frac{a^3}{2b^3}\right)\frac{\frac{\psi_{\mathrm{o}}}{\kappa_m}+\frac{\psi_{\mathrm{DON}}}{\lambda}}{\frac{1}{\kappa_m}+\frac{1}{\lambda}}+\frac{ZeN}{\eta\lambda^2} \tag{1.5.26}$$

ここで，ψ_{o} と ψ_{DON} はそれぞれ，Donnan 電位および柔らかい粒子表面電位（表面電荷層の先端の電位）で (1.4.54) 式と (1.4.56) 式とで与えられる。また，κ_{m} は表面電荷層内の Debye-Hückel パラメータで (1.4.59) 式で与えられる。また，

$$\lambda = \sqrt{\frac{\gamma}{\eta}} \tag{1.5.27}$$

で定義され，$1/\lambda$ は柔らかさのパラメータあるいは Brinkman の遮蔽長とよばれる。とくに表面電荷層の厚さ d が半径に対して十分小さい場合は次式になる。

$$\mu = \frac{\varepsilon_{\mathrm{r}}\varepsilon_0}{\eta}\frac{\frac{\psi_{\mathrm{o}}}{\kappa_m}+\frac{\psi_{\mathrm{DON}}}{\lambda}}{\frac{1}{\kappa_m}+\frac{1}{\lambda}}+\frac{ZeN}{\eta\lambda^2} \tag{1.5.28}$$

1.6　非水系の界面電気現象

極性の高い非水系媒質に対しては水系と同様の扱いができる。しかし，本節で扱う非極性媒質では比誘電率 ε_{r} が極めて小さく，電解質が解離しにくいため，電解質イオンの濃度はほとんどゼロである。したがって Debye-Hückel のパラメータ κ の値もほぼゼロである。1.5 節で述べたように，通常，このような場合，半径 a の球状粒子では，$\kappa a \to 0$（粒子周囲の電気二重層は消失）に対応する式が適用される。すなわち，表面電荷 Q の粒子周囲の電位分布 $\psi(r)$ はクーロン電位，

$$\psi(r) = \frac{Q}{4\pi\varepsilon_{\mathrm{r}}\varepsilon_0 r}, r \geq a \tag{1.6.1}$$

で記述され，粒子の表面電位 ψ_{o} は $\psi_{\mathrm{o}}=\psi(a)$ で与えられる。

$$\psi_{\mathrm{o}} = \frac{Q}{4\pi\varepsilon_{\mathrm{r}}\varepsilon_0 a} \tag{1.6.2}$$

ここで，ε_0 は真空の誘電率，r は球の中心からの距離である。また，球状粒子の電気泳動移動度 μ に対しては Hückel の式が適用される。

$$\mu = \frac{2\varepsilon_r \varepsilon_0 \zeta}{3\eta} \tag{1.6.3}$$

ここで，ζ は粒子のゼータ電位で近似的に表面電位 ψ_o に等しく，η は媒質の粘度である。

しかし，以下に示すように，(1.6.2) 式と (1.6.3) 式の適用は粒子の電荷 Q が小さい場合には正しいが，高電荷の粒子に対しては正しくない。非水系では対イオン凝縮現象という特有の現象が起きるからである。

1.6.1　水系（添加塩系）と非水系（無添加塩系，対イオンのみの系）

水に電解質を添加し，その中にコロイド粒子を分散させた電解質水溶液を考える。溶液中には添加電解質由来の対イオン（粒子と反対符号のイオン）と副イオン（粒子電荷と同符号のイオン）が存在する。さらに粒子そのものに由来する対イオンが存在する（図 1.32）。例えば，もともとの粒子表面にカルボキシル基が Na 塩の形で存在する場合，カルボキシル基の解離から生じた Na^+ イオンが粒子由来の対イオンである。この対イオンは，電解質を加えなくても，系の電気的中性条件のために，媒質中に必ず存在する。添加電解質イオンの濃度ゼロの系はイオンが全く存在しない系

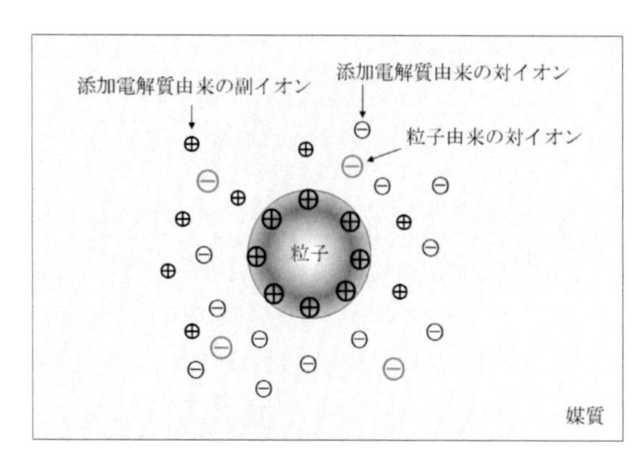

図 1.32　液体媒質中の粒子。媒質中には添加電解質由来の対イオンと副イオンおよび粒子由来の対イオンが存在する。

ではなく，粒子由来の対イオンのみが存在する系である。このような系は，無塩系または無添加塩系あるいは対イオンのみの系と呼ばれる。

帯電粒子の挙動は粒子周囲の電位分布に依存する。電位分布は Poisson-Boltzmann 方程式（以下，PB 方程式と略す）の解で与えられるが，水系と非水系では適用される PB 方程式自体が異なる。水系で用いられる通常の PB 方程式は非水系に対しては適用できない。

1.6.2　水系の Poisson-Boltzmann 方程式

無塩系の PB 方程式を考える前に通常の水系に対する PB 方程式を扱う。水にバルク濃度（数密度）n，価数 z の対称型電解質を添加した溶液中に分散する総表面電荷量 Q，半径 a の球状粒子を考える。球座標の原点を球の中心にとる。球の外部で球の中心から距離 r における電位 $\psi(r)$ に対する PB 方程式は次のようになる。

$$\frac{d^2\psi}{dr^2}+\frac{1}{r}\frac{d\psi}{dr}=-\frac{zen}{\varepsilon_r\varepsilon_0}\left\{\exp\left(-\frac{ze\psi}{kT}\right)-\exp\left(\frac{ze\psi}{kT}\right)\right\}, r>a \tag{1.6.4}$$

ここで，e は素電荷，k は Boltzmann 定数，T は絶対温度である。(1.6.4) 式の右辺大括弧内の第 1 項と第 2 項は，それぞれ，添加電解質由来の対イオン（価数 z）と副イオン（価数 $-z$）に対応する。ここで重要なことであるが，(1.6.4) 式では，粒子由来の対イオンが無視されている。

粒子表面の電荷密度を σ とすると，粒子表面 $r=a$ における境界条件は，

$$\left.\frac{d\psi}{dr}\right|_{r=a}=-\frac{\sigma}{\varepsilon_r\varepsilon_0}=-\frac{Q}{4\pi\varepsilon_r\varepsilon_0 a^2} \tag{1.6.5}$$

になる。ここで，Q と σ の関係は $Q=4\pi a^2\sigma$ である。さらに，粒子から十分離れたところの電位をゼロとおくと，ψ は次の境界条件が満たさなければならない。

$$\psi(r)\to 0, r\to\infty \tag{1.6.6}$$

とくに電位が低い場合，(1.6.4) 式は次のように線形化できる。

$$\frac{d^2\psi}{dr^2}+\frac{2}{r}\frac{d\psi}{dr}=\kappa^2\psi \tag{1.6.7}$$

(1.6.7) 式に登場する κ は Debye-Hückel のパラメータで，次式で定義される。

$$\kappa = \left(\frac{2nz^2e^2}{\varepsilon_r\varepsilon_0 kT}\right)^{\frac{1}{2}} \tag{1.6.8}$$

(1.6.7) 式を境界条件（(1.6.5) 式と (1.6.6) 式）のもとで解くと，次式が得られる。

$$\psi(r) = \frac{a^2\sigma}{\varepsilon_r\varepsilon_0(1+\kappa a)\,r}e^{-\kappa(r-a)} = \frac{Q}{4\pi\varepsilon_r\varepsilon_0(1+\kappa a)\,r}e^{-\kappa(r-a)} \tag{1.6.9}$$

電解質濃度が低い極限 ($\kappa a\to 0$) で，(1.6.6) 式は，

$$\psi(r) = \frac{a^2\sigma}{\varepsilon_r\varepsilon_0 r} = \frac{Q}{4\pi\varepsilon_r\varepsilon_0 r} \tag{1.6.10}$$

になる。この極限では，電位分布 $\psi(r)$ は電荷 Q をもつ球状粒子周囲のクーロン電位（(1.6.1) 式）に一致する（なお，(1.6.4) 式を線形化しなくても，極限 $\kappa a\to 0$ で，(1.6.10) 式が解になることが示される）。

水系で用いられる通常の PB 方程式（(1.6.4) 式）では，添加電解質由来のイオンのみ考慮して粒子由来の対イオンが無視されていた。このような近似が可能である根拠は，通常の PB 方程式が，「無限大の体積 ($V=\infty$) の媒質中に有限個の粒子と無限個 ($N=\infty$) の電解質イオンが存在する」場合を扱っているからである。したがって，電解質イオンの濃度 $n=N/V$（無限個のイオンの数を無限大の体積で割った量）は有限になる。一方，粒子由来の対イオンの数（これは有限である）を無限大の体積で割った量（= 粒子由来の対イオンの濃度）はゼロになる。この結果，粒子由来の対イオン濃度は電解質イオン濃度に比べて常に無視できることになる。言い換えると，「体積無限大の電解質溶液」を仮定する限り，粒子由来の対イオンは無視される。

しかし，無添加塩系では電解質濃度がゼロまたは極端に低く，粒子由来の対イオンの濃度を下回り無視できなくなる。したがって，「体積無限大の電解質溶液」の仮定そのものが許されなくなる。無添加塩系の PB 方程式では，「体積無限大の媒質」の仮定は許されず，有限体積の媒質を考えなければならない。

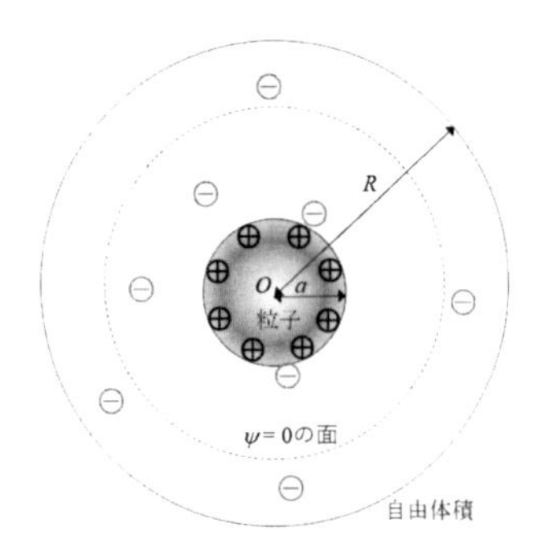

図 1.33　無添加塩系に対する自由体積モデル

有限体積の媒質を考えるためには，以下のような自由体積モデルが用いられる。媒質の全体積を粒子の総数で割った体積を粒子 1 個あたりの体積とみなし，自由体積と呼ぶ。粒子（半径 a の球）を中心に置く半径 R の球を自由体積として，粒子体積と自由体積の比を粒子の体積分率 ϕ に等しいとおく（図 1.33）。

$$\phi = \left(\frac{a}{R}\right)^3 \tag{1.6.11}$$

自由体積内には，粒子由来の対イオンが存在し，その電荷の総量は，粒子のもつ総電荷量 Q と逆符号で絶対値が等しい。すなわち，各自由体積は電気的に中性である。自由体積モデルは，多粒子を扱う濃厚系でよく使われるセル・モデルに等価である。

1.6.3　無添加塩系（対イオンのみの系）の Poisson-Boltzmann 方程式

自由体積モデルに基づいて，無塩系の PB 方程式をたてる。一般性を失わずに，粒子が正に帯電しているものとする。粒子由来の対イオンの価数を (-z) とする（ただし，z>0）。通常の PB 方程式では，(1.6.6) 式のように，粒子から十分離れた無限遠 ($r \to \infty$) で電位がゼロになるように電位の原点を定め ($\psi(\infty)=0$)，無限遠における電解質イオンの濃度を n と置いた。しかし，自由体積モデルでは有限の体積を考えるため無限遠が存在しないので，以下のように電位の原点を定める。つまり粒子由来の対イオンの濃度が，ちょうど平均濃度 n に等しくなる場所の電位がゼロになるように，電位の原点を定める（図 1.34）。

この結果，位置 r における対イオン濃度 $n(r)$ は次式で与えられる。

$$n(r) = n \exp\left(\frac{ze\psi(r)}{kT}\right) \tag{1.6.12}$$

したがって，この系の PB 方程式は次式になる。

$$\frac{d^2\psi}{dr^2} + \frac{2}{r}\frac{d\psi}{dr} = \frac{zen}{\varepsilon_r\varepsilon_0}\exp\left(\frac{ze\psi}{kT}\right) \tag{1.6.13}$$

また，系の電気的中性条件は次式で表される。

$$Q = \frac{4}{3}\pi\left(R^3 - a^3\right)zen \tag{1.6.14}$$

(1.6.14) 式からわかるように, 添加塩系と異なって，無添加塩系では，対イオン濃度 n は，粒子の電荷 Q と独立ではない。

(1.6.13) 式に対する 2 つの境界条件のうち，1 つは (1.6.5) 式である。他の境界条件は自由体積の外縁 $r=R$ における条件で，対称性から次式で与えられる。

$$\left.\frac{d\psi}{dr}\right|_{r=R} = 0 \tag{1.6.15}$$

(1.6.13) 式が無添加塩系の球状粒子に対する PB 方程式である。円柱状粒子の場合，無塩系の PB 方程式の厳密解は得られているが，球の場合は導かれていない [46, 47]。ただし，希薄系 ($\psi \ll 1$) の場合に対する (1.6.10) 式の解析的性質は今井・大澤によって詳しく調べられている [48, 49]。さらに，(1.6.13) 式の近似解が得られているので，以下に解説する [50]。

1.6.4　無添加塩系における粒子周囲の電位分布

今井・大澤は粒子電荷 Q に次式で定義される臨界値 Q_{cr} が存在し，$Q \leq Q_{cr}$（低電荷）の場合と $Q > Q_{cr}$（高電荷）の場合で (1.6.13) 式の解が全く異なることを明らかにした。

$$Q_{cr} = 4\pi\varepsilon_r\varepsilon_0 a\left(\frac{kT}{ze}\right)\ln\left(\frac{1}{\phi}\right) \tag{1.6.16}$$

ここで，次式で定義される無次元化した粒子電荷 Q^* を導入すると，

$$Q^* = \frac{Q}{4\pi\varepsilon_r\varepsilon_0 a}\left(\frac{ze}{kT}\right) \tag{1.6.17}$$

無次元化した臨界値 Q^*_{cr} は次式になる。

$$Q^*_{cr} = \ln\left(\frac{1}{\phi}\right) \tag{1.6.18}$$

図 1.34 に模式的に示すように，いずれの場合も粒子表面から十分離れた領域では対イオン濃度は，ほとんど一定で電位も一定である。粒子表面に近づくと，電位分布 $\psi(r)$ は $1/r$ に比例するクーロンポテンシャルで表され，電解質溶液の場合の極限 $\kappa a \to 0$（(1.6.1) 式）に一致する。

低電荷の場合は上記の 2 つの領域のみ存在するが，高電荷の場合はさらに粒子表面のごく近傍に急激に電位が降下する第 3 の領域がある。この領域が対イオン凝縮層で，ここで対イオンの凝縮が起こっている。この領

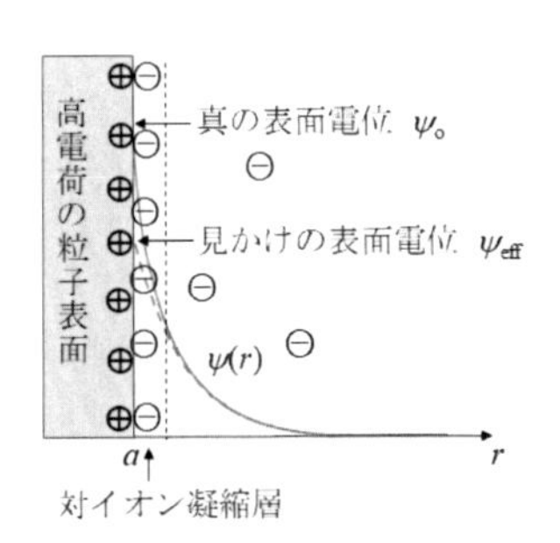

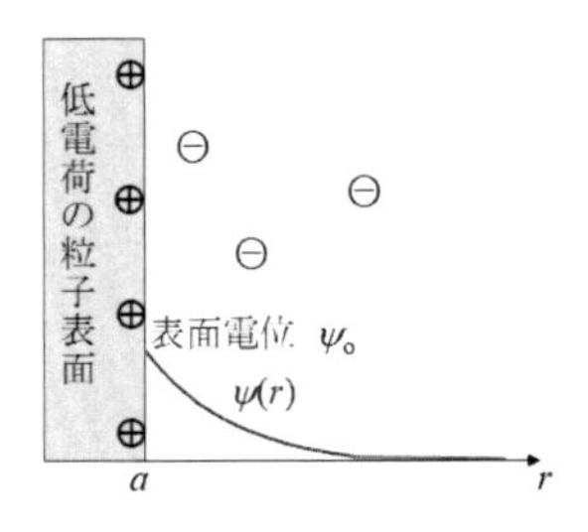

図 1.34　無添加塩系における粒子表面近傍の電位分布。高電荷の粒子表面では対イオン凝縮が起きる。遠方から見ると実効電荷 Q_{eff} と見かけの電位 ψ_{eff} をもつ粒子のように振る舞う。

域の存在が，添加塩系の場合の極限 ($\kappa a \to 0$) からは予測できない無添加塩系に独特の現象である。

低電荷と高電荷の各場合の電位分布に対する近似解を以下に与える[50]。

(i) 低電荷の場合 $Q \leq Q_{cr}$

$$\psi(r) = \frac{Q}{4\pi\varepsilon_r\varepsilon_0 r} = \left(\frac{kT}{ze}\right)\frac{a}{r}Q^* \tag{1.6.19}$$

$$\psi(a) = \frac{Q}{4\pi\varepsilon_r\varepsilon_0 a} = \left(\frac{kT}{ze}\right)Q^* \tag{1.6.20}$$

$$\psi(R) = 0 \tag{1.6.21}$$

粒子の表面電位を $\psi_o = \psi(a) - \psi(R)$ で定義すると，ψ_o は次式で与えられる。

$$\psi_o = \frac{Q}{4\pi\varepsilon_r\varepsilon_0 a} = \left(\frac{kT}{ze}\right)Q^* \tag{1.6.22}$$

この場合は $\psi(R) = 0$ なので，$\psi_o = \psi(a)$ である。

(ii) 高電荷の場合 $Q > Q_{cr}$

$$\psi(a) = \frac{kT}{ze}\ln\left(\frac{Q^*}{6\phi}\right) \tag{1.6.23}$$

$$\psi^{(0)}(R) = -\frac{kT}{ze}\ln\left[\frac{Q^*}{\ln(1/\phi)}\right] \tag{1.6.24}$$

$$\psi_o = \frac{kT}{ze}\ln\left[\frac{Q^{*2}}{6\phi\ln(1/\phi)}\right] \tag{1.6.25}$$

高電荷の場合は，粒子表面のごく近傍に，ある量の対イオンが凝縮し，その場所を除くと，事実上，次式のクーロンポテンシャルに従う。

$$\psi(r) = \frac{Q_{\text{eff}}}{4\pi\varepsilon_r\varepsilon_0 r} = \left(\frac{kT}{ze}\right)\ln(1/\phi) \tag{1.6.26}$$

ここで，Q_{eff} は Q_{cr} に等しく ($Q_{eff} = Q_{cr}$) 次式で与えられ，粒子の実効電荷を表す。

$$Q_{eff} = Q_{cr} = 4\pi\varepsilon_r\varepsilon_0 a \left(\frac{kT}{ze}\right) \ln(1/\phi) \tag{1.6.27}$$

または,

$$Q^*_{eff} = \ln(1/\phi) \tag{1.6.28}$$

ここで，Q^*_{eff} は粒子の無次元化した実効電荷である。このように，低電荷の場合は ψ_o は Q に比例して増大するが，高電荷の場合，ψ_o の Q 依存は対イオン凝縮のために低く押さえられる（図 1.35)。

(1.6.24) 式を次のように書き直す。

$$\psi(r) = \psi_{eff}\frac{a}{r} \tag{1.6.29}$$

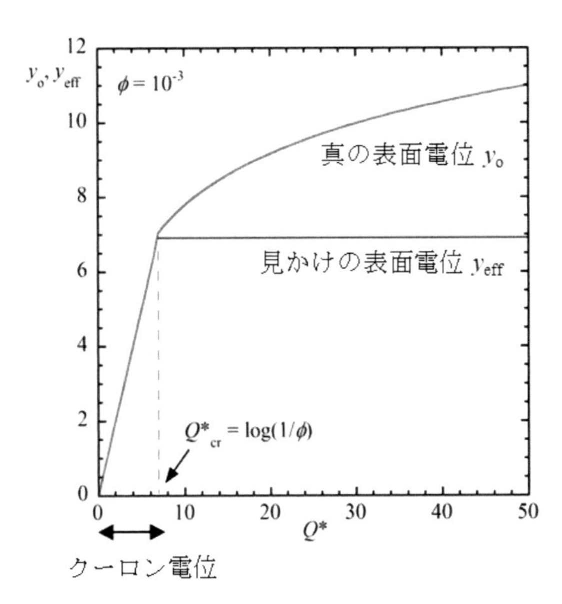

図 1.35　無添加塩系における球状粒子の真の表面電位および見かけの表面電位 yeff と無次元化した粒子の総表面電荷 Q*の関係

ただし,

$$\psi_{\mathrm{eff}} = \frac{Q_{\mathrm{eff}}}{4\pi\varepsilon_{\mathrm{r}}\varepsilon_0 a} = \left(\frac{kT}{ze}\right)\ln\left(1/\phi\right) \tag{1.6.30}$$

これは，粒子を遠方から眺めると，有効電荷 $Qeff$ をもち見かけの表面電位が ψ_{eff} の粒子のように見えることを意味する。見かけの表面電位 ψ_{eff} は真の表面電位と異なり，Q に依存しない。なお，図 1.35 では以下に定義される無次元化した電位,

$$y\left(r\right) = \frac{ze}{kT}\psi\left(r\right) \tag{1.6.31}$$

および無次元化した真の表面電位 $y_{\mathrm{o}}(\equiv y(a))$ と見かけの表面電位 y_{eff} を用いた。

$$y_{\mathrm{o}} = \frac{ze}{kT}\psi_{\mathrm{o}},\, y_{\mathrm{eff}} = \frac{ze}{kT}\psi_{\mathrm{eff}} = \ln\left(1/\phi\right) \tag{1.6.32}$$

1.6.5　球状粒子の電気泳動移動度

ここまでに見たように，低電荷粒子と高電荷粒子を比較すると，粒子周囲の電位分布が大きく異なる。粒子の電荷 Q が臨界値 Q_{cr} 以下の低電荷の場合は電位分布はクーロン電位で表されるので，1.5 節で考察したように球状粒子の電気委泳動移動度は以下の Hückel の式に従う。

$$\mu = \frac{2\varepsilon_{\mathrm{r}}\varepsilon_0}{3\eta}\zeta \tag{1.6.33}$$

しかし，Q が臨界値 Q_{cr} 以上の高電荷になると対イオン凝縮の結果，粒子は実効電荷 Q_{eff} $(= Q_{\mathrm{cr}})$ および見かけの表面電位 ψ_{eff} をもった粒子のように振る舞う。さらに，見かけの表面電位 ψ_{eff} を粒子の見かけのゼータ電位 ζ_{eff} と見なすと，電気泳動移動度 μ は次式で与えられる [51]。

$$\mu = \frac{2\varepsilon_{\mathrm{r}}\varepsilon_0}{3\eta}\zeta_{\mathrm{eff}} = \frac{2\varepsilon_{\mathrm{r}}\varepsilon_0}{3\eta}\left(\frac{kT}{ze}\right)\ln\left(\frac{1}{\phi}\right) \tag{1.6.34}$$

このように，電気泳動移動度 μ は粒子の電荷 Q に依存しない定数になる(φ のみに依存)。図 1.36 に無次元化した電気泳動移動度 E_{m} と無次元化した粒子電荷 Q^*の関係を図示した。ただし，E_{m} は次式で定義される。

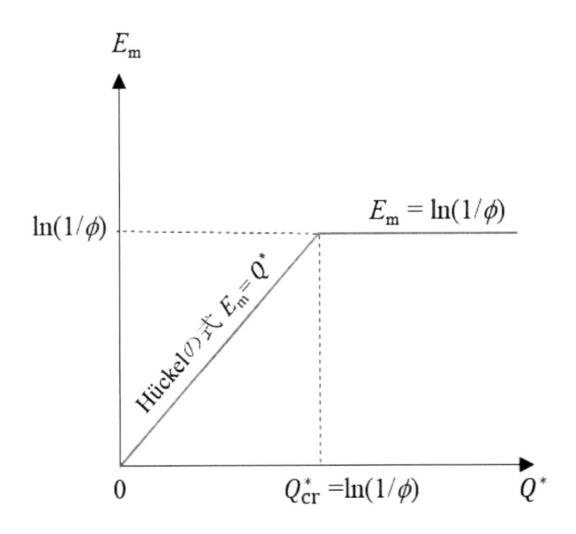

図 1.36　無添加塩系における球状固体粒子の無次元化電気泳動移動度 E_m と無次元化電荷 Q^*の関係

$$E_m = \frac{3\eta}{2\varepsilon_r\varepsilon_0}\left(\frac{ze}{kT}\right)\mu \tag{1.6.35}$$

1.6.6　粒子の実効電荷と自由な対イオン

自由体積中には，総量 Q/ze の対イオンが存在する。前述のように，対イオン凝縮が起きる高電荷の場合，粒子は実効電荷 Q_{eff} をもつ粒子として振る舞う。これは，総数 Q_{eff}/ze の対イオンが自由な対イオンとして，自由体積中に存在することを意味する。残りの $(Q\text{-}Q_{eff})/ze$ の対イオンは粒子表面に凝縮する。低電荷の場合は，自由な対イオンのみ存在する。

したがって，粒子電荷 Q を増やしていくと，低電荷の場合は，自由な対イオンは Q とともに増加する。しかし，Q が Q_{cr} に達した後の高電荷の場合は，対イオン凝縮のために，Q の増加とともに，凝縮した対イオンの数のみが増え，自由な対イオンの数は $Q_{cr}(=Q_{eff})$ のまま一定である(図 1.37)。

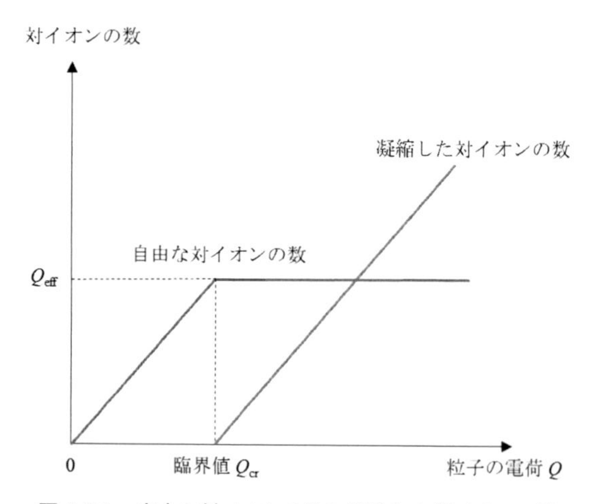

図 1.37　自由な対イオンの数と凝集した対イオンの数

参考文献

[1] 辻井薫, 栗原和枝, 戸嶋直樹, 君塚信夫: コロイド・界面化学—基礎から応用まで—, p.24, 講談社 (2019).

[2] Adamson, A. W., Gast, A. P.: Physical Chemistry of Surfaces, 6th Ed., p. 368, John Wiley & Sons (1997).

[3] 辻井薫: 超撥水と超親水—その仕組みと応用—, 米田出版 (2009).

[4] ドゥジェンヌ, ブロシャール-ヴィアール, ケレ（奥村 剛 訳）: 表面張力の物理学—しずく，あわ，みずたま，さざなみの世界—, pp. 214 - 217, 吉岡書店 (2003).

[5] 辻井薫, 栗原和枝, 戸嶋直樹, 君塚信夫: コロイド・界面化学—基礎から応用まで—, pp. 221 - 224, 講談社 (2019).

[6] 辻井薫: 超撥水と超親水—その仕組みと応用—, pp.36 - 44, 米田出版 (2009).

[7] Tsujii, K., Surface Activity -Principles, Phenomena, and Applications-, pp. 49 - 52, Academic Press (1998).

[8] 米沢富美子: ブラウン運動, pp. 51 - 60, 共立出版 (1986).

[9] 辻井薫, 栗原和枝, 戸嶋直樹, 君塚信夫: コロイド・界面化学—基礎から応用まで—, pp. 41 - 46, 講談社 (2019).

[10] Brunauer, S., Deming, L. S., Deming, W. E., Teller, E.: On a Theory of the van der Waals Adsorption of Gases, *J. Am. Chem. Soc.*, Vol. 62, pp. 1723 - 1732 (1940).

[11] Sing, K. S. W., Everett, D. H., Haul, R. A. W., Moscou, L., Pierotti, R. A., Rouqerol, J., Siemieniewska, T.: Reporting Physisorption Data for Gas/Solid Systems with Special Reference to the Determination of Surface Area and Porosity, *Pure Appl. Chem.*, Vol. 57, pp. 603 - 619 (1985).

[12] A. W. Adamson, A. P. Gast: Physical Chemistry of Surfaces, 6th Ed., pp. 390 -430, John Wiley & Sons (1997).

[13] 安部郁夫: 吸着の科学, 第 2 版　丸善 (2001).

[14] Fan, A., Somasundaran, P., Turro N. J.: Adsorption of Alkyltrimethylammonium Bromides on Negatively Charged Alumina, *Langmuir*, Vol. 13, pp. 506 - 510 (1997).

[15] Gu, T., Huang, Z.: Thermodynamics of Hemimicellization of Cetyltrimethylammonium Bromide at the Silica Gel/Water Interface, *Colloids Surf.*, Vol. 40, pp. 71 - 76 (1989).

[16] Somasundaran, P., Fuerstenau, D. W.: Mechanisms of Alkyl Sulfonate Adsorption at the Alumina-Water Interface, *J. Phys. Chem.*, Vol. 70, pp. 90 - 96 (1966).

[17] Harwell, J. H., Hoskins, J. C., Schechter, R. S., Wade, W. H.: Pseudophase separation model for surfactant adsorption: isomerically pure surfactants, *Langmuir*, Vol. 1, pp. 251 - 262, (1985).

[18] Jones, R. A. L., Richards, R. W.: Polymers at Surfaces and Interfaces, Cambridge University Press (2008).

[19] 川口正美: 高分子の界面・コロイド科学, pp.115 - 162 コロナ社 (1999).

[20] Terence Cosgrove 編 大島広行訳: コロイド科学—基礎と応用—, pp.157 - 188, 東京化学同人 (2014).

[21] Scheutjens, J. M. H. M., Fleer, G. J.: Statistical Theory of the Adsorption of Interacting Chain Molecules. 1. Partition Function, Segment Density Distribution and Adsorption Isotherms, *J. Phys. Chem.*, Vol. 83, pp.1619 - 1635 (1979).

[22] de Gennes, P. G.: Polymer solutions near at interface. Adsorption and depletion layer, *Macromolecules*, Vol. 14, 1637 - 1644 (1981).

[23] Matsuoka, H., Maeda, S., Kaewsaiha, P., Matsumoto, K.: Micellization of Non-Surface-Active Diblock Copolymers in Water. Special Characteristics of Poly(styrene)-block-Poly(styrenesulfonate), *Langmuir*, Vol. 20, pp.7412 - 7421 (2004).

[24] Wall, S.: The history of electrokinetic phenomena, *Curr. Opin. Colloid Interface Sci.*, Vol. 15(3), pp. 119 - 124 (2010).

[25] Vincent, B.: Early (pre-DLVO) studies of particle aggregation, *Adv. Colloid Interface Sci.*, Vol. 170, pp. 56 - 67 (2012).

[26] 日本土壌肥料学会: 土壌と界面電気現象　基礎から土壌汚染対策まで, 博友社 (2017).

[27] 足立泰久, 岩田進午編: 土のコロイド現象, 学会出版センター (2003).

[28] Hiemstra, T., Van Riemsdijk, W. H., Bolt, G. H.: Multisite proton adsorption modeling at the solid/solution interface of (hydr) oxides: A new approach: I. Model description and evaluation of intrinsic reaction constants, *J. Coll. Interface Sci.*, Vol. 133, pp. 91 - 104 (1989).

[29] Hiemstra, T., de Wit, J. C. M., van Riemsdijk, W. H.: Multisite proton adsorption modeling at the solid/solution interface on (hydr) oxides—A new approach: II. Application to various important (hydr) oxides, *J. Coll. Interface Sci.*, Vol. 133, pp. 105 - 117 (1989).

[30] Bolt, G. H.: Determination of the charge density of silica sols. *J. Phys. Chem.*, Vol. 61, pp. 1166 - 1169 (1957).

[31] Kobayashi, M., Juillerat, F., Galletto, P., Bowen, P., Borkovec, M.: Aggregation and charging of colloidal silica particles: effect of particle size, *Langmuir*, Vol. 21, pp. 5761 - 5769 (2005).

[32] Kobayashi, M., Skarba, M., Galletto, P., Cakara, D., Borkovec, M.: Effects of heat treatment on the aggregation and charging of Stöber-type silica, *J. Coll. Interface Sci.*, Vol. 292, pp. 139 - 147 (2005).

[33] Schudel, M., Behrens, S. H., Holthoff, H.: Kretzschmar, R., Borkovec, M., Absolute aggregation rate constants of hematite particles in aqueous suspensions: a comparison of two different surface morphologies, *J. Coll. Interface Sci.*, Vol. 196, pp. 241 - 253 (1997).

[34] Ohshima, H., Healy, T. W., White. L. R.: Approximate analytic expressions for the electrophoretic mobility of spherical colloidal particles and the conductivity of their dilute suspensions, *J. Chem. Soc., Faraday Trans. 2*, Vol. 79, pp. 1613 - 1628 (1983).

[35] Pham, T. D., Kobayashi, M., Adachi, Y.: Interfacial characterization of α-alumina with small surface area by streaming potential and chromatography, *Colloid Surf. A*, Vol. 436, pp. 148–157 (2013).

[36] 小林幹佳: 水中に懸濁した微粒子の凝集分散–基礎理論とその適用性. 塗装工学, Vol. 45, pp. 419-432 (2010).

[37] Ohshima, H., Healy, T. W., White, L. R.: Accurate analytic expressions for the surface charge density/surface potential relationship and double-layer potential distribution for a spherical colloidal particle, *J. Colloid Interface Sci.*, Vol. 90, pp. 17 - 26 (1982).

[38] Ohshima, H.: Electrophoresis of soft particles, *Adv. Colloid Interface Sci.*, Vol. 62, pp. 189 - 235 (1995).

[39] 大島広行: 基礎から学ぶゼータ電位とその応用, 日本化学会コロイドおよび界面化学部会, 東京 (2017).

[40] Ohshima, H.: Theory of Colloid and Interfacial Electric Phenomena. Elsevier, Amsterdam (2006).

[41] Ohshima, H.: Electrokinetic phenomena in a dilute suspension of spherical solid colloidal particles with a hydrodynamically slipping surface in an aqueous electrolyte solution, *Adv. Colloid Interface Sci.*, Vol. 272, p. 101996 (2019).

[42] Ohshima, H.: A Simple Expression for Henry's Function for the Retardation Effect in Electrophoresis of Spherical Colloidal Particles, *J. Colloid Interface Sci.*, Vol. 168, pp. 269 - 271 (1994).

[43] Ohshima, H., Healy, T. W., White, L. R.: Electrokinetic phenomena in a dilute suspension of charged mercury drops, *J. Chem. Soc. Faraday Trans. 2*, Vol. 80, pp. 1643 - 1667 (1984).

[44] Ohshima, H.: A simple expression for the electrophoretic mobility of charged mercury drops, *J. Colloid Interface Sci.*, Vol. 189, pp. 376 - 378 (1997).

[45] Ohshima, H.: Electrophoresis of soft particles, *Adv. Colloid Interface Sci.*, Vol. 62, pp. 189 - 235 (1995).

[46] Fuoss, R. M., Katchalsky, A., Lifson, S.: The potential of an infinite rod-like molecule and the distribution of the counter Ions, *Proc. Natl. Acad. Sci. USA*, Vol. 37, pp.579 - 589 (1951).

[47] Afrey, T., Berg, P. W., Morawetz, H.: The counterion distribution in solutions of rod-shaped polyelectrolytes, *J. Polym. Sci.*, Vol. 7, pp. 543-547 (1951).

[48] 今井宣久, 大澤文夫: 多電荷球状電解質のまわりの対イオン特異分布について (1), 物性論研究, Vol. 52, pp. 42-63 (1952).

[49] 今井宣久, 大澤文夫: 多電荷球状電解質のまわりの低分子イオン特異分布について (2), 物性論研究, Vol. 59, pp. 99 - 121 (1953).

[50] Ohshima, H.: Surface charge density/surface potential relationship for a spherical colloidal particle in a salt-free medium, *J. Colloid Interface Sci.*, Vol. 247, pp. 18 - 23 (2002).

[51] Ohshima, H.: Electrophoretic mobility of a spherical colloidal particle in a salt-free medium, *J. Colloid Interface Sci.*, Vol. 248, pp. 499 - 503 (2002).

第2章

分散・凝集状態を支配する粒子間相互作用

2.1　表面間力と粒子間相互作用

2.1.1　分散系と表面間力

よく知られているように，コロイド分散系は親液コロイドと疎液コロイドに大別される。親液コロイドはミセルや高分子溶液であり，溶媒との明瞭な界面を持たず，熱力学的に安定な系である。これに対し金属酸化物粒子等が分散質である疎液コロイドは，溶媒との明瞭な界面を持つため，時間とともに最終的には必ず凝集する熱力学的には不安定な系である。よって疎水コロイドにおいては，系は必ず不安定な分散状態から安定な凝集状態への不可逆的な変化を経験するため，熱力学的というよりも速度論的に系の凝集速度を評価する。すなわち疎水コロイドの安定状態とは，凝集速度が非常にゆっくりした（ほとんどゼロである）系であることを意味する。

疎水コロイドである微粒子分散系おける液体中の粒子は固体だけではなく，エマルションのように溶媒に不溶な液体や，あるいは空気（気泡）の場合もあるが，それらの分散・凝集現象を速度論的に扱う際に欠かせないのが，粒子間に働く相互作用力（表面間力）である。分散系の粒子の分散・凝集，あるいは付着といった挙動は，この表面間力によってほぼ支配されており，単純化して言えば，粒子間に働く力が引力であれば系は凝集し，斥力（反発力）であれば分散する傾向にある。しかし，表面間力は表面に存在する分子の種類や性質に加え，溶媒の性質，溶媒や溶質分子の吸着やそれにより表面上で形成される構造などによって複雑に変化する。よって，粒子の挙動を正確に評価・予測したりするためには，このような様々な条件下での表面間力を正確に見積もることが必要となる。

表面間力の評価は，本章でも詳述される Derjaguin-Landau-Verwey-Overbeek 理論（DLVO 理論）[1, 2] によるところが大きい一方，過去 40 年間における表面間相互作用力の直接測定技術の発展は目覚ましく，様々な相互作用力の本質的な理解を飛躍的に向上させてきた。相互作用を直接測定できる表面力装置（Surface Force Apparatus, SFA）は 1960 年代から開発が行われ，1970 年代に入ってから溶液中での測定

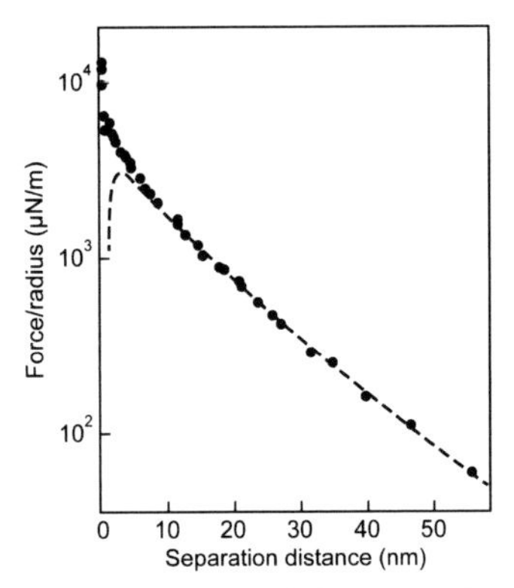

図 2.1　5×10^{-4} M 臭化カリウム水溶液中における雲母表面間の相互作用曲線。破線は DLVO 理論による理論値（文献 [4] より再構成）。

に適用されることで [3]，液相での表面間力直接測定の嚆矢となった。図 2.1 に初期に行われた SFA の測定結果と DLVO 理論との比較を示すが [4]，表面間距離数 nm までの測定データと理論の一致は非常に良い。これは直接測定の正当性を示すものであるとともに，逆に直接測定によって初めて DLVO 理論が非常に正確に現象を記述していることが示された，と言い換えることもできる。それ以降，主としてこの SFA と原子間力顕微鏡（Atomic Force Microscope, AFM）を用いた表面間相互作用力の直接測定に関する膨大な研究成果は，それまで認識されてこなかった，DLVO 理論では記述できない多くの重要な相互作用力の発見をもたらしてきた。

次項以降では，相互作用力の測定法として表面力装置と原子間力顕微鏡による方法を主として取り上げ，装置の原理と実験方法について解説する。また，その他の測定方法についても概説する。

2.1.2　表面力装置

SFA の原理は，図 2.2 のように，分子オーダーで平滑な二枚の雲母板を直交配置した 2 つの円筒状シリカレンズに接着する。そこに白色光を入射すると，入射光と雲母の裏面での反射光により等色次数干渉縞（Fringe of equal chromatic order, FECO）が発生するので，分光器上でその位

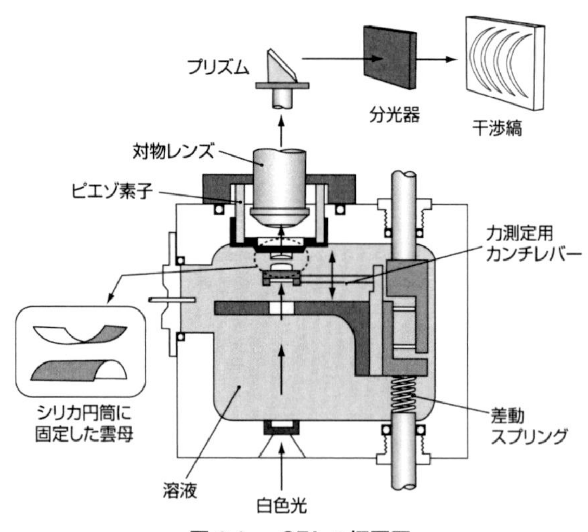

図 2.2　SFA の概要図

置や間隔を読み取ることで，表面間距離が高精度に測定される [5]。一方の表面は板ばねに保持されており，粗動・微動モーターとピエゾ素子などの組み合わせによりもう一方の表面との表面間距離を制御する。2 つの表面を近づけていった際の距離の変位量と，実際に測定された距離の差から，力を受けて曲がった板ばねの変位を求めることができる。これに板ばねのばね定数 k をかけることで表面間力の値が表面間距離に対して得られる。その分解能は，距離は 0.1 nm，相互作用は 10 nN のオーダーである。

実際の操作では，2〜3 μm の厚さにへき開した雲母薄片の裏面に，干渉を強めるため銀を 50 nm 程度の厚みで蒸着する。測定チャンバには溶液を満たすことができるので液相での測定も可能である。発生した FECO は分光器を介しマイクロメーター等で波長を読み取る。FECO は表面が離れた状態では放物線の形を取り，表面間距離 h は以下の式で計算される [3]。

$$\tan\left(2\pi\mu h/\lambda_n^h\right) = \frac{2\bar{\mu}\sin\left\{\left(\frac{1-\lambda_n^0/\lambda_n^h}{1-\lambda_n^0/\lambda_{n-1}^0}\right)\pi\right\}}{(1+\bar{\mu}^2)\cos\left\{\left(\frac{1-\lambda_n^0/\lambda_n^h}{1-\lambda_n^0/\lambda_{n-1}^0}\right)\pi\right\} \pm \left(\bar{\mu}^2-1\right)} \tag{2.1.1}$$

ここで，$\bar{\mu}$ は雲母の屈折率 $\mu_{\rm m}$ を媒質の屈折率 μ で割ったもの $(\mu_{\rm m}/\mu)$ であり，λ_n^0 は表面が接触したときの n 番目の縞の波長，$\lambda_{\rm n-1}^0$ は表面が接触したときの $n-1$ 番目の縞の波長，また λ_n^h は表面が h だけ離れた際の n 番目の縞の波長である。右辺の分母にある＋は n 番目の奇数の縞に，－は n 番目の偶数の縞に適用される。

図 2.3 に，直接測定によって求められる相互作用曲線の模式図を示す。この例では表面間に引力が働く場合を示してある。このとき，引力が強く力の距離微分が表面を保持する板ばねの k を超えるとき（点 J)，すなわち

$$\frac{dF}{dh} \geq k \tag{2.1.2}$$

が成り立つ場合には，ばねは力学的に不安定となり，ばねに保持された表面がもう一方の表面に急激に飛び込む現象（ジャンプイン）が起こる。ジャンプインが起こると，相互作用曲線は傾きが k である直線となり，表面間距離が接触すると点 J′ に示される値をとる。よって，図中に点線で示した曲線が真の相互作用である場合，この部分は測定不能となり，点 J′

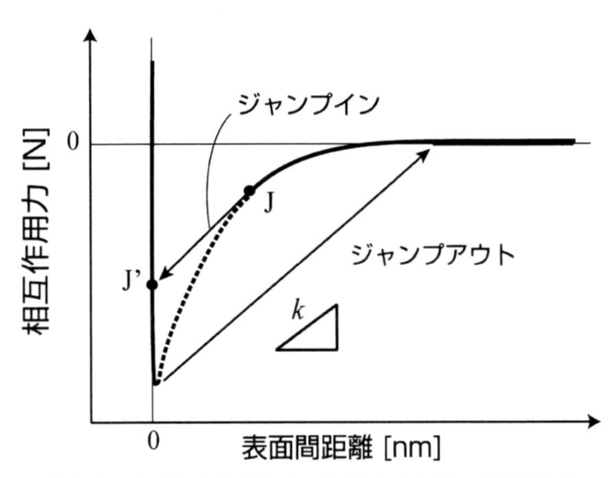

図 2.3　相互作用測定によって得られるデータの模式図

の値も物理的な意味をもたなくなるため注意が必要である。いったん接触した 2 表面を再び引き離すための力は表面の付着力（接着力）として定義される。ここで，表面を引き離す際にも引力が強く上記の条件が満たされた場合には，ジャンプインの逆のジャンプアウトという現象が起こる。

SFA の長所としては，FECO を用いた距離・相互作用の測定精度の高さが挙げられる。また測定中の FECO の形状変化から，表面間の媒体の屈折率の測定や表面の形状観察が可能であり，相互作用測定中の媒体や表面の変化を同時に評価できる。一方，表面に透明かつ分子オーダーで平滑な物質しか使うことができず，選択肢は実用的にはほぼ雲母とシリカのみに限られる点が最大の短所として挙げられる。また測定に比較的時間がかかる，装置の操作が難しいなどの点もある。これらの欠点を緩和するために，距離測定に光干渉を使わず相互作用力をバイモルフ（変形検出素子）で検出するタイプ [6] や，反射型の光学干渉計による距離測定を行うことで不透明基板間の測定を可能にしたタイプ（ツインパス型）の装置 [7] も開発されている。

2.1.3　原子間力顕微鏡

SFA による直接測定の発展は，相互作用力に関する分子オーダーの理解は飛躍的に高めた。一方，SFA はその精度は非常に高いものの，上に述べたような表面・測定における制約も多かった。これを補い，より多様な系での表面間力測定を行うために発展したのが，AFM を用いたコロイドプローブ法 [8] である。

AFM はいわゆる走査型プローブ顕微鏡の一種として開発され [9]，基本的に表面の非常に微細な凹凸構造を分子オーダーで観察するための顕微鏡である。その原理は図 2.4 に示すように，曲率半径が 5～10 nm 程度の非常に鋭い先端をもつ探針を平板試料表面に接触させる。試料はピエゾ圧電素子に載せられており，ピエゾ素子の x-y 方向の動きで表面内を走査する（探針がピエゾ素子に固定されているタイプの AFM もある）。表面の凹凸による走査中の探針の変位を，探針のカンチレバー裏面に反射させたレーザーで読みとって画像化が行われる。液相セルを用いることで，気相だけでなく各種液体中での測定が可能である。

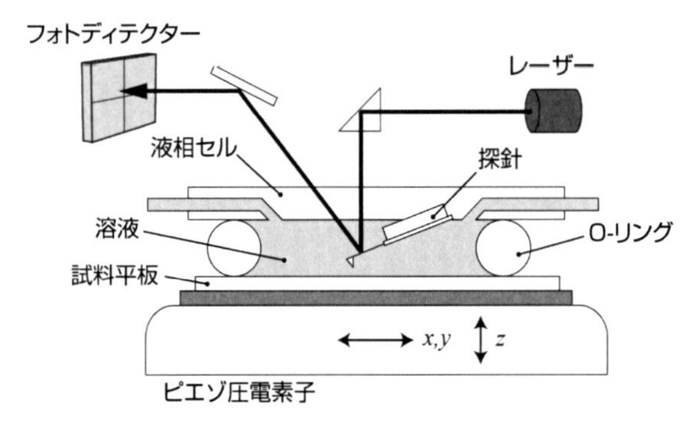

図 2.4　AFM の概要図

AFM を相互作用測定に応用する際には，ピエゾ圧電素子を等速度で z 方向に伸縮させ試料面を探針に対して垂直に変位させることで，両者を接近・後退させる。相互作用が働くとそれに応じてカンチレバーが湾曲するが，この変位の大きさはレーザー反射光を受けたフォトディテクター（光検出器）により，照射位置の変化を電位に変換して計測する。多くの AFM では，この一連の動作を自動的に行うモードが付属している。SFA と同様，測定したカンチレバー変位にばね定数をかけることで，ばねばかりの原理で探針—試料平板の相互作用力が求まる。

探針—試料平板だけでなく，図 2.5 のように微粒子をカンチレバーの先端に固定したコロイドプローブを用いることで，マクロな表面間の相互作

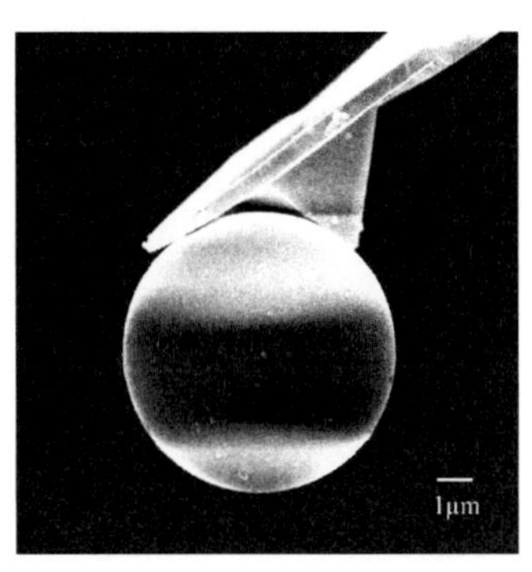

図 2.5　コロイドプローブの SEM 写真

用を測定できることがこの方法の最大の特長である。コロイドプローブには，通常半径数～数十ミクロンの球形粒子が用いられ，顕微鏡や CCD による観察下でこれをエポキシ系の接着剤あるいは熱可塑性の樹脂によって，マニピュレータなどの微小位置決め装置を用いて探針先端に接着固定する。コロイドプローブには様々な材質の粒子を使えるだけでなく，表面に改質を施したものを使うことができる。さらには固体だけでなく，気泡や液滴などの流体も用いることができる [10]。また細胞 [11] やタンパク質 [12] を探針に固定する手法はバイオ分野で盛んに用いられている。このように，表面や測定系の工夫が容易であることが AFM の最大のメリットであり，幅広い分野で応用がなされている。

相互作用測定の具体的な方法を以下に述べる。探針は，通常の画像観察用のものが使用される。現在，様々な種類の探針が市販されており，測定したい相互作用力の大きさに応じて材質やばね定数を選択することができる。プローブのばね定数は相互作用の測定精度に直接影響するため，前もって正確に測定することが必要である。ばね定数を測定する方法はいくつか提案されているが，カンチレバーの固有共振周波数を利用する方法や [13]，熱的振動のスペクトルを利用する方法 [14] が最も広く利用されている。

AFM 測定によって直接得られる生のデータの一例として，同種帯電表面間の相互作用を水溶液中で測定した場合のデータを模式的に図 2.6(a) に示す。表面が接近し，接触した後引き離すまでが一測定サイクルとなっている。AFM では構造上，SFA のように表面間距離を直接測定することはできないため，AFM より得られるデータは，ピエゾ圧電素子により移動した試料表面の変位 z に対するレーザーのフォトディテクターの電圧 V である。すでに述べたように，相互作用を受けたカンチレバーが曲がってレーザーの入射位置が変化することで，V が変化する。図 2.6(a) では表面が接近すると，遠距離では静電的な斥力が働き，表面が接近してくると，van der Waals 引力が短距離で作用することが模式的に示されている。このとき，引力が強いと SFA の場合と同様，(2.1.2) 式の条件でジャンプインが起こる。その後，グラフの左側には直線となる領域が現れるが，これは，両表面が見かけ上接触し，上方への試料表面の移動距離と，

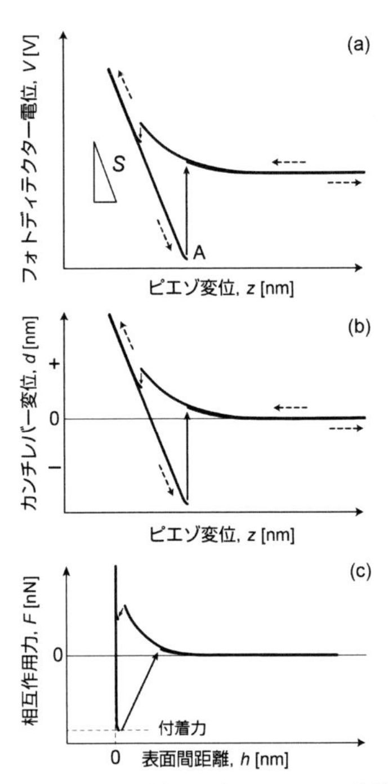

図 2.6　AFM による相互作用測定のデータとその変換方法の模式図。(a) AFM より得られるデータ，(b) 縦軸をカンチレバー変位に換算したもの，(c) (b) より換算した相互作用曲線。

カンチレバーの変位が等しくなる領域である。この接触状態から表面を引き離していくと，付着によりカンチレバーは下方に曲がり，その復元力によって点 A でジャンプアウトする。このときの表面間力が，表面の付着力と定義される。

このデータを一般的な表面間距離—表面間力の相互作用曲線に変換する場合には，次のような手順で行う [15]。まず，図 2.6(a) の直線領域の傾き S は，フォトディテクターの電圧 V およびカンチレバーの変位 d と次の関係にある。

$$S = V/d \tag{2.1.3}$$

S はカンチレバーの感度（Sensitivity）と呼ばれる。これを用いると図

2.6(b) のように縦軸をカンチレバー変位に換算できる。さらに，この直線領域の表面間距離を 0 と設定すると，データ各点における表面間距離 h は次式で計算される。

$$h = z + d \tag{2.1.4}$$

最後にカンチレバー変位にばね定数を乗じることで，図 2.6(c) のような相互作用曲線が得られる。

このように，AFM 測定では SFA と異なり，表面間距離は間接的にしか求められないので，2 つの表面が本当に接触したかどうかは保証されないことに注意する必要がある。例えば界面活性剤や高分子などの溶質が表面に吸着すれば，それらは表面間から排除されないことも多い。このような場合，上記の方法で求めた表面間距離 0 はあくまで見かけ上のものであるため，真の表面間距離を得るのが難しいことを理解しておく必要がある。接触時に表面の変形が起きた場合も同様に，真の表面間距離をデータのみから正確に見積もるのは困難で，理論計算などを援用する必要がある。

またコロイドプローブ法では，通常作製を光学観察下で行うことから，使われる粒子径が数 μm 以上に限られる。粒子の挙動は粒径や形状に大きく影響されるため，実際のナノ粒子の挙動解析を行いたい場合，数 μm の球形粒子の相互作用データがそのまま使えるかどうかが問題となる。この場合，曲率数 nm の探針先端を相互作用測定に使うことも可能であるが，先端の材質は限られるため，カーボンナノチューブをプローブとしたり [16]，光学系を用いずナノ粒子を探針先端に固定する [17] などの方法も提案されている。

2.1.4　その他の測定法

(1) 光ピンセット

光が物体に及ぼす圧力（放射圧）を利用し，あたかもピンセットでつまむように液相中の微粒子を捕捉し（固体だけでなく気泡や液滴も捕捉できる），三次元的に非破壊で自由に操作できる技術であり [18]，光ツイーザーあるいはレーザートラッピングとも呼ばれる。その原理はレーザーを高倍率のレンズを通して急速に絞ると，周りの媒質より屈折率の高い粒子は焦点方向に向かう力を常に受けることによる。この力により，一個の粒子をレーザーの焦点に捕捉し，レーザー位置によって粒子を操作し移動させることが可能となる。

相互作用測定においては，レーザーで固定した粒子に別の粒子を近づけ，粒子の変位を測定する。焦点の周りでは，光のトラップ力は焦点からの距離に比例するので，この変位から粒子間の相互作用が測定される [19]。その際の分解能は pN 程度と，非常に小さな力の測定が可能である。

(2) 全反射顕微鏡法

水溶液中のプリズムにレーザー光を全反射させ，生じたエバネッセント波の強度から水溶液中に懸濁した粒子とプリズムの距離が nm オーダーの精度で測定される。任意の距離にある粒子の個数分布から粒子とプリズム間の相互作用エネルギーを評価する方法である。原理の詳細は文献 [20] などを参照されたい。この方法は近距離力の測定には不向きだが，自由粒子の挙動を直接観察できる利点がある。また，上記の光ピンセットと組み合わせた方法も提案されている [21]。

2.2　van der Waals 力（凝集促進因子）

2.2.1　分子間力と粒子間力

分子間には van der Waals 引力相互作用が働く。この相互作用には，以下の 3 種類がある。① 2 個の極性分子間の永久双極子間引力による Keesom 相互作用。②極性分子と非極性分子間に働く永久双極子-誘起双極子間引力である Debye 相互作用。③分子内に無秩序に生じる量子力学的なゆらぎ双極子間の分散相互作用。以上の 3 種類①～③の相互作用の中で，分散相互作用の寄与が最も大きい。真空中において中心間距離 r にある 2 個の同種分子間の分散相互作用エネルギー $V(r)$ は，

$$V(r) = -\frac{C}{r^6} \tag{2.2.1}$$

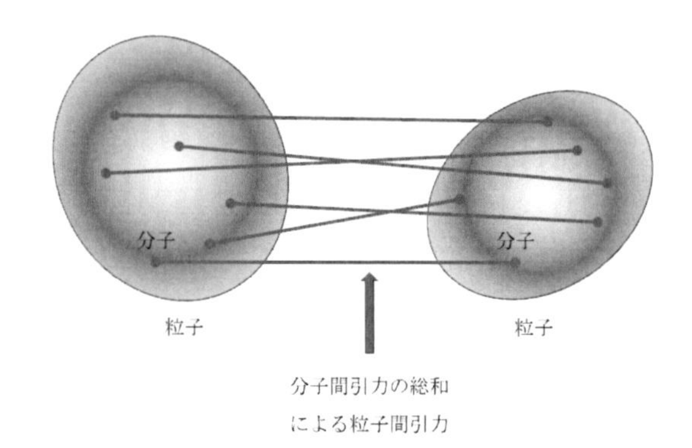

図 2.7　微粒子間の van der Waals 相互作用

で与えられる。ここで,

$$C = \frac{3\alpha^2 h\nu}{4(4\pi\varepsilon_0)^2} \tag{2.2.2}$$

は London-van der Waals 定数と呼ばれる。α は分子の分極率, h は Planck 定数, ν はゆらぎの振動数, ε_0 は真空の誘電率である。2 個の分子間に働く van der Waals 相互作用エネルギーは $1/r^6$ に比例するため極めて短距離にしか及ばないが, 共有結合と異なり飽和性を示さず方向性もなく加算性がよく成り立つ。このため, 多数の分子からできているコロイド粒子間にはかなり大きな van der Waals 相互作用が働く（図 2.7）。

コロイド粒子間の van der Waals 力はコロイド分散系に働く引力であり, 後述の Hamaker 定数で特徴づけられる。分散系の凝集を促進する「凝集促進因子」である。

距離 h にある孤立分子 1 と線状高分子 2（分子密度 N）を考えよう（図 2.8）。

高分子中の幅 Δx の微小部分に含まれる分子の総数は $N\Delta x$ である。これらの分子と孤立分子 1 の van der Waals 相互作用エネルギーは $(-C/r^6)\times N\Delta x$ である。したがって, 孤立分子 1 と線状の高分子 2 全体の全相互作用エネルギー $V(h)$ は $x = h$ から $x = \infty$ までのすべての微小部分からの寄与の合計で表される。

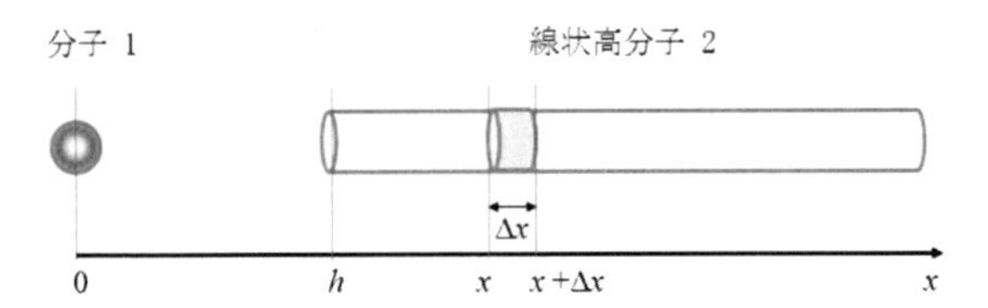

図 2.8　孤立分子 1 と線状高分子 2 の van der Waals 引力相互作用

$$V(h) = \sum_{\Delta x} \left(-\frac{C}{x^6}\right) N\Delta x \to \int_h^{\infty} \left(-\frac{C}{x^6}\right) N dx = -\frac{CN}{5h^5} \tag{2.2.3}$$

ここで，$\sum \Delta x \to \int dx$ の関係を用いた。このように，もともと $1/r^6$ に比例する短距離性の分子間相互作用が線状高分子と 1 個の孤立分子では $1/h^5$ のように短距離性が減少することが示された。

2.2.2　孤立分子と平らな円板

互いに h の距離にある孤立分子と厚さ d の無限に広い円板間の相互作用エネルギー $V(h)$ を計算しよう。半径が r で面積 $2\pi rdr$，厚さ dx，体積 $2\pi rdrdx$ のリング（この中に含まれる分子数は $N\times 2\pi rdrdx$）と孤立分子の間の相互作用エネルギー $u(\rho)$ を積分して $V(h)$ が得られる（図 2.9）。

$$V(h) = \int_{x=h}^{h+d} \int_{r=0}^{\infty} u(\rho) N \cdot 2\pi r dr dx \tag{2.2.4}$$

ここで，

$$u(\rho) = -\frac{C_{12}}{\rho^6} = -\frac{C_{12}}{\left(r^2 + x^2\right)^3} \tag{2.2.5}$$

C_{12} は孤立分子と円板内の分子の相互作用に関する London-van der Waals 定数である。積分の結果，

$$V(h) = -\frac{\pi C_{12} N}{6} \left[\frac{1}{h^3} - \frac{1}{(h+d)^3}\right] \tag{2.2.6}$$

が得られる。

とくに，$d \to \infty$ では (2.2.6) 式は次式になる。

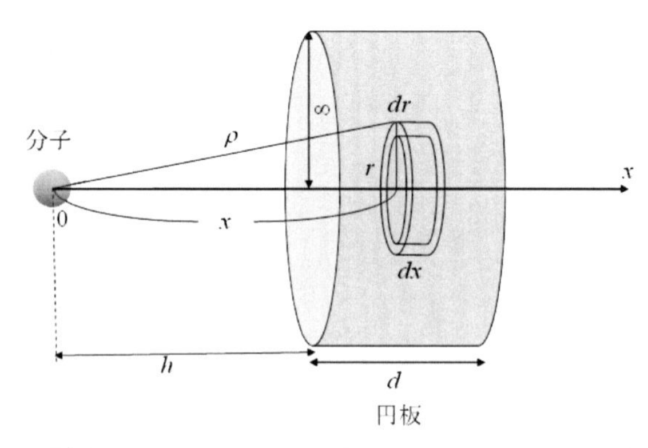

図 2.9　孤立分子と厚さ d の平らな円版間の van der Waals 引力相互作用

$$V(h) = -\frac{\pi C_{12} N}{6h^3} \tag{2.2.7}$$

これは，孤立分子と半無限平板の間の相互作用エネルギーである。

2.2.3　2 枚の平行平板

互いに距離 h 離れた 2 枚の平行平板（厚さ d，分子密度 N，London-van der Waals 定数 C）の間の相互作用エネルギー $V(h)$（単位面積当たり）は (2.2.5) 式を用いて次のように表される。

$$V(h) = \int_h^{h+d} \left\{ -\frac{\pi C N}{6} \left[\frac{1}{h^3} - \frac{1}{(h+d)^3} \right] \right\} N dh \tag{2.2.8}$$

積分を実行して，次式が得られる。

$$V(h) = -\frac{A}{12\pi} \left[\frac{1}{h^2} - \frac{2}{(h+d)^2} + \frac{1}{(h+2d)^2} \right] \tag{2.2.9}$$

ここで，

$$A = \pi^2 C N^2 \tag{2.2.10}$$

は Hamaker 定数と呼ばれる。(2.2.10) 式で与えられる Hamaker 定数は任意の形状の粒子（平板，球，円柱等）に適用できる。

同様に，距離 h 離れた 2 枚の異種平行平板（厚さ d_1，d_2，分子密度 N_1，N_2，London-van der Waals 定数 C_1，C_2）の間の相互作用エネルギー

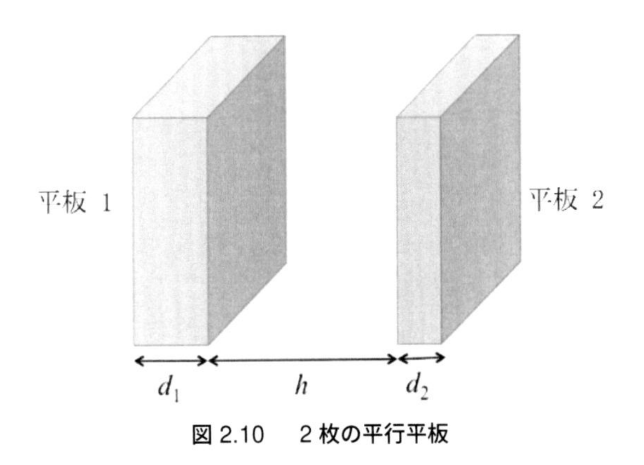

図 2.10　2 枚の平行平板

（単位面積当たり）は次式で与えられる（図 2.10）。

$$V(h) = -\frac{A_{12}}{12\pi}\left[\frac{1}{h^2} - \frac{1}{(h+d_1)^2} - \frac{1}{(h+d_2)^2} + \frac{1}{(h+d_1+d_2)^2}\right] \tag{2.2.11}$$

ここで，A_{12} は 異種の物質から成る平板 1 と 2 に対する Hamaker 定数である。

小さい距離 h ($h \ll d_1, d_2$) に対しては，(2.2.11) 式は，

$$V(h) = -\frac{A_{12}}{12\pi h^2} \tag{2.2.12}$$

になる。これは，異種の半無限平板間の相互作用エネルギーである。

なお，近似的に次式が成り立つ。

$$A_{12} \approx \sqrt{A_1}\sqrt{A_{22}} \tag{2.2.13}$$

ただし，

$$A_{11} = \pi^2 C_1 N_1^2 \tag{2.2.14}$$

$$A_{22} = \pi^2 C_2 N_2^2 \tag{2.2.15}$$

A_{ii} は物質 i ($i = 1$，2) でできた同種粒子に対する Hamaker 定数である。(2.2.13) 式は以下のように導かれる。異種の分子 1 と 2 の間の van der Waals 引力エネルギーにおける London-van der Waals 定数 C_{12} は次

式で与えられる。

$$C_{12} = \frac{3\alpha_1\alpha_2 h}{4(4\pi\varepsilon_0)^2}\left(\frac{2\nu_1\nu_2}{\nu_1+\nu_2}\right) \tag{2.2.16}$$

ここで，α_i と ν_i は分子 $i(i{=}1, 2)$ の分極率とゆらぎの振動数である。ν_1 と ν_2 の差が小さい場合，調和平均 $(2\nu_1\nu_2/(\nu_1+\nu_2))$ は相乗平均 $\sqrt{\nu_1\nu_2}$ で近似的に置き換えられ次式が得られる。

$$C_{12} \approx \frac{3\alpha_1\alpha_2\sqrt{\nu_1\nu_2}h}{4(4\pi\varepsilon_0)^2} = \sqrt{\frac{3\alpha_1^2\nu_1 h}{4(4\pi\varepsilon_0)^2}}\sqrt{\frac{3\alpha_2^2\nu_2 h}{4(4\pi\varepsilon_0)^2}} \tag{2.2.17}$$

すなわち，

$$C_{12} \approx \sqrt{C_1C_2} \tag{2.2.18}$$

ここで，

$$C_i = \frac{3\alpha_i^2 h\nu_i}{4(4\pi\varepsilon_0)^2} \tag{2.2.19}$$

は分子 $i(i{=}1, 2)$ 同士の van der Waals 相互作用に対する London-van der Waals 定数である。(2.2.18) 式を用いると，直ちに (2.2.13) 式が導かれる。

2.2.4　孤立分子と球

中心間距離 R にある孤立分子と半径 r の球（分子密度 N）の間の van der Waals 相互作用エネルギー $V(R)$（図 2.11）は次のように計算される。

$$V(R) = \int_{r=0}^{a}\int_{\theta=0}^{\pi}\int_{\varphi=0}^{2\pi} Nu(\rho)\,r^2\sin\theta d\theta d\varphi dr \tag{2.2.20}$$

ここで，

$$u(\rho) = -\frac{C_{12}}{\rho^6} = -\frac{C_{12}}{\left(r^2+R^2-2rR\cos\theta\right)^3} \tag{2.2.21}$$

C_{12} は孤立分子と球内における 1 個の分子の van der Waals 相互作用に

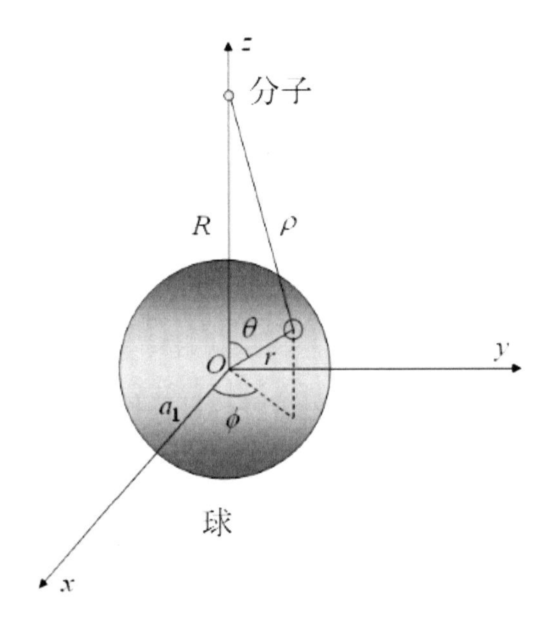

図 2.11　孤立分子と球

関する London-van der Waals 定数である。ここで,

$$\int_0^{\pi} \frac{\sin\theta d\theta}{\left(r^2 + R^2 - 2rR\cos\theta\right)^3} = \frac{2\left(R^2 + r^2\right)}{\left(R^2 - r^2\right)^4} \tag{2.2.22}$$

を用いると, (2.2.20) 式から次式が得られる。

$$V(R) = -\frac{4\pi C_{12} N}{3} \frac{a^3}{\left(R^2 - a^2\right)^3} \tag{2.2.23}$$

2.2.5　2 つの球

中心間距離 R にある 2 つの球（半径 a_1, a_2, 分子密度 N_1, N_2, ロンドンー van der Waals 定数 C_1, C_2）の間の相互作用エネルギー $V(R)$（図 2.12）は, (2.2.20) 式を用いて次のように計算される。

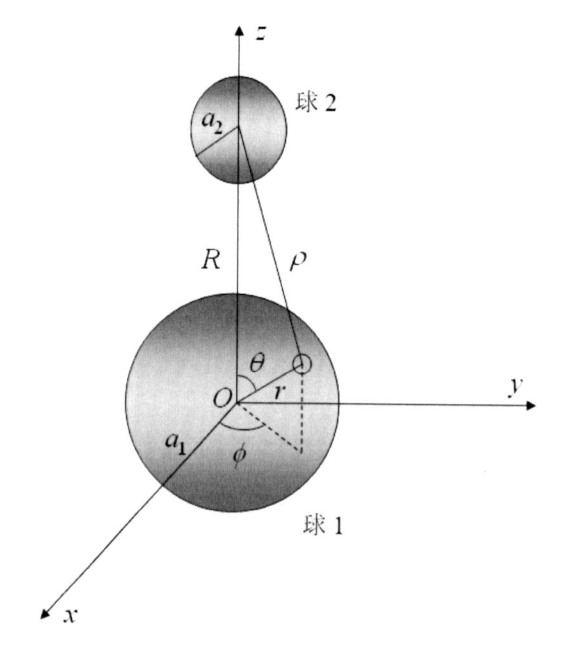

図 2.12　2 つの球

$$V(R) = \int_{r=0}^{a_1}\int_{\theta=0}^{\pi}\int_{\varphi=0}^{2\pi} N_1\left[-\frac{4\pi C_{12}N_2}{3}\frac{a_2^3}{\left(\rho^2-a_2^2\right)^3}\right] r^2\sin\theta d\theta d\varphi dr$$
$$= \int_{r=0}^{a_1}\int_{\theta=0}^{\pi}\int_{\varphi=0}^{2\pi} N_1\left[-\frac{4\pi C_{12}N_2}{3}\frac{a_2^3}{\left(r^2+R^2-2rR\cos\theta-a_2^2\right)^3}\right] r^2\sin\theta d\theta d\varphi dr \tag{2.2.24}$$

ここで，次式を用いると，

$$\int_0^{\pi}\frac{\sin\theta d\theta}{\left(r^2+R^2-2rR\cos\theta-a_2^2\right)^3} = \frac{1}{4rR}\left[\frac{1}{\left\{a_2^2-(r-R)^2\right\}^2}-\frac{1}{\left\{a_2^2-(r+R)^2\right\}^2}\right] \tag{2.2.25}$$

(2.2.20) 式は次のようになる。

$$V(R) = -\frac{A_{12}}{6}\left\{\begin{array}{c}\dfrac{2a_1a_2}{R^2-(a_1+a_2)^2}+\dfrac{2a_1a_2}{R^2-(a_1-a_2)^2}\\ +\ln\left[\dfrac{R^2-(a_1+a_2)^2}{R^2-(a_1-a_2)^2}\right]\end{array}\right\} \tag{2.2.26}$$

ここで，A_{12} は (2.2.20) 式で与えられる。とくに，同種の 2 球 ($a_1 = a_2 = a, C_1 = C_2 = C, N_1 = N_2 = N$) では，(2.2.23) 式は以下のようになる。

$$V(R) = -\frac{A}{6}\left\{\frac{2a^2}{R^2 - 4a^2} + \frac{2a^2}{R^2} + \ln\left(1 - \frac{4a^2}{R^2}\right)\right\} \qquad (2.2.27)$$

ここで，2 つの球の表面間距離 H を導入する。

$$H = R - (a_1 + a_2) \qquad (2.2.28)$$

表面間距離 H が小さい場合 ($H \ll a_1, a_2$)，(2.2.24) 式は次のようになる。

$$V(H) = -\frac{A_{12}a_1a_2}{6(a_1 + a_2)H} \qquad (2.2.29)$$

とくに，同種の 2 球の場合は，(2.2.26) 式は次のようになる。

$$V(H) = -\frac{Aa}{12H} \qquad (2.2.30)$$

また，球 ($a_1 = a$) と平板 ($a_2 = \infty$) の場合は，

$$V(H) = -\frac{Aa}{6H} \qquad (2.2.31)$$

となって，2 つの等しい球の場合のエネルギーの 2 倍になることがわかる。

2.2.6　Derjaguin 近似

任意の形状をした 2 個の粒子間の相互作用エネルギーの計算は一般に難しく，Derjaguin 近似を用いて計算される。この近似では，2 球（半径 a，表面間距離 H）間の相互作用エネルギー $V(H)$ は平行 2 平板間（表面間距離 h）の相互作用エネルギー $V_{\mathrm{pl}}(h)$（単位面積当たり）から，

$$V(H) = \pi a \int_H^\infty V_{\mathrm{pl}}(h)\,dh \qquad (2.2.32)$$

に従って求められる。この式は $H \ll a$ の近距離に有効であり，任意の相互作用に対して適用される。(2.2.32) 式は以下のように導かれる。

図 2.13 のように，球を平らな円環の表面をもつ多数の中空円筒に分割し，向かい合う一組の円筒間の相互作用エネルギーを求める。円筒の表面

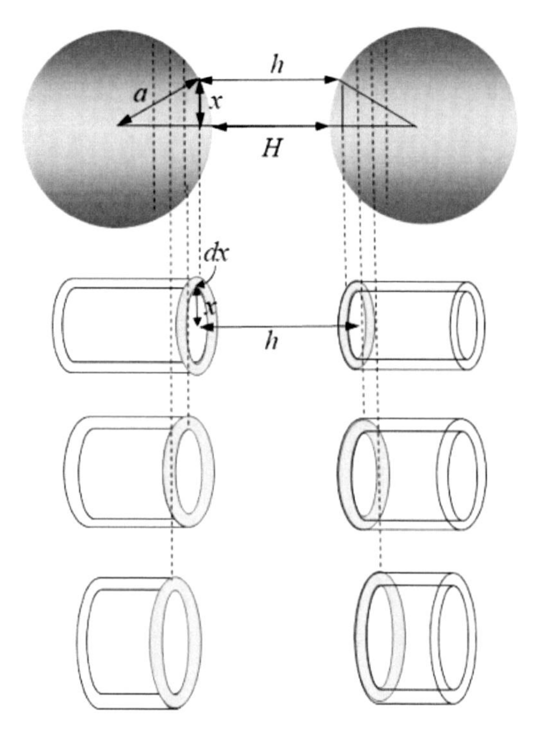

図 2.13　Derjaguin 近似

が平らなので，平板間相互作用である。すべての円筒間の対に関して総和を計算する。図 2.13 を参照して，距離 h にある半径 x の 2 つの円筒（円環の面積は $2\pi x\Delta x$）を考える。総和，積分の上限は ∞ で近似して，Δx を小さくすると ($\Delta x \to 0$)，$\Sigma f(x)\Delta x \to \int f(x)\mathrm{d}x$（$f(x)$ は任意の関数）である。図 2.13 より，

$$\left(a - \frac{h-H}{2}\right)^2 + x^2 = a^2 \tag{2.2.33}$$

である。この式の両辺を微分すると，$a \gg h, H$ に対して，

$$2xdx = adh \tag{2.2.34}$$

が得られる。この式を用いると，(2.2.32) 式が以下のように得られる。

$$
\begin{aligned}
V(H) &= \textstyle\sum_{h=H}^{\infty} V_{\mathrm{pl}}(h)\, 2\pi x \Delta x \approx \int_{h=H}^{h=\infty} V_{\mathrm{pl}}(h)\, 2\pi x dx \\
&\approx \pi a \int_{H}^{\infty} V_{\mathrm{pl}}(h)\, dh
\end{aligned}
\tag{2.2.35}
$$

平板間相互作用エネルギー（単位面積当たり）に対して (2.2.12) 式を用いると，(2.2.32) 式から (2.2.30) 式が得られることがわかる。Derjaguin 近似は異種の 2 球および平行または垂直に交差する 2 つの円柱状粒子の相互作用 [24] に対しても有効である。結果の式を図 2.14 にまとめた。

さらに，平板間相互作用エネルギーとして (2.2.12) 式を用いた場合の

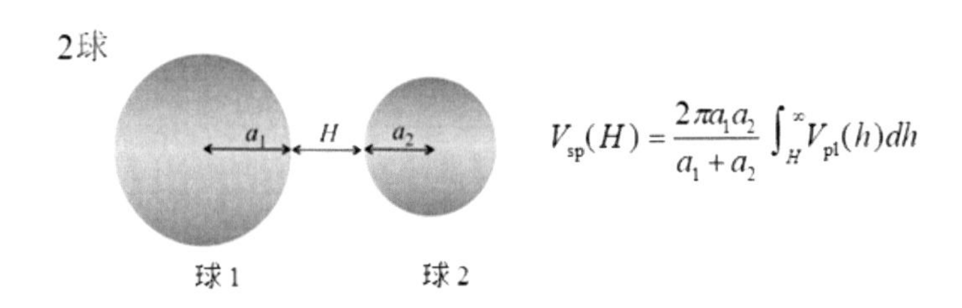

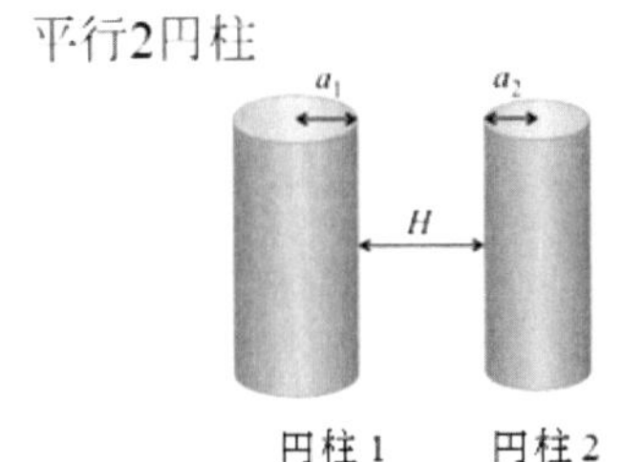

$$V_{\mathrm{cy}/\!/}(H) = \sqrt{\frac{2a_1 a_2}{a_1 + a_2}} \int_H^{\infty} V_{\mathrm{pl}}(h) \frac{dh}{\sqrt{h - H}}$$

(単位長さあたり)

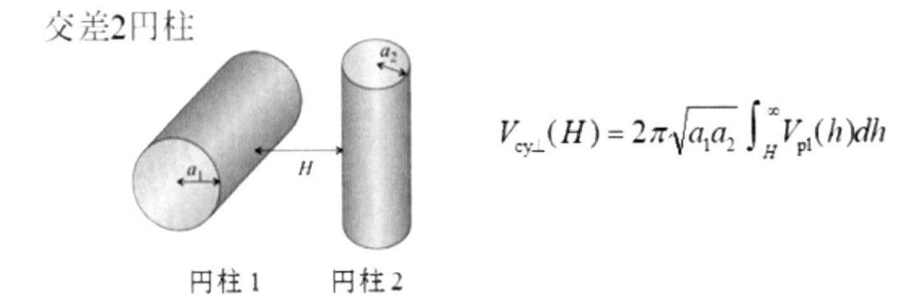

図 2.14　Derjaguin 近似公式

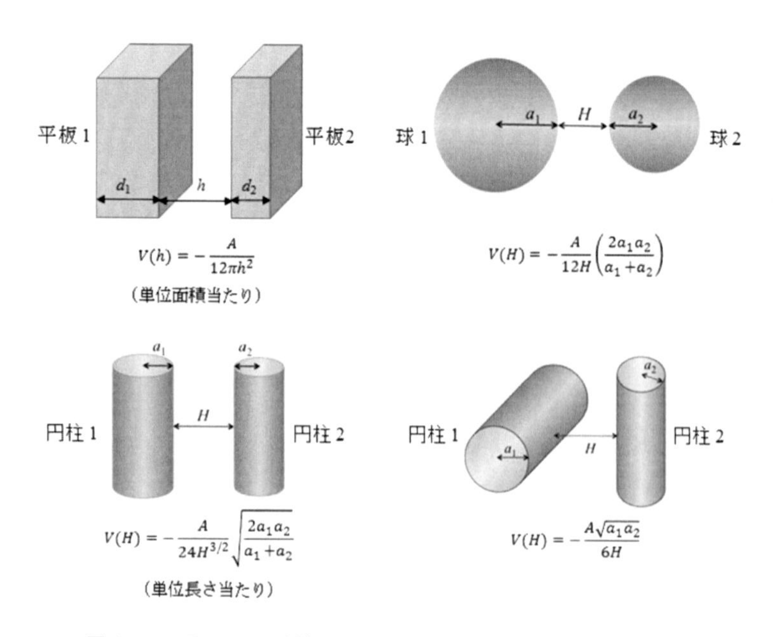

図 2.15　Derjaguin 近似による van der Waals 相互作用エネルギー

種々のコロイド粒子間の van der Waals 相互作用エネルギーの計算結果を図 2.15 に与えた。

なお，図 2.14 及び図 2.15 における Hamaker 定数 A は A_{12} を意味する。

2.2.7　媒質の効果

ここまで導いてきた 2 粒子間の van der Waals 相互作用エネルギーの諸式はいずれも，真空中における 2 粒子間の相互作用であった。実際には，多くの場合，粒子は水等の媒質中にある。van der Waals 相互作用の加算性から媒質 3 における物質 1 と 2 からなる 2 つの粒子 1，2 に対する Hamaker 定数は次のようになる。

$$A_{132} = \left(\sqrt{A_{11}} - \sqrt{A_{33}}\right)\left(\sqrt{A_{22}} - \sqrt{A_{33}}\right) \tag{2.2.36}$$

ここで，A_{11} と A_{22} はそれぞれ真空中における物質 1 同士および物質 2

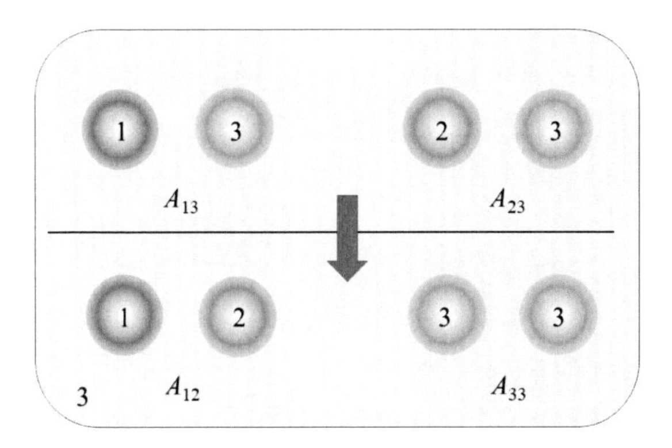

図 2.16　Hamaker 定数に対する媒質の効果

同士の間の van der Waals 相互作用に対する Hamaker 定数である。

(2.2.36) 式は以下のように導かれる。図 2.16 に示したように，A_{132} は粒子 1 が媒質 3 と相互作用し，粒子 2 が媒質 3 相互作用する状態から粒子 1 と 2 が直接相互作用する状態へ変化したときの Hamaker 定数の差と見なすことができる。したがって，A_{132} を次のように計算することができる。

$$
\begin{aligned}
A_{132} &= (A_{12} + A_{33}) - (A_{13} + A_{23}) \\
&= \sqrt{A_{11}A_{22}} + A_{33} - \sqrt{A_{11}A_{33}} - \sqrt{A_{22}A_{33}} \\
&= \left(\sqrt{A_{11}} - \sqrt{A_{33}}\right)\left(\sqrt{A_{22}} - \sqrt{A_{33}}\right)
\end{aligned}
\tag{2.2.37}
$$

ここで，(2.2.13) 式を用いた。A_{11} と A_{22} はそれぞれ物質 1，2 から成る粒子 1，2 が真空中で相互作用するときの Hamaker 定数である。とくに，媒質 3 における 2 つの同種粒子 1 に対する Hamaker 定数は次式で与えられる。

$$
A_{131} = \left(\sqrt{A_{11}} - \sqrt{A_{33}}\right)^2 \tag{2.2.38}
$$

A_{131} は常に正であるが，A_{132} は A_{11}, A_{22}, A_{33} の相対的な大きさによって正にも負にもなる。

Hamaker 定数 A はエネルギーの次元をもち，van der Waals 相互作用の大きさを表す量である。通常の典型的な微粒子では $A \sim 10^{-19}$J で，

熱エネルギー $kT \sim 10^{-21}$J の 100 倍程度であり，細胞やリポソーム，ラテックスでは $A \sim 10^{-21}$J で熱エネルギー程度である。ただし，いずれの場合も，A は水中における同種粒子間の van der Waals 相互作用の Hamaker 定数を表す。

2.2.8　Lifshitz 理論による Hamaker 定数

Hamaker によるコロイド粒子間相互作用エネルギーの導出には以下のような問題点がある。①「粒子間力＝分子間力の総和」の近似は分子密度が希薄な場合は良い近似であるが高密度の凝縮系ではこの近似は良くない。さらに，粒子の構成原子の分極率 α は金属の場合，電子は個々の原子から離れて自由電子になるので意味を失う。②ゆらぎ振動数は 1 つではない。③分子間 van der Waals 引力エネルギー—C/r^6 の表現ではゆらぎ双極子のつくる電場を静電場とみなしているが，分子から遠ざかると双極子のつくる電場は電磁波になり，分子間距離が電磁波の波長程度離れると相互作用の伝播に遅れが生じる（遅延効果）。この結果，分子間 van der Waals 引力エネルギーは $1/r^6$ ではなく $1/r^7$ に比例するようになり，平板状粒子間の van der Waals 引力エネルギーも $1/h^2$ ではなく $1/h^3$ に比例する。これらの問題をすべて解決したのが Lifshitz 理論 [26, 27] である。

Hamaker 理論はコロイド粒子を多数の分子の集合体と考えるミクロな理論であったが，Lifshitz 理論では，コロイド粒子をマクロな物体（連続体）とみなし，個々の分子のゆらぎ双極子静電場を考えるかわりに，粒子内に絶えず発生するゆらぎ電磁場を考える。この結果，分極率 α と分子密度の N にかわって，比誘電率 ε_r が登場する。しかし，この理論の論文は 11 頁におよび難解であったため，長くコロイド界面化学の分野になじめなかった。しかし，van Kampen ら [28] が 2 頁の Note で同じ結果を得てから多くの系に適用されるようになった。彼らは，Lifshitz のように平板間の力を直接計算するのではなく，ゆらぎ電磁場に伴う零点振動のエネルギー $h\nu$ の総和から求めた。次式は平板間距離が波長より短く遅延効果が無視できる場合の Lifshitz 理論による Hamaker 定数 A の表現である。

$$A = \frac{3\hbar}{8\pi}\int_0^\infty d\omega \int_0^\infty \frac{x^2}{\left[\frac{\{\varepsilon_{r1}(i\omega)+\varepsilon_{r3}(i\omega)\}\{\varepsilon_{r2}(i\omega)+\varepsilon_{r3}(i\omega)\}}{\{\varepsilon_{r1}(i\omega)-\varepsilon_{r3}(i\omega)\}\{\varepsilon_{r2}(i\omega)-\varepsilon_{r3}(i\omega)\}}e^x - 1\right]}dx \tag{2.3.29}$$

ただし，$\omega=\nu/2\pi$ は角振動数，$\hbar = h/2\pi$)。比誘電率 ε_{r3} の媒質を挟む粒子 1（比誘電率 ε_{r1}）と粒子 2（比誘電率 ε_{r2}）の系に適用される。比誘電率はいずれも角振動数 ω の関数である。この式は分子密度 N が小さい場合，Hamaker による表現 $A = \pi^2 CN^2$ に帰着し，金属の場合は $A \approx \left(3/16\sqrt{2}\right)\hbar\omega_p$ が得られる。ここで，ω_p はプラズマ角振動数と呼ばれる量である。

2.3 電気二重層相互作用

第 1 章 1.4 節で述べたように，電解質溶液中における帯電したコロイド粒子の周囲には電気二重層が形成される。2 個の帯電コロイド粒子が接近すると，互いの電気二重層が重なり静電的な力が働く（図 2.17)。

同種の粒子の場合は 2 つの微粒子間には静電斥力が働く。この静電斥力はコロイド粒子分散系の分散性を促進する「分散促進因子」である。

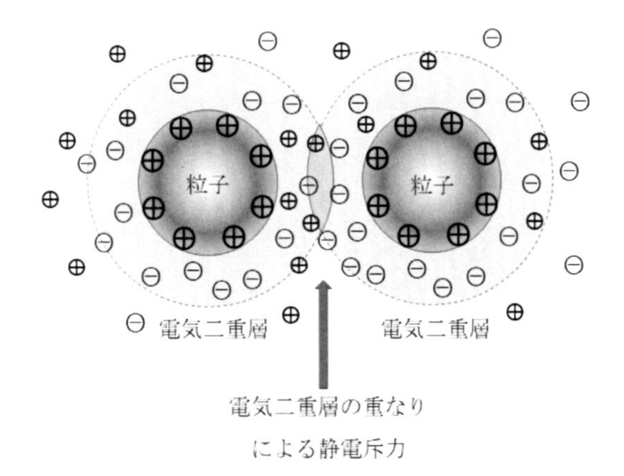

図 2.17　電気二重層の重なりによる静電斥力

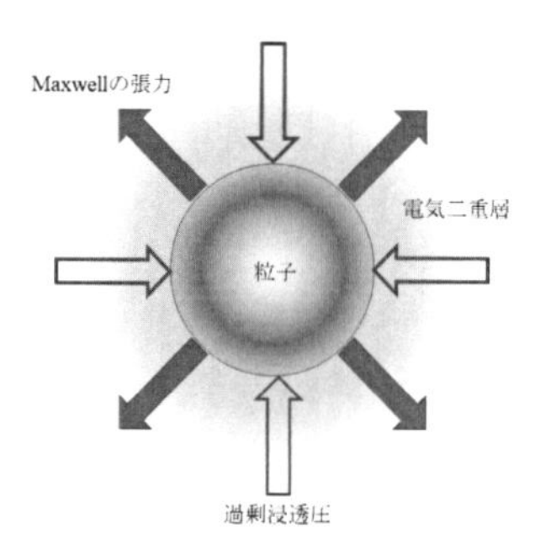

図 2.18　拡散電気二重層が 1 個の粒子に及ぼす力

2.3.1　2 つの帯電粒子間に働く力

2 つの粒子間に働く力を計算するために，まず，1 つの粒子に働く力を考えよう。電解質水溶液中に電気的に中性な微粒子がある。この粒子には静水圧と電解質イオンの浸透圧が働く。粒子が帯電している場合，粒子周囲に形成される電気 2 重層から次のような 2 種類の力を受ける（図 2.18)。第 1 に，イオン雲の内部では，バルク相に比べ対イオンの濃度が高いので過剰の浸透圧が生じている。この過剰浸透圧は，粒子を押さえる向きに働く力，つまり，圧力として働く。第 2 に，対イオンと粒子の表面電荷の間にクーロン引力が働く。その反作用として，対イオンが表面電荷を外向きに引く。この力は粒子表面を外向きに引っ張る力になる。この張力を Maxwell の張力という。

2 つの帯電した微粒子間に働く力を求めるには，いずれか一方の粒子を取り囲む任意の閉曲面 Σ の上で電解質イオンによる過剰浸透圧と Maxwell の張力を積分すればよい (図 2.19)。

2.3.2　静電相互作用の 2 つの型

静電相互作用の計算をするには，粒子の表面電荷が何に由来するかによって異なるモデルを用いなければならない。粒子表面の帯電の原因は大きく分けて次の 2 つの場合がある。

第 1 の場合は，あるイオンの吸着によって表面電位が決定される場合で

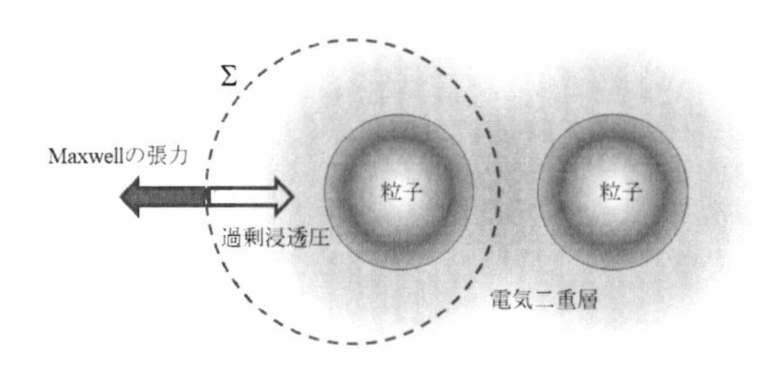

図 2.19　2 つの帯電粒子間に働く力の計算

ある。典型的な例はヨウ化銀 (AgI) 粒子が，その飽和溶液中にある場合で，粒子の表面電位は溶液中の Ag^+ イオンまたは I^- イオンの濃度で決まる。このような粒子の相互作用の場合，相互作用の過程で粒子の表面電位 ψ_o は変わらない。このとき，粒子の表面電位を一定に保つために，例えば，同種粒子の場合，表面電荷は粒子の接近とともに減少（すなわち，放電）しなければならない。

第 2 の場合は表面の電荷がそこに存在する解離基に由来する場合である。例えば，カルボキシル基 –COOH の場合，$-COOH \rightarrow -COO^- + H^+$ のように解離する。この $-COO^-$ 基の存在のために，表面は負に帯電することになる。このような場合，相互作用の過程で表面電位ではなく表面電荷密度 σ が一定に保たれると考えるべきである。

以上のように，第 1 の場合は一定表面電位モデルが用いられる。DLVO 理論 [29, 30] はこのモデルを採用している。第 2 の場合は一定表面電荷密度モデルが適用される [31]。さらに，他の型の相互作用モデルもある。例えば，一定表面電位モデルの場合，粒子接近のスピードの方が，表面電荷の放電の時間よりも早い場合，表面電位は一定に保たれず，むしろ，表面電荷密度が一定のモデルの方に近くなる。また，一定表面電荷密度モデルの場合，完全解離ならば，表面電荷密度を一定と仮定してよいが，解離度を考慮すると，これは表面電位の関数になる。実際には，2 つのモデルの中間になる。さらに，解離基に電解質イオンが吸着すれば，粒子表面の電荷の量は変化する。この吸着の度合は表面電位に由来する。これらの場合では，表面電位も表面電荷密度もともに変化する「電荷調節モデル」が適用される。

2.3.3　2 枚の平行平板間の電位分布

電解質水溶液中において厚さ d の 2 枚の同種平行平板 1 と 2 が距離 h を隔てて相互作用する場合を考える（図 2.20）。媒質中には N 種類のイオンが存在する。i 番目の種類のイオンの価数を z_i，バルク濃度を n_i とする (i = 1, 2 ...N)。平板に垂直に x 軸をとり，原点 0 を平板 1 の表面に定める。

平板外部の電解質溶液中における電位分布 $\psi(x)$ は以下の Poisson-Boltzmann 方程式 ((1.4.17) 式) に従うと仮定する。

$$\frac{d^2\psi}{dx^2} = -\frac{1}{\varepsilon_r\varepsilon_0}\sum_{i=1}^{N} z_i e n_i \exp\left(-\frac{z_i e\psi(x)}{kT}\right) \tag{2.3.1}$$

ここで，ε_r は電解質溶液の比誘電率，ε_0 は真空の誘電率，k は Boltzmann 定数，e は素電荷，T は絶対温度である。低電位の場合，(2.3.1) 式は電位 $\psi(x)$ に関して線形化され次の Debye-Hückel 方程式になる。

$$\frac{d^2\psi}{dx^2} = \kappa^2\psi \tag{2.3.1}$$

κ は (1.4.18) 式で定義される Debye-Hückel パラメータである。また，平板内部には電解質イオンが存在しないので，そこにおける電位分布 $\psi(x)$ は，

$$\frac{d^2\psi}{dx^2} = 0 \tag{2.3.3}$$

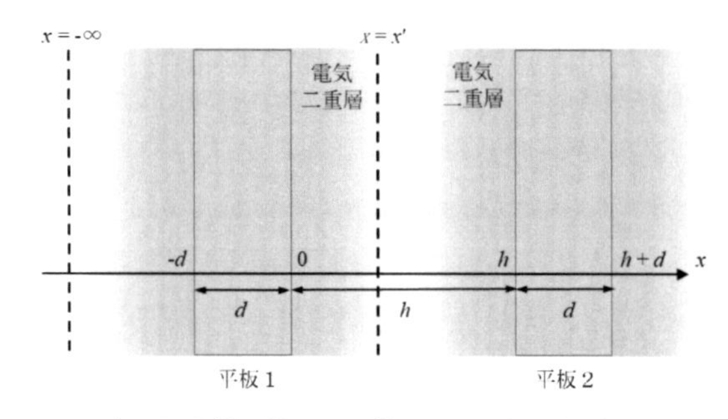

図 2.20　表面間距離 h 離れた 2 枚の同種平行平板（厚さ d）1 と 2

に従う。

はじめに，相互作用の過程で平板 1，2 の表面電位 ψ_o が変化せず一定に保たれる場合（一定表面電位モデル）を考えよう。この場合は，(2.3.2) 式に対する境界条件は次式で与えられる。

$$\psi(0) = \psi_o \tag{2.3.4}$$

$$\psi(h) = \psi_o \tag{2.3.5}$$

これらの境界条件のもとで，(2.3.2) 式を解くと次式が得らえる。

$$\psi(x) = \psi_o \frac{\cosh\left[\kappa\left(\frac{h}{2} - x\right)\right]}{\cosh\left(\frac{\kappa h}{2}\right)}, 0 < x < h \tag{2.3.6}$$

$$\psi(x) = \psi_o e^{\kappa(x+d)}, x < 0 \tag{2.3.7}$$

$$\psi(x) = \psi_o e^{-\kappa(x+d)}, x > h + d \tag{2.3.8}$$

とくに向かい合った平板表面の電荷密度 $\sigma(0)$ および $\sigma(h)$ は次式を用いて計算できる。

$$\sigma(0) = -\varepsilon_r \varepsilon_0 \left.\frac{d\psi}{dx}\right|_{x=0^+} \tag{2.3.9}$$

$$\sigma(h) = +\varepsilon_r \varepsilon_0 \left.\frac{d\psi}{dx}\right|_{x=h^-} \tag{2.3.10}$$

(2.3.6) 式および (2.3.9) 式と (2.3.10) 式から次式が得られる。

$$\sigma(0) = \sigma(h) = \varepsilon_r \varepsilon_0 \kappa \tanh\left(\frac{\kappa h}{2}\right) \tag{2.3.11}$$

一定表面電位モデルの場合，(2.3.11) 式が示すように平板の表面電荷密度 $\sigma(0)$ と $\sigma(h)$ は一定ではなく 2 枚の平板の接近とともに減少する。すなわち，放電が起きる。

次に，相互作用の過程で平板 1，2 の表面電荷密度 σ が変化せず一定に保たれる場合（一定表面電荷密度モデル）を考える。(2.3.2) 式に対する境界条件は次式で与えられる。

$$\varepsilon_\mathrm{r} \left.\frac{d\psi}{dx}\right|_{x=-d^-} - \varepsilon_\mathrm{p} \left.\frac{d\psi}{dx}\right|_{x=-d^+} = \frac{\sigma}{\varepsilon_0} \tag{2.3.12}$$

$$\varepsilon_\mathrm{p} \left.\frac{d\psi}{dx}\right|_{x=0^-} - \varepsilon_\mathrm{r} \left.\frac{d\psi}{dx}\right|_{x=0^+} = \frac{\sigma}{\varepsilon_0} \tag{2.3.13}$$

$$\varepsilon_\mathrm{r} \left.\frac{d\psi}{dx}\right|_{x=h^-} - \varepsilon_\mathrm{p} \left.\frac{d\psi}{dx}\right|_{x=h^+} = \frac{\sigma}{\varepsilon_0} \tag{2.3.14}$$

$$\varepsilon_\mathrm{p} \left.\frac{d\psi}{dx}\right|_{x=h+d^-} - \varepsilon_\mathrm{r} \left.\frac{d\psi}{dx}\right|_{x=h+d^+} = \frac{\sigma}{\varepsilon_0} \tag{2.3.15}$$

ここで，ε_p は平板の比誘電率である。これらの境界条件のもとで，(2.3.2) 式を解くと次式が得られる。

$$\psi(x) = \psi_\mathrm{o} \frac{(1+\alpha)\cosh\left[\kappa\left(\frac{h}{2}-x\right)\right]}{\left\{\alpha + \tanh\left(\frac{\kappa h}{2}\right)\right\}\cosh\left(\frac{\kappa h}{2}\right)}, 0 < x < h \tag{2.3.16}$$

$$\psi(x) = \psi_o \frac{2\alpha + (1-\alpha)\tanh\left(\frac{\kappa h}{2}\right)}{\alpha + \tanh\left(\frac{\kappa h}{2}\right)} e^{\kappa(x+d)}, x < -d \tag{2.3.17}$$

$$\psi(x) = \psi(0) + \left\{\psi(0) - \psi(-d)\right\}\frac{x}{d}, -d < x < 0 \tag{2.3.18}$$

ここで，

$$\alpha = \frac{1}{1 + \left(\frac{\varepsilon_\mathrm{r}}{\varepsilon_\mathrm{p}}\right)\kappa d} \tag{2.3.19}$$

は平板の分極効果を表すパラメータである。また，

$$\psi_\mathrm{o} = \frac{\sigma}{\varepsilon_\mathrm{r}\varepsilon_0\kappa} \tag{2.3.20}$$

は相互作用のない場合 ($\kappa h \to \infty$) の平板の表面電位である。一定表面電荷密度モデルの場合，(2.3.3) 式より平板の表面電位 $\psi(0)$ と $\psi(h)$ は次式のように一定ではなく，2 枚の平板の接近とともに上昇する。

$$\psi(0) = \psi(h) = \psi_\mathrm{o} \frac{1+\alpha}{\alpha + \tanh\left(\frac{\kappa h}{2}\right)} \tag{2.3.21}$$

図 2.21 と図 2.22 に両モデルにおいて電位分布 $\psi(x)$ が平板（厚さ κd=1）間の距離 h とともにどのように変化するかを示した。

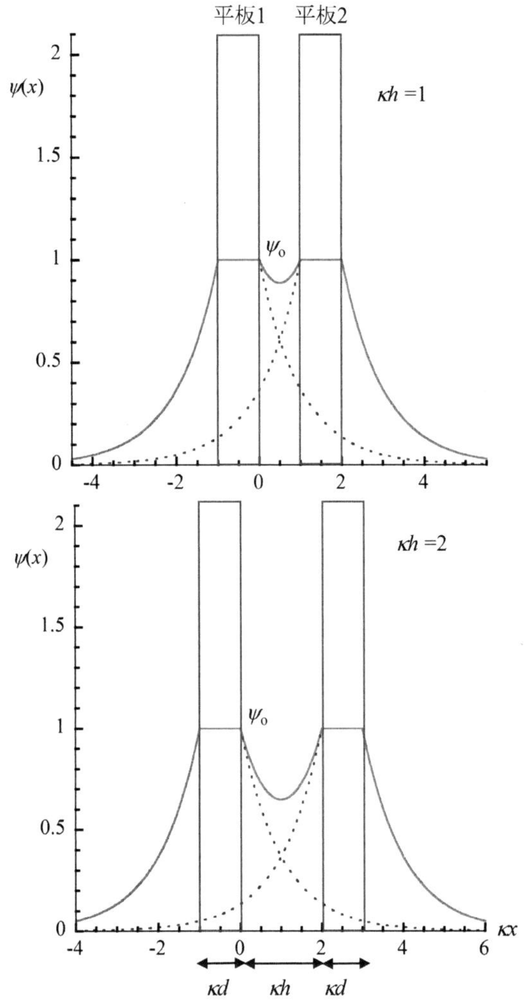

図 2.21　一定表面電位モデルにおける 2 枚の平行平板（厚さ κd=1，ψ_o=1）を横切る電位分布 $\psi(x)$。κh=1 および κh=2 の場合。点線は相互作用のないとき (κH=∞) の電位分布。

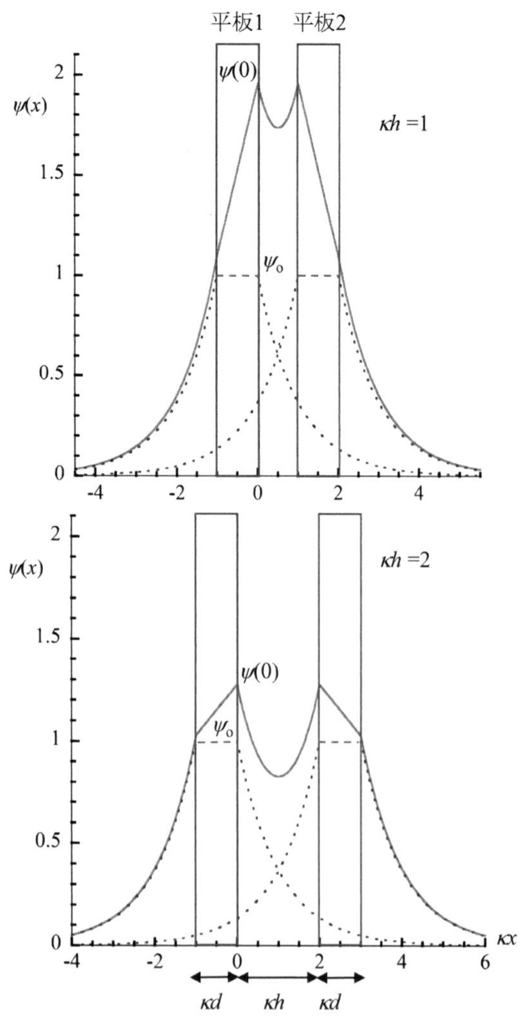

図 2.22　一定表面電荷密度モデルにおける 2 枚の平行平板（厚さ κd=1）を横切る電位分布 $\psi(x)$。ただし，相互作用のないときの平板の表面電位 ψ_o=1。κh=1 および κh=2 の場合。

2.3.4　2 枚の平行平板間に働く静電相互作用

平板 1 と 2 の間の相互作用の力 $P(h)$ は一方の板を囲む任意の曲面 Σ 上で過剰浸透圧と Maxwell 張力を積分して得られる。Σ として平板 1 を囲む2つの平面 $x = -\infty$（バルク液相中）と $x = x'(0 < x' < h)$ を考える。ここで，x' は平板間 $0 < x < h$ の任意の点である。この結果，単位面積当たりの $P(h)$ は次式で与えられる。

$$P(h) = kT \sum_{i=1}^{N} n_i \left\{ \exp\left(-\frac{z_i e \psi(x')}{kT} \right) - 1 \right\} - \frac{1}{2} \varepsilon_r \varepsilon_0 \left(\left. \frac{d\psi}{dx} \right|_{x=x'} \right)^2 \tag{2.3.22}$$

この式の右辺第1項は電解質イオンによる過剰浸透圧（バルク相の浸透圧からの増加分），第2項は Maxwell の張力を表す。さらに，低電位の場合，(2.3.22) 式は次のようになる。

$$P(h) = \frac{1}{2} \varepsilon_r \varepsilon_0 \left\{ \kappa^2 \psi^2(x') - \left(\left. \frac{d\psi}{dx} \right|_{x=x'} \right)^2 \right\} \tag{2.3.23}$$

ここで，$P(h) > 0$ 斥力，$P(h) < 0$ は引力を表す。同種の2枚の平行平板の場合。$x = x'$ として平板間の中点 $x = h/2$ を選ぶ。この場所で $d\psi/dx = 0$ となり，(2.3.23) 式は,

$$P(h) = \frac{1}{2} \varepsilon_r \varepsilon_0 \kappa^2 \psi^2 \left(\frac{h}{2} \right) \tag{2.3.24}$$

となり，簡単に $P(h)$ が求められる。

一定表面電位モデルでは，(2.3.6) 式から,

$$P(h) = \frac{1}{2} \varepsilon_r \varepsilon_0 \kappa^2 \psi_o^2 \frac{1}{\cosh^2\left(\frac{\kappa h}{2}\right)} \tag{2.3.25}$$

が得られる。

一定表面電荷密度モデルでは (2.3.16) 式を (2.3.24) 式に代入して，次式が得られる。

$$P(h) = \frac{1}{2} \varepsilon_r \varepsilon_0 \kappa^2 \psi_o^2 \frac{(1+\alpha)^2}{\left\{ \alpha + \tanh\left(\frac{\kappa h}{2}\right) \right\}^2 \cosh^2\left(\frac{\kappa h}{2}\right)} \tag{2.3.26}$$

単位面積当たりの相互作用エネルギー $V(h)$ は次式にしたがって $P(h)$ の積分から求めることができる。

$$V(h) = \int_h^\infty P(h)\, dh \tag{2.3.27}$$

一定表面電位モデルに対しては，

$$V(h) = \varepsilon_r \varepsilon_0 \kappa \psi_o^2 \left\{ 1 - \tanh\left(\frac{\kappa h}{2}\right) \right\} \tag{2.3.28}$$

一定表面電荷密度モデルに対しては，

$$V(h) = \varepsilon_r \varepsilon_0 \kappa \psi_o^2 \frac{(1+\alpha)\left\{1 - \tanh\left(\frac{\kappa h}{2}\right)\right\}}{\alpha + \tanh\left(\frac{\kappa h}{2}\right)} \tag{2.3.29}$$

κH の大きいところでは，

$$V(h) = \varepsilon_r \varepsilon_0 \kappa \psi_o^2 e^{-\kappa h} \tag{2.3.30}$$

となり，モデルに依存しないエネルギーの表現になる。なお，(2.3.30) 式は，(2.3.24) 式による平行平板間の相互作用エネルギーの計算において，$\psi(h/2)$ を単独の平板 1 のつくる電位と平板 2 の作る電場の和（平板 1 のつくる電位の 2 倍）で近似することによって得られる結果に一致する。この近似を線形重畳近似という。

2.3.5　2 つの球状粒子間に働く静電相互作用：Derjaguin 近似

2 つの球（半径 a）の問題は一般に容易ではないが，以下の Derjaguin 近似（(2.2.32) 式）

$$V(H) = \pi a \int_H^\infty V_{pl}(h)\, dh \tag{2.3.31}$$

を用いることにより，平板間の静電相互作用エネルギー $V_{\mathrm{pl}}(h)$ から表面間距離 H にある 2 つの球の間の静電相互作用エネルギー $V(H)$ を計算することができる。この近似は 2 つの粒子の表面間距離 H が粒子の半径 a に比べ十分小さいときに適用できる。

一定表面電位モデルの場合は，(2.3.28) 式を (2.3.31) 式に代入して次式を得る。

$$V(h) = 2\pi \varepsilon_r \varepsilon_0 a \psi_o^2 \ln\left(1 + e^{-\kappa H}\right) \tag{2.3.32}$$

一定表面電荷密度モデルに対しては，(2.3.29) 式を (2.3.31) 式に代入して次式が得られる。

$$V(h) = 2\pi\varepsilon_r\varepsilon_0 a\left(\frac{1+\alpha}{1-\alpha}\right)\psi_o^2 \ln\left(\frac{1}{1-\frac{1-\alpha}{1+\alpha}e^{-\kappa H}}\right) \tag{2.3.33}$$

κH の大きい場合は，

$$V(H) = 2\pi\varepsilon_r\varepsilon_0 a\psi_o^2 e^{-\kappa H} \tag{2.3.34}$$

に帰着し，モデルに依存しないエネルギーの表現になる。この結果は線形重畳近似 (2.3.30) 式に基づく計算結果と一致する。

図 2.23 に 2 個の同種球状粒子間に働く静電相互作用のエネルギーを与えた。無次元化エネルギー $V^*(H)=V(H)/\left(2\pi\varepsilon_r\varepsilon_0 a\psi_o^2\right)$ を無次元化した表面間距離 κH の関数として図示した。一定表面電荷密度モデルによる結果はパラメータ α（(2.3.19) 式）に依存するので，図には 3 つの $\alpha(\alpha=0.1, 0.2, 0.5)$ の場合の結果を示してある。また，点線は線形重畳近似則の結果である。一般に一定表面電荷密度モデルによる相互作用エネル

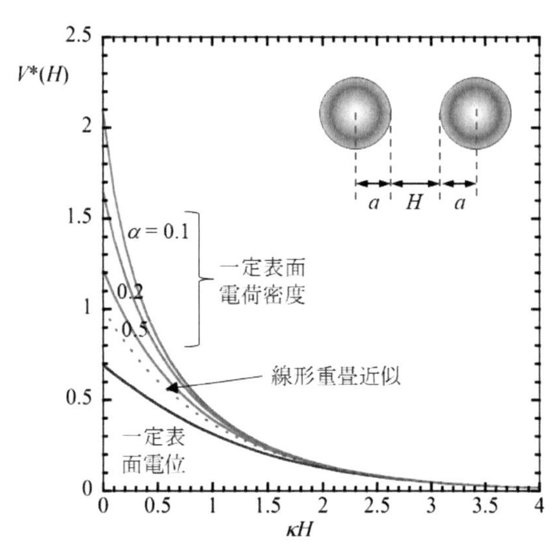

図 2.23　2 個の同種球状粒子間静電相互作用エネルギー。2 つのモデルと線形重畳近似。

ギーが最も大きく，一定表面電位モデルによる結果が最も小さく，線形重畳近似則の結果が中間の値を示す。

2.3.6　柔らかい粒子間の静電相互作用

図 2.24 は平板状の柔らかい粒子である。

第 1 章 1.4 節で述べたように，表面電荷層の厚さ d が Debye 長 $1/\kappa$ より十分厚ければ，電荷層深部の電位は Donnan 電位にほぼ等しい。低電位の場合，単独の平板 1 の作る電位 $\psi_1(x)$ は次式で与えられる。

$$\psi_1(x) = \psi_o(2 - e^{\kappa x}),\, x < 0 \tag{2.3.35}$$

$$\psi_1(x) = \psi_o e^{-\kappa x},\, x > 0 \tag{2.3.36}$$

ここで，柔らかい平板の表面電位 $\psi_o = \psi(0)$ は Donnan 電位 ψ_{DON} の 1/2 である ($\psi_o = \psi_{DON}/2$)。同様に，単独の平板 2 の作る電位を $\psi_2(x)$ とすると，相互作用する 2 枚の平板 1 と 2 の表面電荷層を横切る電位は,

$$\psi(x) = \psi_1(x) + \psi_2(x) \tag{2.3.37}$$

で与えられる。図 2.24 において $x = 0$ と $x = h$ における境界条件（$\psi(x)$ と $d\psi(x)dx$ の連続条件）が自動的に満たされているからである。低電位の 2 個の柔らかい粒子は互い電気的に透明といえる [32]。つまり，線形重畳近似が常に成立する。図 2.25 に示したように，2 つの表面電荷層を横切る電位は平板 1 と 2 がそれぞれ単独に存在するときの電位の和に等

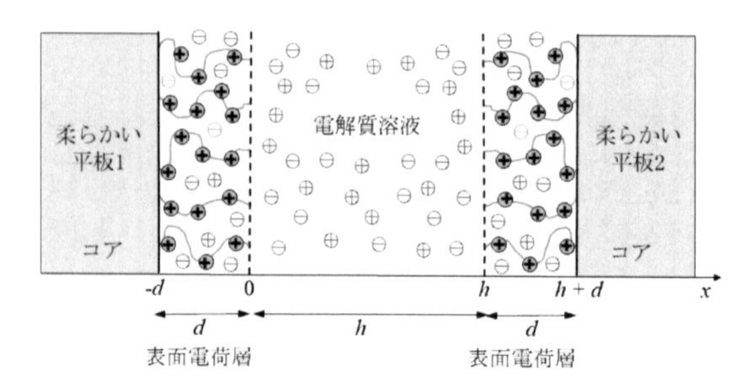

図 2.24　距離 h 隔てた 2 枚の柔らかい平板 1 と 2。それぞれ厚さ d の表面電荷層で覆われている。

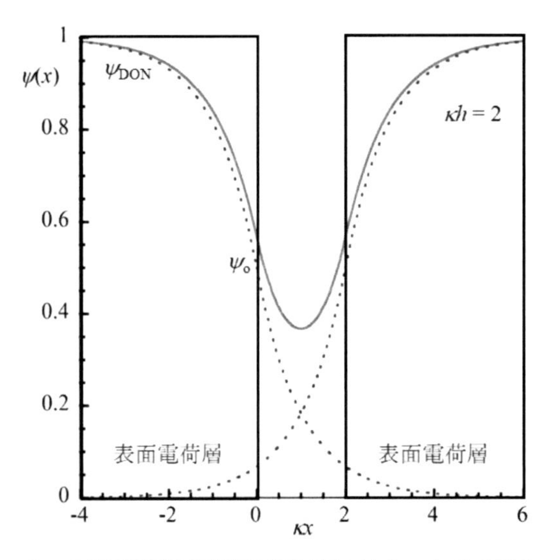

図 2.25　2 つの表面電荷層を横切る電位分布 $\psi(x)$。κh=2 の場合。点線は単独の板の作る電位。

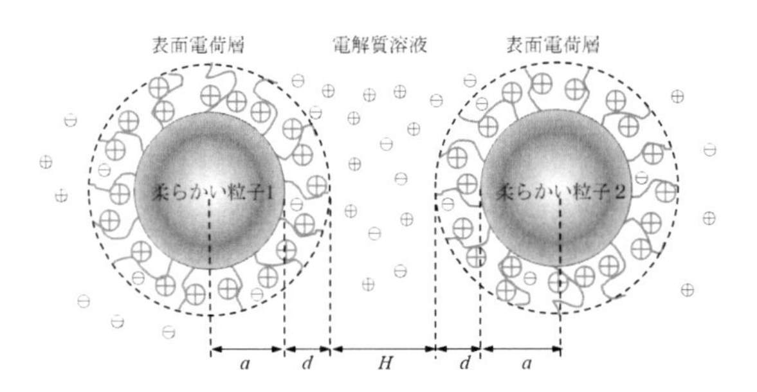

図 2.26　表面間距離 H 隔てた 2 個の柔らかい粒子（半径 a, 表面電荷層の厚さ d）

しい。

低電位の 2 個の柔らかい粒子（半径 a, 相互作用のないときの表面電位 ψ_o）間の静電相互作用エネルギー（図 2.26）は Derjaguin 近似を用いて求めることができる。

結果は,

$$V(H) = 2\pi \varepsilon_r \varepsilon_0 (a + d) \psi_o^2 e^{-\kappa H} \tag{2.3.38}$$

である。これは線形重畳近似の結果 (2.3.34) 式において a を $a+d$ に置き換えた式と一致する。

2.4　DLVO 理論

これまで述べたたように，電解質溶液中のコロイド粒子間に働く主要な相互作用は，van der Waals 相互作用および粒子周囲の電気二重層の重なりに起因する静電相互作用である。これらの 2 種類の相互作用のバランスでコロイド分散系の安定性を評価できる。この考えに基づく球状コロイド粒子分散系の安定性に関する理論がロシアの Derjaguin と Landau[1] およびオランダの Verwey と Overbeek[2] によって提出され，DLVO 理論と呼ばれている。

2.4.1　DLVO 理論における仮定と近似

DLVO 理論は下記のようないくつかの仮定と近似に基づいている。

① 断熱近似：コロイド粒子間の相互作用エネルギーの計算において，粒子を固定する。断熱近似はもともと量子力学における水素分子の問題で用いられてきた。2 個の水素原子からなる水素分子を考える。水素分子は 2 個の原子核（陽子）と 2 個の電子からなる。核の質量は大きいので，核をひとまず固定する。これが断熱近似である。断熱とは “ゆっくり” という意味である。軽い原子の速い動きに比べて重い原子核の動きはゆっくりしているので，核の動きをひとまず止める近似である。この結果，この系の全エネルギーは核間距離の関数になる。コロイド粒子も電解質イオンに比べ十分に大きいので，粒子をひとまず固定し，イオンのみが熱運動を行う系を考えて，粒子間の相互作用エネルギーを計算する。コロイド次元の大きさをもつ粒子に対して，この近似は有効である。粒子間全相互作用のポテンシャル曲線を描いたあと，粒子の熱運動（Brown 運動）を考慮して粒子の熱エネル

ギーとポテンシャル障壁の高さを比較することにより，分散系の安定性を議論する。

② 2個の1次粒子間の相互作用のみ扱う：多数のコロイド粒子からなるコロイド分散系において，最近接の2個のコロイド粒子のみに着目し，粒子間相互作用エネルギーを計算する。したがって，希薄系がDLVO理論の対象になる。また，時間とともに，1次粒子のみでなく2次粒子や3次粒子が生じるが，DLVO理論は1次粒子同士の相互作用のみを対象にした凝集の初期過程を扱った理論である。全粒子を統計力学的に扱うLangmuir理論 [31] と大きく異なる点である。

③ Derjaguin近似：2個の球状粒子間に働く静電相互作用のエネルギーに対する解析表現は得られていない。したがって，対応する平板間相互作用エネルギーから2.2節で述べたDerjaguin近似を用いて，球状粒子間の静電相互作用エネルギーを計算する。この近似は粒子の半径 a に比べて粒子の表面間距離 H が十分小さい場合 ($H \ll a$) に有効である。電気二重層の厚さ（Debye長 $1/\kappa$）程度の距離 H が重要であるから ($H \approx 1/\kappa$)，$a \gg 1/\kappa$ の場合に有効な近似になる。

④ 線形重畳近似と見かけの表面電位の導入：低電位近似（Debye-Hückel近似）を用いない厳密な平板間相互作用エネルギーの表現は極めて複雑である。したがって，線形重畳近似が用いられる。2個の粒子が接近して，$H \approx 1/\kappa$ まで近づくと互いの電気二重層が重なり静電斥力が生じる。$H \approx 1/\kappa$ 程度の距離では，一定電荷モデルと一定表面電荷密度モデルに関係なく，粒子間の中点における電位を単独の平板の電位の2倍で近似できる。線形重畳近似を用いることにより，低電位近似を避けることができる。序章0.2節で述べたように，低電位近似ではSchulze-Hardyの経験則を説明できない [32]。低電位近似を用いる代わりに，見かけの表面電位を導入する。

⑤ Hamaker理論：粒子間引力相互作用としてHamaker理論 [33] を採用する。

2.4.2 2個の球状粒子間の全相互作用エネルギー

対称型電解質溶液（価数 z，バルク濃度 n）中において同種の2個の球状粒子間に働く全相互作用エネルギー $V(H)$ は van der Waals 相互作用エネルギー $V_A(H)$ と静電相互作用エネルギー $V_R(H)$ の和で与えられる。粒子の半径を a，表面電位を ψ_o，2 個の粒子の表面間距離を H とする（図 2.27）。

静電相互作用エネルギー $V_R(H)$ については，線形重畳近似に基づく (2.3.34) 式

$$V(H) = 2\pi\varepsilon_r\varepsilon_0 a\psi_o^2 e^{-\kappa H} \tag{2.4.1}$$

が適用できると仮定する。ここで，ε_r は電解質溶液の比誘電率，ε_0 は真空の誘電率，κ は Debye-Hückel のパラメータである。(2.4.1) 式は相互作用のモデル（一定表面電位モデル，一定表面電荷モデル等）に依存しない。ただし，(2.4.1) 式は低電位近似における電位分布の式 (1.4.15)，すなわち，

$$\psi(x) = \psi_o e^{-\kappa x} \tag{2.4.2}$$

に基づいて導かれている。ここで，x は平板からの距離を表す。(2.4.2) 式は表面電位 ψ_o が低い場合にのみ適用できる。任意の大きさの表面電位に適用できる電位分布 $\psi(x)$ の表現は (1.4.23) 式である。すなわち，

$$\psi(x) = \frac{4kT}{ze}\mathrm{arctanh}\left(\gamma e^{-\kappa x}\right) = \frac{2kT}{ze}\ln\left(\frac{1+\gamma e^{-\kappa x}}{1-\gamma e^{-\kappa x}}\right) \tag{2.4.3}$$

ここで，k は Boltzmann 定数，T は絶対温度，e は素電荷である。ま

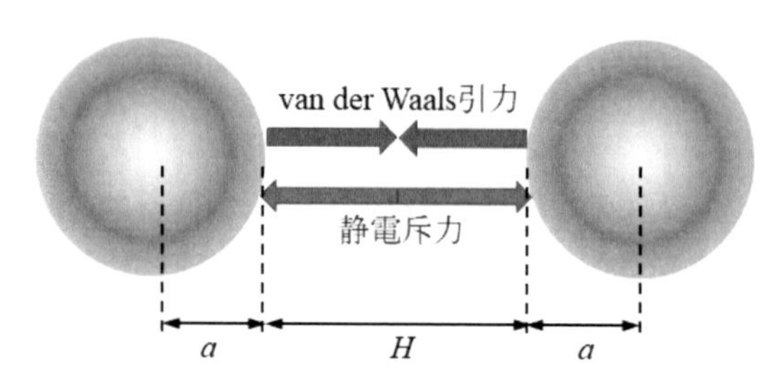

図 2.27　2 個の球状粒子間に働く van der Waals 引力と静電斥力。粒子の半径を a, 粒子の表面間距離を H とする。

た，γ は，

$$\gamma = \tanh\left(\frac{ze\psi_o}{4kT}\right) = \frac{\exp\left(ze\psi_o/2kT\right) - 1}{\exp\left(ze\psi_o/2kT\right) + 1} \tag{2.4.4}$$

で定義される。κx の大きいところで，(2.4.3) 式は，

$$\psi(x) = \frac{4kT}{ze}e^{-\kappa x} \tag{2.4.5}$$

に漸近する。(2.4.2) 式と (2.4.5) 式を比較して，(2.4.5) 式を，

$$\psi(x) = \psi_{\text{eff}}e^{-\kappa x} \tag{2.4.6}$$

のように表す。ここで，ψ_{eff} は，

$$\psi_{\text{eff}} = \frac{4kT}{ze}\gamma \tag{2.4.7}$$

で与えられ，平板の見かけの表面電位（実効電位）である。見かけの表面電位 ψ_{eff} で (2.4.1) 式の真の表面電位 ψ_o を置き換えると，次式が得られる。

$$V_R(H) = 2\pi a\varepsilon_r\varepsilon_0\psi_{\text{eff}}^2 e^{-\kappa H} \tag{2.4.8}$$

さらに ψ_{eff} を (2.4.6) 式を用いて γ で置き換えると，(2.4.8) 式に等価な $V_R(H)$ の表現として次式を得る。

$$V_R(H) = \frac{64\pi ankT\gamma^2}{\kappa^2}e^{-\kappa H} \tag{2.4.9}$$

図 2.28 に γ を無次元化した表面電位 $y_o = ze\psi_o/kT$ の関数として与えた。図 2.28 が示すように，$|y_o|$ が 4 以下（室温における 1:1 型電解質中においては $|\psi_o|$ が 100 mV 以下）では，γ は ψ_o にほぼ比例するが，$|y_o|$ の大きい所では 1 に飽和する。

次に，van der Waals 相互作用エネルギー $V_A(H)$ については，(2.2.30) 式を用いる。すなわち，

$$V_A(H) = -\frac{Aa}{12H} \tag{2.4.10}$$

ここで，A は Hamaker 定数である。したがって，全相互作用のポテン

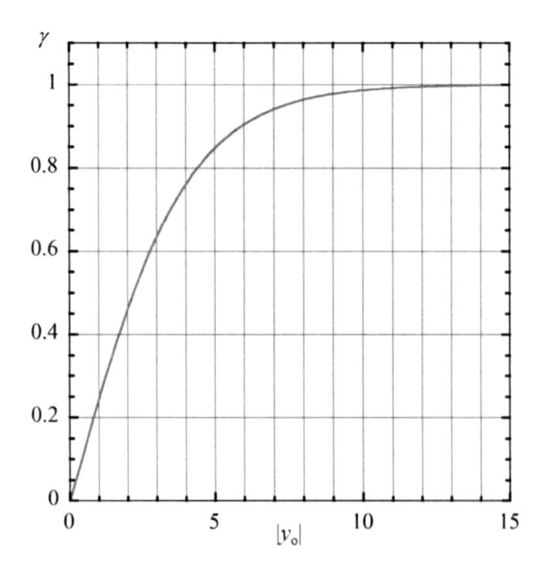

図 2.28　γ の無次元化表面電位 y_o に対する依存性

シャルエネルギー $V(H) = V_R(H) + V_A(H)$ は次式のように与えられる。

$$V(H) = \frac{64\pi ankT\gamma^2}{\kappa^2}e^{-\kappa H} - \frac{Aa}{12H} \tag{2.4.11}$$

(2.4.11) 式の右辺第 1 項は微粒子間の静電斥力エネルギー，第 2 項は van der Waals 引力エネルギーである。図 2.29 に $V_R(H)$, $V_A(H)$, $V(H) = V_R(H) + V_A(H)$ の模式図を与えた。

$V_R(H)$ は H の指数関数であり，$V_A(H)$ は H のべき関数である。したがって，H の大きい所では $V_A(H)$ が優勢であり，中程度の $H \approx 1/\kappa$ では，$V_R(H)$ がもし十分大きければ図 2.28 のように $V(H)$ に極大値が現れ，コロイド粒子分散系の凝集に対するエネルギー障壁になる。ポテンシャル曲線に極大が現れる条件を見るために，(2.4.11) 式を次の形に書き換える。

$$V(H) = \frac{A\kappa a}{12}\left(\frac{GkT}{A}e^{-\kappa H} - \frac{1}{\kappa H}\right) \tag{2.4.12}$$

ただし，

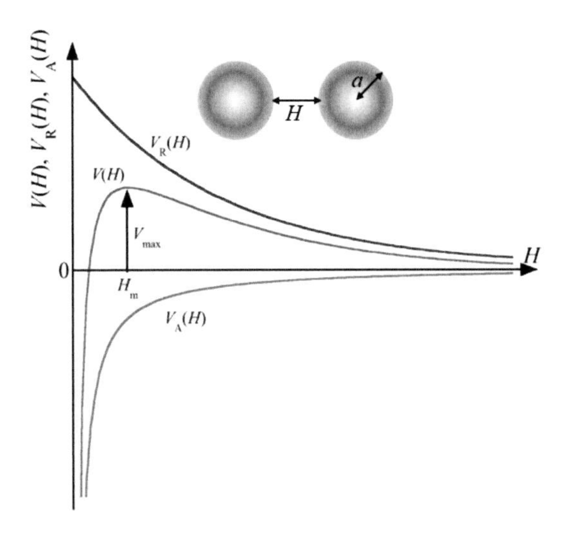

図 2.29　2 球間の全相互作用のポテンシャル曲線。静電相互作用，van der Waals 引力相互作用，全相互作用の各ポテンシャルエネルギーはそれぞれ $V_R(H)$, $V_A(H)$, $V(H) = V_R(H) + V_{A(H)}$ である。

$$G = \frac{12 \times 64\pi\gamma^2 n}{\kappa^3} = \frac{384\pi\gamma^2\varepsilon_r\varepsilon_0 kT}{(ze)^2\,\kappa} \tag{2.4.13}$$

したがって，極大が存在する条件は,

$$\frac{GkT}{A} > \frac{\exp(2)}{4} = 1.8473 \tag{2.4.14}$$

であり,

$$0 \leq \frac{GkT}{A} \leq \frac{\exp(2)}{4} \tag{2.4.15}$$

では極大は存在しない。なお，ポテンシャル曲線の極大を与える粒子表面間距離 H の値 H_m は次式で与えられる [34]。

$$\kappa H_m = -2W\left(-\frac{1}{2}\sqrt{\frac{A}{GkT}}\right) = 2\sum_{n=1}^{\infty}\frac{n^{n-1}}{n!}\left(\frac{1}{2}\sqrt{\frac{A}{GkT}}\right)^n \tag{2.4.16}$$

ここで，$W(z)$ は Lambert の W 関数である。また，対応するポテンシャ

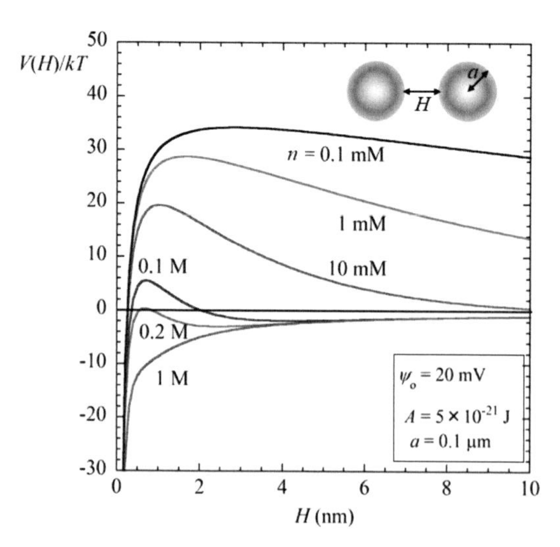

図 2.30　2 個の球状粒子間の全相互作用エネルギー：電解質濃度 n 依存の計算例

ルエネルギー $V(H)$ の極大値 $V_{\max}$ は次式で与えられる。

$$V_{\max} = \frac{Aa}{12H_m}\left(\frac{1}{\kappa H_m} - 1\right) \tag{2.4.17}$$

(2.4.11) 式を用いて計算したポテンシャル曲線の例を図 2.30 に示した。この図には，25 ℃の 1:1 型電解質水溶液中にあって，Hamaker 定数 $A = 5\times10^{-21}$J，半径 $a = 0.1\mu$m の 2 つの同種粒子間に働く全相互作用のポテンシャル曲線の電解質濃度 n 依存を与えた。

2.4.3　臨界凝集濃度と Schulze-Hardy の経験則

DLVO 理論が登場する以前から以下の Schulze-Hardy の経験則が知られていた（図 2.31）。コロイド粒子分散系に電解質を加えて電解質濃度を増やしていくと，ある濃度で凝集が起き，この濃度が電解質の対イオンの価数 z の 6 乗に反比例するという法則である。この濃度が臨界凝集濃度 n_{cr} であり，次のように表される。

$$n_{cr} \propto \frac{1}{z^6} \tag{2.4.18}$$

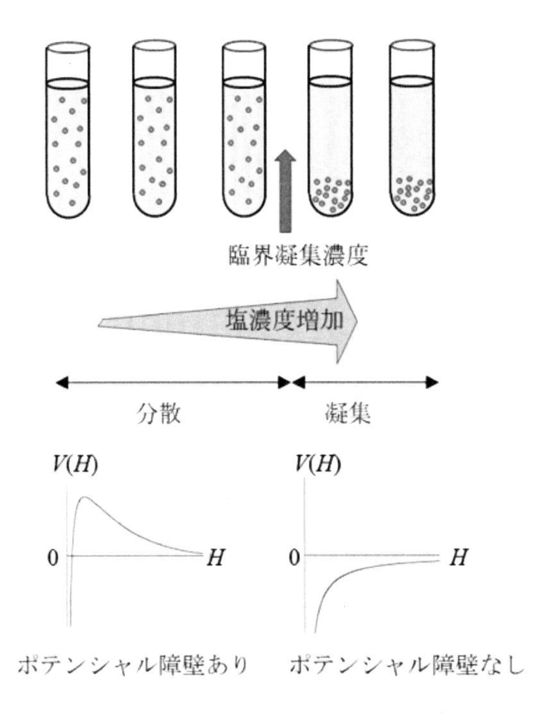

図 2.31　塩濃度増加によるコロイド分散系の分散状態から凝集状態への変化

この現象は DLVO 理論に従えば以下のように説明できる。ポテンシャル曲線に極大（ポテンシャル障壁）がない状態は分散系が急速に凝集する状態である。極大がある状態がゆっくり凝集する分散状態に対応する。ポテンシャルの山が高いほど凝集速度は遅く安定な系と見なせる。ポテンシャルの山の高さは，電解質濃度に強く依存する。図 2.30 のように，電解質濃度を上げていくと，静電相互作用エネルギー（(2.4.11) 式右辺第 1 項）が遮蔽効果のため減少して，ポテンシャルの山がだんだん低くなり，ついに山が消え凝集する。この濃度が臨界凝集濃度である。臨界凝集塩濃度の値は，ポテンシャル曲線の極大値＝0 という条件から求められる。すなわち，(2.4.11) 式より，

$$V(H) = \frac{64\pi ankT\gamma^2}{\kappa^2} e^{-\kappa H} - \frac{Aa}{12H} = 0 \qquad (2.4.19)$$

かつ,

$$\frac{dV(H)}{dH} = -\kappa \frac{64\pi ankT\gamma^2}{\kappa^2} e^{-\kappa H} + \frac{Aa}{12H^2} = 0 \qquad (2.4.20)$$

(2.4.19) 式と (2.4.20) 式を連立させる。(2.4.20) 式を $-\kappa$ で割ると，両式が同時に成り立つためには $\kappa H = 1$ でなければならないことがわかる。$\kappa H = 1$（すなわち，$H = 1/\kappa$）を，両式のいずれか一方の式に代入すると,

$$\frac{64\pi ankT\gamma^2}{\kappa^2} e^{-1} - \frac{Aa}{12\left(\frac{1}{\kappa}\right)} = 0 \qquad (2.4.21)$$

が得られる。この式に，対称型電解質の場合の κ の表現（(1.4.14) 式),

$$\kappa = \sqrt{\frac{2z^2e^2n}{\varepsilon_r \varepsilon_0 kT}} \qquad (2.4.22)$$

を代入すると，臨界凝集濃度 n_{cr} の表現として次式が得られる。

$$n_{cr} = \frac{(384)^2 \pi^2 \gamma^4 (kT)^5 (\varepsilon_r \varepsilon_0)^3}{2A^2e^6 \exp(2) z^6} \left(\mathrm{m}^{-3}\right) \qquad (2.4.23)$$

または,

$$n_{cr} = \frac{(384)^2 \pi^2 \gamma^4 (kT)^5 (\varepsilon_r \varepsilon_0)^3}{2000A^2e^6 \exp(2) z^6 N_A} (\mathrm{M}) \qquad (2.4.24)$$

ここで，N_A はアボガドロ数である。(2.4.24) 式では，n の単位を m^{-3} からモル濃度 (M) に置き換えてある ($n \to 1000\, N_A n$)。(2.4.23) 式または (2.4.24) 式において，表面電位 ψ_o が十分高いときは，$\gamma = 1$ とおけるので（図 2.32),

$$n_{cr} = \frac{(384)^2 \pi^2 (kT)^5 (\varepsilon_r \varepsilon_0)^3}{2000A^2e^6 \exp(2) z^6 N_A} (\mathrm{M}) \qquad (2.4.25)$$

すなわち，臨界凝集塩濃度は電解質イオンの価数 z の 6 乗に反比例する (2.4.18) 式が示された。こうして，DLVO 理論は Schulze-Hardy の経験則を理論的に導くことに成功した。一方，表面電位 ψ_o が低い場合は，$\gamma \approx ze\psi_o/4kT$ となり，(2.4.25) 式から $n_{cr} \propto 1/z^2$ が得られて Schulze-Hardy の経験則は説明できないことになる。

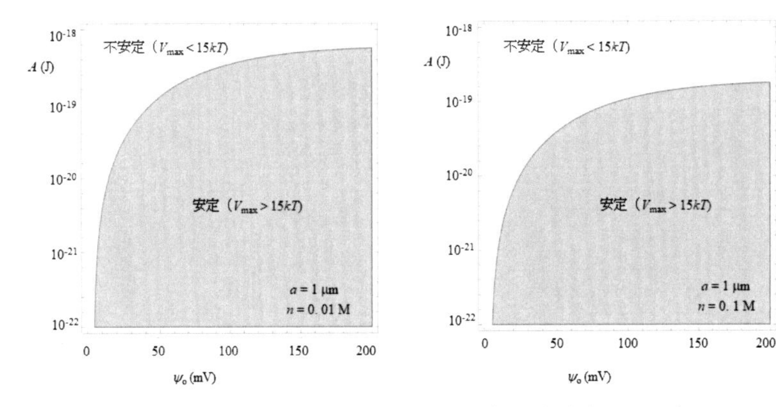

図 2.32　2 つの球状粒子間全相互作用エネルギーの極大値 $V_{\mathbf{max}}$ が $15kT$ 以上になる安定領域と $15kT$ 以下の不安定領域。1:1 電解質水溶液中 (25 ℃), 球の半径 a = 1 μm, 電解質濃度 n = 0.01 M および 0.1 M。

2.4.4　安定性マップ

ポテンシャル曲線に極大 V_{max} がある場合，この山を越えて 1 次極小に至る確率は $\exp(-V_{\mathrm{max}}/kT)$ に比例する。例えば，V_{max} が熱エネルギー kT（室温で $kT = 4 \times 10^{-21}$J）の 10 倍あると，$\exp(-10kT/kT) = \exp(-10) \approx 5 \times 10^{-5}$ となり，ほとんど凝集しない。通常，V_{MAX} が kT の 15 倍あるとき，安定な系と見なす。以下の図 2.32 では与えられた条件の下で (2.4.11) 式を用いてポテンシャルエネルギーを計算した結果得られるポテンシャル曲線の極大が $15kT$ 以上の領域（安定領域）と $15kT$ 以下の不安定領域を示す。

2.4.5　安定度比

ポテンシャルの山の高さ＞ $15kT$ という条件はコロイド粒子分散系の安定性を評価する目安であるが，さらに厳密に安定性を評価するためには以下に述べる安定度比 W が用いられる。

コロイド粒子が互いに凝集して，1 次粒子の数が減少していく過程を考える。バルクの粒子濃度（数密度）を n_{B} (m^{-3}) とする。図 2.33 のように，互いに相互作用する 2 つの同種粒子 A と B に着目し，粒子間距離

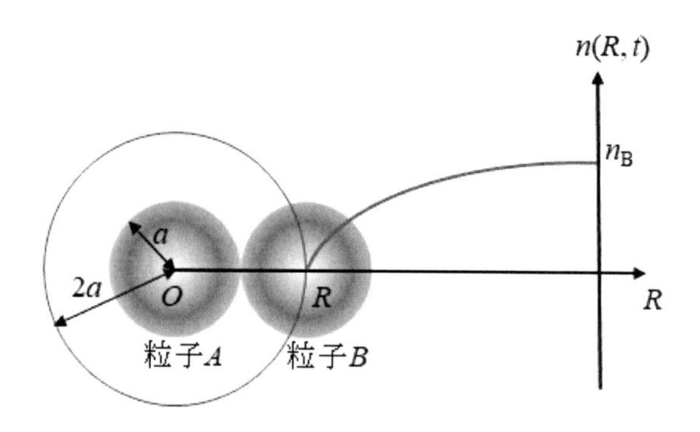

図 2.33　粒子 A に向かう粒子 B の流れ

を R とする。粒子 A を固定し粒子 B のみが熱運動（ブラウン運動）を行うものとする。粒子 A の中心に原点を置く球座標系を定めると，粒子 B の動径座標は R であり，その濃度は $n(R\ ,t)$ と表わされる。ただし，ほぼ瞬間的に定常状態が実現され，$n(R\ ,t)$ の時間依存を無視できるので単に $n(R)$ と表す。

粒子 A の周囲に作用半径 $2a$ の球を考えると，この球面に粒子 A の中心が到達すると粒子 B は粒子 A に不可逆的に結合し一次粒子 B は消滅する。粒子 A の化学ポテンシャル $\mu(R)$ は以下のように表わせる。

$$\mu(R,t) = \mu^o + kT \ln n(R,t) + V(R) \tag{2.4.26}$$

したがって化学ポテンシャル μ の勾配によって生じる粒子 B の流速密度 j は次式で与えられる。

$$j = -\frac{D}{kT} n(R,t) \nabla \mu(R,t) \tag{2.4.27}$$

ここで，D は粒子 B の拡散係数である。この式に (2.4.26) 式を代入すると次式が得られる。

$$j = -D \left[\nabla n(R,t) + \frac{n(R,t)}{kT} \nabla V(R) \right] \tag{2.4.28}$$

この式の右辺第 1 項は拡散による粒子 B の流れ，第 2 項は粒子 A からの相互作用の場 $V(R)$ の中における粒子 B の流れである。粒子 A を中心とする半径 R の球面に向かう粒子 B の流れ J，すなわち，単位時間にこの球

面を通過する粒子 B の個数は次式で与えられる。

$$J = 4\pi R^2 D\left[\frac{\partial n(R)}{\partial R} + \frac{n(R)}{kT}\frac{\partial V(R)}{\partial R}\right] = 4\pi R^2 D e^{-\frac{V(R)}{kT}}\frac{\partial}{\partial R}\left[n(R)\, e^{\frac{V(R)}{kT}}\right] \tag{2.4.29}$$

この式を積分して境界条件,

$$n(2a) = 0 \tag{2.4.30}$$

$$n(\infty) = n_{\mathrm{B}} \tag{2.4.31}$$

を用いると,

$$J = \frac{4\pi D n_{\mathrm{B}}}{\int_{2a}^{\infty} \frac{e^{\frac{V(R)}{kT}}}{R^2} dR} \tag{2.4.32}$$

が得られる。いま，粒子間に van der Waals 力のみが働き急速に凝集する場合の粒子 B の流れ J と粒子 A と B の間に静電反発力が働いて流れが遅くなった場合の J の比 W をつくる。

$$W = \frac{J\left(\text{急速凝集}\right)}{J\left(\text{緩慢凝集}\right)} = \frac{\int_{2a}^{\infty} \frac{e^{\frac{V(R)}{kT}}}{R^2} dR}{\int_{2a}^{\infty} \frac{e^{\frac{V_{\mathrm{A}}(R)}{kT}}}{R^2} dR} \tag{2.4.33}$$

W は安定度比と呼ばれる。粒子間に van der Waals 相互作用のみ働く場合の凝集速度（急速凝集速度と呼ぶ）に比べて相互作用のある場合の凝集速度（緩慢凝集速度と呼ぶ）に比べて遅くなる。安定度比 W は（急速凝集速度）/（緩慢凝集速度）の比である。W が大きいほど分散系の凝集速度は，遅くなり系は安定である。さらに，接近する 2 粒子間の粘性相互作用を表す因子 $\beta(R)$ を考慮した安定度比 W が導かれている [35]。

$$W = \frac{q}{q_{\mathrm{o}}} \tag{2.4.34}$$

ただし,

$$q = 2a\int_{2a}^{\infty} \beta(R)\frac{e^{\frac{V}{kT}}}{R^2} dR, \quad q_{\mathrm{o}} = 2a\int_{2a}^{\infty} \beta(R)\frac{e^{\frac{V_A}{kT}}}{R^2} dR \tag{2.4.35}$$

ここで，$\beta(u)$ は，

$$\beta(u) = \frac{6u^2 + 13u + 2}{6u^2 + 4u} = \frac{(6u+1)(u+2)}{2u(3u+2)} \tag{2.4.36}$$

で定義され，$u = (R\text{-}2a)/a$ である。q_o は以下のように表される [39]。

$$q_o = \frac{11}{8}\exp\left(\frac{A}{24kT}\right)E_1\left(\frac{A}{24kT}\right) - \frac{9}{8}\exp\left(\frac{A}{8kT}\right)E_1\left(\frac{A}{8kT}\right) \tag{2.4.37}$$

ここで，$E_1(\mathrm{z})$ は指数積分である。さらに，W に対して以下の高精度の近似式が導かれている [38]。

$$W = \frac{q}{q_o} = 1 + \frac{1}{2q_o}\sum_{m=1}^{\infty}\frac{1}{m!}\left(\frac{\kappa aG}{12}\right)^m K_0\left(\sqrt{\frac{A\kappa am}{3kT}}\right) \tag{2.4.38}$$

ここで，$K_n(z)$ は n 次の第 2 種変形ベッセル関数である。

図 2.34 に $A/kT = 1$, $\kappa a = 50$ の場合について，安定度比 W を (2.4.17) 式で与えられる G の関数として計算した例を与えた。

この図では，比較のためにポテンシャルの山の高さ V_{max} も G の関数として与えた。ポテンシャルの山の高さ V_{max} が熱エネルギー kT の 15 倍の状態が安定度比 $W = 3 \times 10^5$ の状態に対応していることが分かる。急速凝集の半減期が 1 分の場合，この W の値は緩慢凝集の半減期が 3 年半に伸びる。

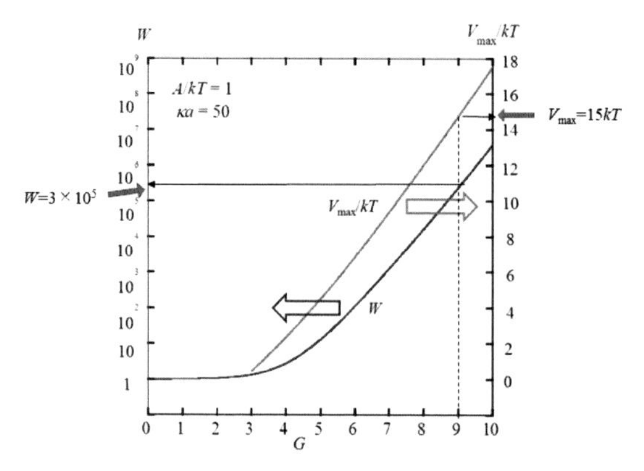

図 2.34　安定度比 W とポテンシャル障壁の高さ V_{max}/kT の G 依存

2.5 ヘテロ凝集

DLVO 理論は本質的に同種の球状コロイド粒子からなる分散系の安定性を扱っている。以下では，互いに材質もサイズも異なる異種球状粒子からなる分散系における凝集，すなわちヘテロ凝集の問題へ DLVO 理論を拡張する [36, 37]。DLVO 理論で用いた仮定と近似をそのまま継承する。すなわち，① 2 個の異種粒子に着目し，粒子間に働く静電相互作用エネルギーと van der Waals 相互作用エネルギーを計算する。② Derjaguin 近似を用いて，平板間相互作用のエネルギーから球状粒子間相互作用のエネルギーを計算する。③ 静電相互作用については線形重畳近似を用い，粒子の見かけの表面電位を導入する。この結果，表面電位が異符号の 2 個の粒子間に働く静電力は斥力ではなく引力になる。④ van der Waals 相互作用に関しては，Hamaker 理論を採用する。媒質を挟む 2 個の異種粒子に対する Hamaker 定数が負になる場合がある。この場合は粒子間に van der Waals 引力ではなく斥力が働くことになる。

2.5.1 異種球状粒子間相互作用に対する Derjaguin 近似

Derjaguin 近似を異種粒子間の相互作用に適用すると，2 個の球状粒子（半径 a_1 および a_2，表面間距離 H）間の相互作用エネルギー $V(H)$ は平行 2 平板間（表面間距離 h）の相互作用エネルギー $V_{\mathrm{pl}}(h)$（単位面積当たり）から次式に従って計算される。

$$V(H) = \frac{2\pi a_1 a_2}{a_1 + a_2} \int_H^\infty V_{\mathrm{pl}}(h)\, dh \tag{2.5.1}$$

(2.5.1) 式は以下のように導かれる。図 2.35 のように，球を平らな円環の表面をもつ多数の中空円筒に分割し，向かい合う円筒間の平板間相互作用エネルギーの総和を計算する。距離 h にある半径 x の 2 つの円筒（円環の面積は $2\pi x \Delta x$ に等しい）を考える。総和および積分の上限は ∞ で近似して，Δx を小さくする ($\Delta x \to 0$)。

$$a_1 - \sqrt{a_1^2 - x^2} + a_2 - \sqrt{a_2^2 - x^2} = h - H \tag{2.5.2}$$

であるから，この式の両辺を微分すると，a_1，$a_2 \gg h, H$ に対して，

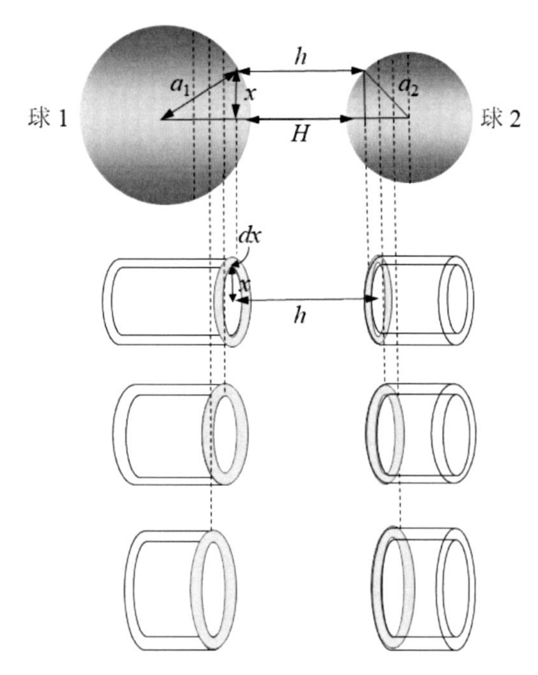

図 2.35　2 個の異種球形粒子の相互作用に対する Derjaguin 近似

$$\frac{a_1 + a_2}{a_1 a_2} x dx = dh \tag{2.5.3}$$

が得られる。この式を用いると，2 球の相互作用エネルギーの表現 ((2.5.1) 式）が以下のようにして導かれる。

$$\begin{aligned} V(H) &= \sum_{h=H}^{\infty} V_{\mathrm{pl}}(h) 2\pi x \Delta x \approx \int_{h=H}^{h=\infty} V_{\mathrm{pl}}(h) 2\pi x dx \\ &\approx \tfrac{2\pi a_1 a_2}{a_1 + a_2} \int_H^{\infty} V_{\mathrm{pl}}(h) dh \end{aligned} \tag{2.5.4}$$

このように同種粒子の相互作用に対する Derjaguin 近似の式（(2.2.32) 式）に現れる粒子の半径 a を異種粒子の場合は次のように a_1 と a_2 の調和平均で置き換えればよいことがわかる。

$$a \to \frac{2a_1 a_2}{a_1 + a_2} \tag{2.5.5}$$

(2.5.1) 式は静電相互作用エネルギーに対しても van der Waals 相互作用エネルギーに対しても適用できる。

2.5.2 異種球状粒子間の静電相互作用

まず，図2.36のように，対称電解質溶液（価数z，バルク濃度n，比誘電率ε_r）中にあって，表面間距離h離れた2つの平板1と2の間に働く静電相互作用を考える。平板1と2の表面電位をそれぞれψ_{o1}およびψ_{o2}とする。平板に垂直にx軸を定め，平板間の領域における電位分布$\psi(x)$に対して線形重畳近似を用いる。平板間の電位$\psi(x)$を次のように近似する。

$$\psi(x) = \psi_1(x) + \psi_2(x) \tag{2.5.6}$$

ここで，$\psi_1(x)$と$\psi_2(x)$は相互作用をしていない単独の平板1と2のそれぞれが作る電位で，次式で与えられる（(2.4.6) 式参照）。

$$\psi_1(x) = \psi_{\mathrm{eff1}} e^{-\kappa x}, \psi_2(x) = \psi_{\mathrm{eff2}} e^{-\kappa(h-x)} \tag{2.5.7}$$

ψ_{eff1}とψ_{eff2}は表面1と2の見かけの表面電位（実効表面電位）で，次式で定義される。

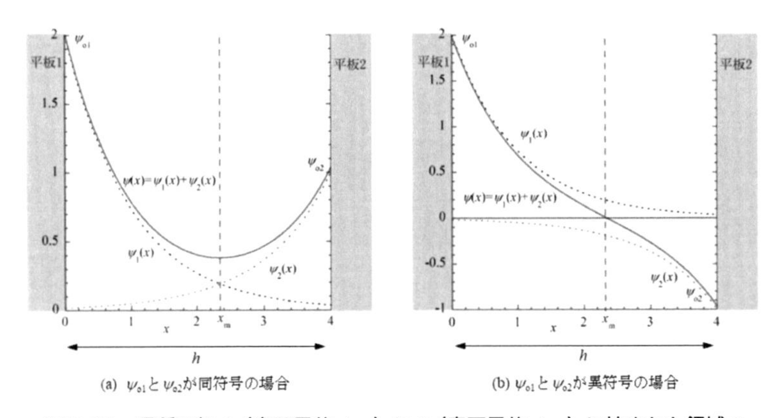

図2.36　異種平板1（表面電位ψ_{o1}）と2（表面電位ψ_{o2}）に挟まれた領域の電位分布に対する線形重畳近似。$\psi_1(x)$と$\psi_2(x)$はそれぞれ平板1と2が単独で存在するときの電位分布。

$$\psi_{\mathrm{eff1}} = \frac{4kT}{ze}\gamma_1, \psi_{\mathrm{eff2}} = \frac{4kT}{ze}\gamma_2 \tag{2.5.8}$$

さらに，γ_1 と γ_2 は次式で定義される。

$$\gamma_1 = \tanh\left(\frac{ze\psi_{\mathrm{o1}}}{4kT}\right), \gamma_2 = \tanh\left(\frac{ze\psi_{\mathrm{o2}}}{4kT}\right) \tag{2.5.9}$$

平板 1 と 2 の間に働く単位面積当たりの静電斥力 $P(h)$ は，

$$P(h) = \frac{1}{2}\varepsilon_{\mathrm{r}}\varepsilon_0\left\{\kappa^2\psi^2(x') - \left(\left.\frac{d\psi}{dx}\right|_{x=x'}\right)^2\right\} \tag{2.5.10}$$

で与えられる。ここで，κ は Debye-Hückel のパラメータ，x は平板間の任意の点である。

図 2.36(a) が示すように，ψ_{o1} と ψ_{o2} が同符号の場合は，$x = x_{\mathrm{m}}$ で $\psi(x)$ は極小（または極大）になり，そこでは $d\psi/dx = 0$ である。また，(b) が示すように異符号の場合は $x=x_{\mathrm{m}}$ で $\psi(x)=0$ になる。ここで，x_{m} は次式を満たすことが示される。

$$e^{-\kappa x_{\mathrm{m}}} = \sqrt{\frac{\psi_{\mathrm{eff2}}}{\psi_{\mathrm{eff1}}}e^{-\kappa h}} \tag{2.5.11}$$

静電斥力 $P(h)$ は (2.5.10) 式を用いて計算できる。とくに，$x'=x_{\mathrm{m}}$ では，上述のように (2.5.10) 式の右辺の第 1 項または第 2 項がゼロになるので計算が簡単である。この結果，次式が得られる。

$$P(h) = 64\pi nkT\gamma_1\gamma_2 e^{-\kappa h} \tag{2.5.12}$$

この式より，平板 1 と 2 の間に働く静電相互作用のポテンシャルエネルギー（単位面積当たり）は次式になる。

$$V(h) = \frac{64nkT\gamma_1\gamma_2}{\kappa}e^{-\kappa h} \tag{2.5.13}$$

Derjaguin 近似（(2.5.1) 式）を用いると，表面間が H の距離にある半径 a_1, 表面電位 ψ_{o1} の球 1 と半径 a_2, 表面電位 ψ_{o2} の球 2 の間に働く静電相互作用エネルギー $V_{\mathrm{R}}(H)$ に対して次式が得られる。

$$V_{\mathrm{R}}(H) = \frac{64\pi nkT\gamma_1\gamma_2}{\kappa^2}\left(\frac{2a_1a_2}{a_1+a_2}\right)e^{-\kappa H} \tag{2.5.14}$$

同種粒子の場合の結果（(2.4.9) 式）と比べると，(2.4.9) 式において $\gamma^2 \to \gamma_1\gamma_2$，かつ，$a \to 2a_1a_2/(a_1+a_2)$ と置き換えれば，(2.5.14) 式が得られることがわかる。

2.5.3 異種球状粒子間の van der Waals 相互作用

(2.2.37) 式に示したように，媒質 3 の中で粒子 1 と粒子 2 の間に働く van der Waals 相互作用に対する Hamaker 定数は次式で与えられる。

$$A_{132} = \left(\sqrt{A_{11}} - \sqrt{A_{33}}\right)\left(\sqrt{A_{22}} - \sqrt{A_{33}}\right) \tag{2.5.15}$$

ここで，$A_{ii}(i=1,2)$ はそれぞれ物質 i から成る粒子 i 同士が真空中で相互作用するときの Hamaker 定数である。A_{132} は A_{11}, A_{22}, A_{33} の相対的な大きさによって正にも負にもなる。Derjaguin 近似（(2.5.4) 式）を用いると，半径 a_1 の球状粒子 1 と半径 a_2 の球状粒子間の van der Waals 相互作用エネルギー $V_A(H)$ は次式で与えられる。

$$V_A(H) = -\frac{A_{132}}{12H}\left(\frac{2a_1a_2}{a_1+a_2}\right) \tag{2.5.16}$$

同種粒子の場合の結果（(2.2.30) 式）と比べると，(2.2.30）式において $A \to A_{132}$，かつ，$a \to 2a_1a_2/(a_1+a_2)$ と置き換えれば，(2.5.16）式が得られることがわかる。A_{132} が正の場合は，同種粒子の場合と同じく粒子間に van der Waals 引力が働くが，A_{132} が負の場合は，粒子間に van der Waals 斥力が働くことになる。

2.5.4 ヘテロ凝集における 4 つの型

異種粒子間の全相互作用エネルギー $V(H)=V_R(H)+V_A(H)$ は次式で与えられる。

$$V(H) = \frac{64\pi nkT\gamma_1\gamma_2}{\kappa^2}\left(\frac{2a_1a_2}{a_1+a_2}\right)e^{-\kappa H} - \frac{A_{132}}{12H}\left(\frac{2a_1a_2}{a_1+a_2}\right) \tag{2.5.17}$$

同種球状粒子間相互作用と大きな違いは，静電相互作用エネルギーが負になる場合と Hamaker 定数が負になる場合がある点である。このため，図 2.37 に示すようにポテンシャル曲線に 4 つの型が現れる。(a) 型は 2 個

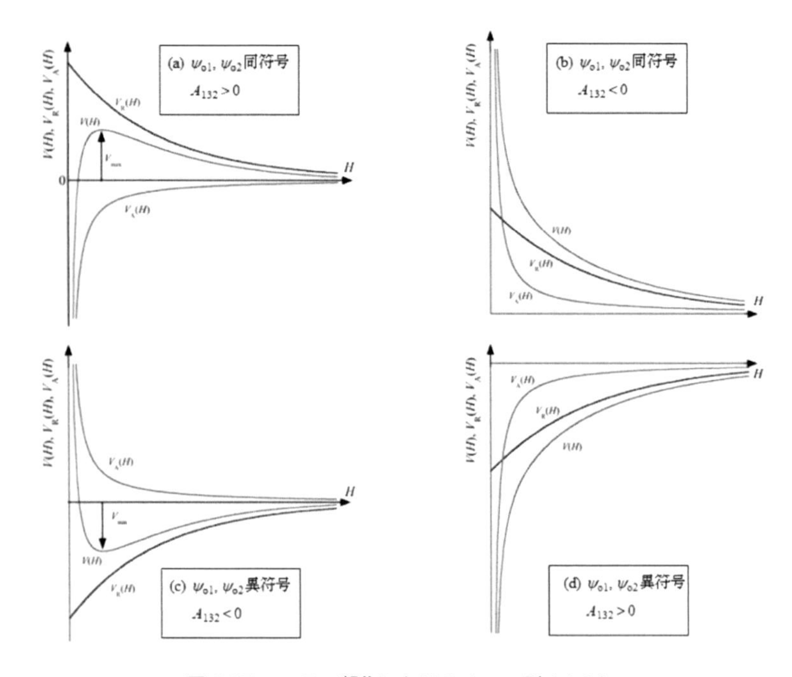

図 2.37　ヘテロ凝集における 4 つの型 (a)-(d)

の粒子 1 と 2 の表面電位 ψ_{o1} と ψ_{o2} が同符号のため粒子 1 と 2 の間には静電反発力が働き，Hamaker 定数 A_{132} が正なので van der Waals 引力が働く。同種粒子の系と同様のポテンシャル曲線が得られる。すなわち，ポテンシャル曲線に高い山（極大）V_{max} が存在するときは系は安定であり，山が低いときは不安定であると予測する。(b) 型は 2 個の粒子の表面電位が同符号のため静電反発力が働くが，Hamaker 定数 A_{132} が負なので van der Waals も斥力になり，この系には引力が働かないので分散系は常に分散状態をとる。(c) 型では 2 個の粒子の表面電位が異符号のため粒子間に静電引力が働くが，Hamaker 定数 A_{132} が負なので van der Waals 力が斥力になり，この系のポテンシャル曲線には極小（谷）V_{min} が生じる場合がある。この谷が熱エネルギーに比べて十分深ければ，粒子はこのポテンシャルの多谷にトラップされ凝集する。谷がなければ分散すると予測できる。(d) 型は 2 個の粒子の表面電位が異符号のため静電引力が働くが，Hamaker 定数 A_{132} が正なので van der Waals も引力になり，この系には斥力が働かないので分散系は常に凝集状態である。

2.5.5 ヘテロ凝集における臨界凝集濃度

図 2.37 における (a) 型のポテンシャル曲線には同種粒子間相互作用のポテンシャル曲線（図 2.30 参照）と同じく，極大が現れる場合がある。(2.4.18) 式をもとに同種粒子の場合（2.4 節）と同様の計算を行うと，極大が現れる条件は (2.4.15) 式で与えられることが示される。すなわち，

$$\frac{GkT}{A} > \frac{\exp(2)}{4} = 1.8473 \tag{2.5.18}$$

である。G は (2.4.13) 式で定義される。

$$G = \frac{12 \times 64\pi\gamma^2 n}{\kappa^3} = \frac{384\pi\gamma^2\varepsilon_r\varepsilon_0 kT}{(ze)^2\,\kappa} \tag{2.5.19}$$

ポテンシャル曲線の極大を与える粒子表面間距離 H の値 H_m は次式で与えられる。

$$\kappa H_m = -2W\left(-\frac{1}{2}\sqrt{\frac{A_{132}}{GkT}}\right) = 2\sum_{n=1}^{\infty}\frac{n^{n-1}}{n!}\left(\frac{1}{2}\sqrt{\frac{A_{132}}{GkT}}\right)^n \tag{2.5.20}$$

ここで，$W(z)$ は Lambert の W 関数である。また，対応するポテンシャルエネルギー $V(H)$ の極大値 V_{max} は次式で与えられる。

$$V_{max} = \frac{A}{12H_m}\left(\frac{2a_1a_2}{a_1+a_2}\right)\left(\frac{1}{\kappa H_m} - 1\right) \tag{2.5.21}$$

同種粒子の場合と同じく，(a) 型の場合，電解質濃度を上げていくと，ある濃度（臨界凝集濃度）でポテンシャルの山が消え急速凝集が起きる。同種粒子の場合と同様に，臨界凝集濃度 n_{cr} は次式で与えられる。

$$n_{cr} = \frac{(384)^2\,\pi^2\gamma_1^2\gamma_2^2\,(kT)^5\,(\varepsilon_r\varepsilon_0)^3}{2A_{132}^2 e^6 \exp(2)\, z^6}\ \left(\mathrm{m}^{-3}\right) \tag{2.5.22}$$

または n_{cr} の単位を m^{-3} から M に変換して，

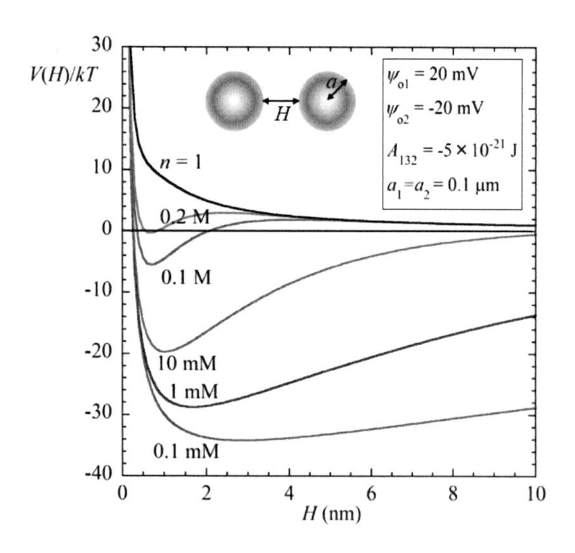

図 2.38　2 個の異種球状粒子間の全相互作用エネルギー（図 2.37 の c 型）：電解質濃度 n 依存の計算例

$$n_{\mathrm{cr}} = \frac{(384)^2 \pi^2 \gamma_1^2 \gamma_2^2 (kT)^5 (\varepsilon_{\mathrm{r}} \varepsilon_0)^3}{2000 A_{132}^2 e^6 \exp(2) z^6 N_A} \text{(M)} \tag{2.5.23}$$

が得られる。

次に，図 2.37 の (c) 型では，ポテンシャル曲線に極小が現れる場合がある。(2.5.17) 式を用いて計算したポテンシャル曲線の例を図 2.38 に示した。この図は 25 ℃の 1:1 型電解質水溶液中にあって，粒子 1（ψ_{o1}=20mV，半径 a_1 = 0.1μm）と粒子 2（ψ_{o2}=-20mV，半径 a_2 = 0.1μm）の間に働く全相互作用に対するポテンシャル曲線を表し，Hamaker 定数の値は $A_{132} = -5\times10^{-21}$J である。図には，ポテンシャル曲線の電解質濃度 n 依存を与えてある。同種粒子の場合（図 2.30 参照）および (a) 型の場合のポテンシャル曲線と大きく異なり，ポテンシャル曲線には極大ではなく極小が現れる。この極小が熱エネルギー kT に比べて十分大きい場合，粒子はこのポテンシャルの谷にトラップされ凝集が起きる。電解質濃度を増加させていくと，ポテンシャル曲線の極小が浅くなってポテンシャルの谷から飛び出す確率が増え，分散しやすくなる。逆に電解質濃度を下げていくと，ポテンシャルの極小が深くなって，ポテンシャルの谷にトラップされる確率が増え強く凝集する状態へ向かう。電解質濃度を上げていく場合，ある電解質濃度で，ポテンシャルの極小値がついにゼロになる（図 2.38 では $n = 0.2\text{M}$ 近傍)。極小が消滅する電解質濃度が (c) 型における臨界凝集濃度である。この濃度より高い場合に分散し，低い場合は凝集する [36, 37]。

極小が現れる条件は (2.5.18) 式で与えられることが示される。ポテンシャル曲線の極小を与える粒子表面間距離 H の値 H_m は次式で与えられる。

$$\kappa H_\text{m} = -2W\left(-\frac{1}{2}\sqrt{\frac{|A_{132}|}{GkT}}\right) = 2\sum_{n=1}^{\infty}\frac{n^{n-1}}{n!}\left(\frac{1}{2}\sqrt{\frac{|A_{132}|}{GkT}}\right)^{n} \qquad (2.5.24)$$

対応するポテンシャルエネルギー $V(H)$ の極小値 V_min は次式で与えられる。

$$V_\text{min} = \frac{A}{12H_m}\left(\frac{2a_1a_2}{a_1+a_2}\right)\left(\frac{1}{\kappa H_m}-1\right) \qquad (2.5.25)$$

臨界凝集濃度 n_cr は (2.5.22) 式または (2.5.23) 式と同じ式で与えられる。

しかし，図 2.37 における (a) 型と (c) 型では臨界凝集濃度 n_cr の意味が全く異なる。すなわち，(a) 型では，臨界凝集濃度 n_cr においてポテンシャルの極大が消えて粒子の凝集が起こるが，(c) 型では，臨界凝集濃度 n_cr においてポテンシャルの極小が消えて粒子は分散する。

2.5.6　粒径比の効果

半径 a_1 の球状粒子 1 と半径 a_2 の球状粒子 2 の間に働く相互作用は静電相互作用も van der Waals 相互作用もともに Derjaguin 近似を用いて対応する平板間相互作用から求めている。したがって，相互作用エネルギーは半径 a_1 と a_2 の調和平均 $2a_1a_2/(a_1+a_2)$ に比例する。いま，粒子 1 の半径を a_1 に固定し，a_2 を変化させたときの相互作用エネルギーの大きさは $2a_2/(a_1+a_2)$ に比例する。とくに，図 2.37 の (a) 型におけるポテンシャル曲線の極大値（山の高さ）V_max および (c) 型におけるポテンシャル曲線の極小値（谷の深さ）V_min は $2a_1a_2/(a_1+a_2)$ に比例する。

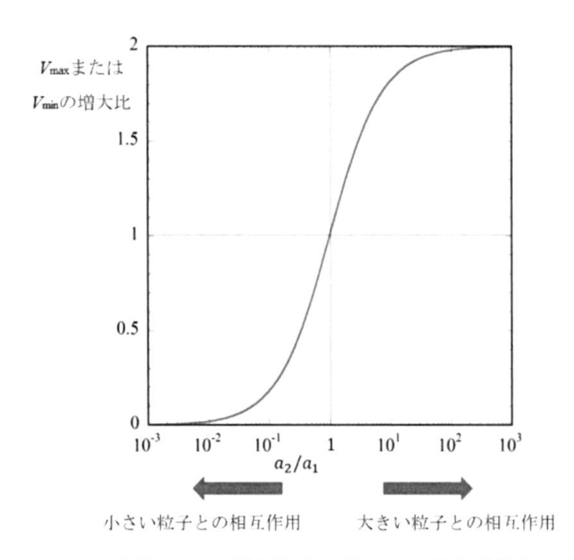

図 2.39　V_{max} または V_{min} の増大比 $(2a_2/(a_1+a_2))$ を半径比 a_2/a_1 の関数として示す

図 2.39 には V_{max} および V_{min} の増大比 $(2a_2/(a_1+a_2))$ を半径比 a_2/a_1 の関数として示した。すなわち，半径 a_1 の球が同じ半径 a_1 の球と相互作用する場合の相互作用エネルギーに比べて，半径 a_1 の球が異なる半径 a_2 の球と相互作用する場合の V_{max} および V_{min} は $2a_2/(a_1+a_2)$ 倍に増加する。粒子 1 が自分より大きい粒子 2$(a_2>a_1)$ と相互作用する場合，V_{max} および V_{min} は増大し，$a_2 \gg a_1$ の極限で V_{max} および V_{min} は 2 倍になる。これは半径 a_1 の球と平板間相互作用に対応する。逆に粒子 1 が自分より小さい粒子 2$(a_2<a_1)$ と相互作用する場合，$2a_2/(a_1+a_2)$ は 1 より小さく，a_2 の減少とともに V_{max} および V_{min} は減少し $a_2\to 0$ の極限でともにゼロになる。

2.6　非 DLVO 力

DLVO 理論は水溶液中の相互作用を評価するための基礎理論として今

なお広く活用されているが，2.1 節で述べた SFA や AFM による表面間力の直接測定法の発達により，DLVO 理論では記述されない力（非 DLVO 力）も詳細に測定されるようになり，非 DLVO 力の起源や性質への理解も進んできている。以下では表面間力の直接測定例を中心に，主要な非 DLVO 力とその特性について述べる。

2.6.1 水和力と溶媒和力

SFA や AFM で測定した水溶液中の荷電表面間の相互作用曲線は，表面距離が数 nm までは DLVO 理論と良い精度で一致する。しかし，さらに短距離では相互作用は DLVO 理論には従わず，表面に吸着した分子に関係する現象が顕在化する。これは，DLVO 理論が表面や溶媒を連続体として扱っているのに対し，数 nm 以下のごく短い表面間距離では，表面や表面間に閉じ込められた溶媒分子のサイズや物性が無視できなくなるためである。電解質水溶液中における帯電表面間の相互作用は，DLVO 理論では短距離で van der Waals 力が支配的で引力になると予測されるのに対し，直接測定では図 2.40 に示すように強い斥力が現れる [38]。これは，表面に強く吸着した水分子や水和イオンの接触による構造的な反発と考えられており，水和力と呼ばれている。すなわち，表面を接触させたときに，表面官能基の水和水（一次水和）と表面の水和イオン（二次水和）を取り除くのに必要なエネルギーに起因することが推定されている。

多くの場合，水和力 F_{h} は経験式として表面間距離 h に対する以下の指数関数で表される。

$$\frac{F_{\mathrm{h}}}{R} = A_0 \exp\left(-\frac{h}{\lambda_0}\right) \tag{2.6.1}$$

ここで R は表面の曲率半径，A_0 は定数，λ_0 は減衰長である。λ_0 は通常 0.2-1.1 nm の範囲をとるが，表面の種類によって大きく変化する。また，水和力は必ずしも単調な斥力ではなく，表面が雲母のように分子オーダーで平滑で，電解濃度が低い場合などでは，約 1.5 nm 以下の短距離であたかも振動するように変化する相互作用（振動力）が見出されている [39]。振動力の作用機構は後述するが，周期が水分子サイズとほぼ同じことから，この相互作用は表面で水分子が層状構造を形成していることによるもの考えられている。

イオン濃度に対する水和力の範囲については測定法や表面によって異なる結果が示されており，イオン濃度によって範囲が増加する場合 [40] もあれば減少する場合 [41] も報告されている。一方，イオンの種類の影響については，1 価の陽イオンの場合，水和力は水和エネルギーの順 (Li^+～$Na^+ > K^+ > Cs^+$) に強くなることが見いだされており [50]，水和したカチオンを脱水するために必要なエネルギーの大きさに対応していると解釈されている。また AFM を用いた検討において，シリカ―雲母表面間の水和力の作用範囲がカチオンの水和エネルギーの大きさで順に並んでいることが観察され，水和力の大きい Li^+ や Na^+ は最初に吸着していた水分子の吸着層を破壊しないため厚い水和層が形成されるが，Cs^+ のような水

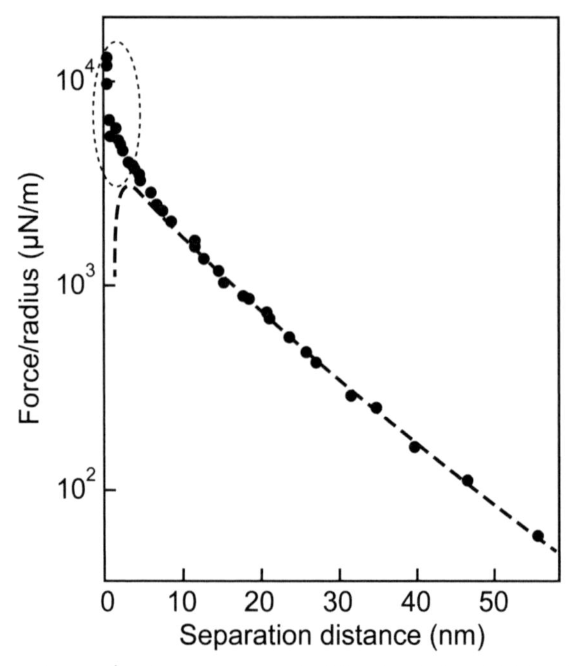

図 2.40　5×10^{-4} M 臭化カリウム水溶液中における雲母表面間の相互作用曲線。破線は DLVO 理論による理論値，点線で囲まれた部分が水和力を表す (文献 [4] より再構成)。

和力の小さいイオンは水分子層を破壊して吸着するため，水和層が薄くなることが指摘されている [43]。

水和力は非常に短距離の力であるが，特にナノ粒子の場合に，分散系の安定性に大きな影響を与える。DLVO 理論では粒子径に依存しないはずの凝集速度が，高塩濃度水溶液中において約 100 nm 以下になると減少し，DLVO 理論による予測から外れることがたびたび報告されており，これが水和力に起因する可能性が指摘されている [44]。また最近では，この水和層の効果を取り入れることで凝集速度の低下を精度よく予測できるモデルも提案されている [45]。

非水系溶媒においても表面間距離が近くなると，水和力と同様に溶媒分子表面への吸着（溶媒和）と構造化に起因する斥力が見出されており，溶媒和力と呼ばれる。多くの場合，この力は溶媒分子の平均分子径にほぼ等しい周期性を持つ振動力であり，表面間距離の増加とともに減衰する。トルエンやシクロヘキサン，オクタメチルシクロテトラシロキサンなど無極性で球状の分子の場合，分子 5 個分程度の距離から，あたかも振動するように変化する力（溶媒和力）が測定されており [46, 47]，この振動のピーク間の距離と分子の半径はほぼ一致する。これは図 2.41 に示すように，表面が近づくことによって生じる溶媒分子の配列構造が破壊される際の引力と，それにより 1 層分の溶媒分子が表面間から排除されたあと分子が再配列する際に生じる斥力の 2 つが，規則的に作用するためと考えられている。

直線状の分子については，オクタン，テトラデカンなどアルカン分子では，種類に関わらず振動のピーク距離がほぼ 0.4 nm で一定の溶媒和力が見られる [48]。この大きさは分子の厚みに相当し，分子が表面に対して平行に配列しているためと考えられている。一方，側鎖を持つ分子 [49]，あるいは混合溶媒 [50] ではこのような振動力は見られない。これは，分子が表面に配列することが難しいためと解釈されている。一方，直鎖アルコールは酸化物など親和性の高い表面へ吸着すると，分子の長さ分の距離をもつ立体斥力を生じることが見出されている [51]。これは配向性が高いアルコールが，表面に対し垂直に配向して吸着することを示している。

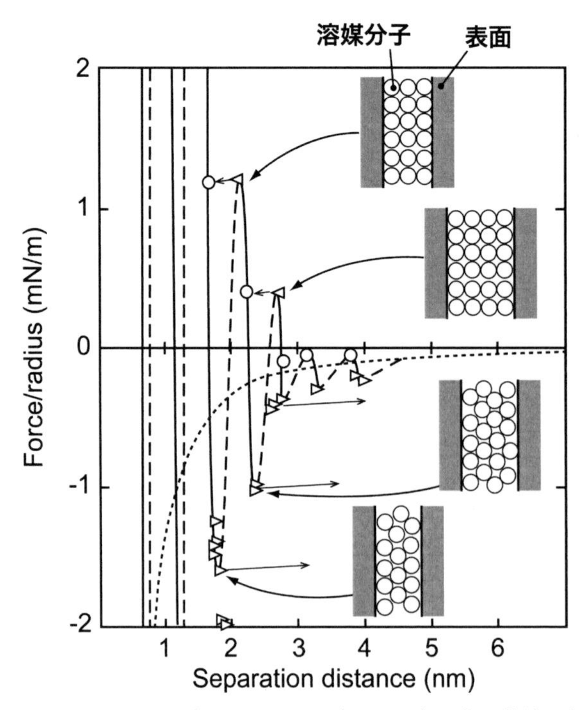

図 2.41　シクロヘキサン中における雲母表面間の相互作用曲線。白丸のプロットが表面接近時に安定に測定された点であり，左向き三角で示したプロット点からの表面の急激な飛び込み（ジャンプイン）矢印で示されるように起こる。右向き三角で示したプロット点では表面後退時に表面の急激な引き離し（ジャンプアウト）が矢印のように起こる。図中の実線は安定な測定点を結んだものであり，破線はプロット点を仮想的に結んだもので，実際には測定されていない部分を表している（文献 [46] より再構成）。

2.6.2　立体力と枯渇引力

溶媒中に存在する高分子などサイズの大きい分子は，相互作用を大きく変化させる。例えば古くから使われている墨では，高分子であるニカワが炭素粒子の表面に吸着し，分散を安定化させるいわゆる保護コロイドとなっているのはよく知られているところである。このように溶媒と高分子との親和性（すなわち貧・良溶媒性）や高分子の表面への吸着密度（あるいは高分子の添加量）を変えることにより，水系・非水系を問わず溶液中の粒子間の相互作用が変化するため，分散・凝集の制御が可能になる。

良溶媒中で表面吸着性の高分子を用いる場合，吸着密度により相互作用は次のように変化する。表面への吸着密度が低いとき，表面が接近すると，一方の表面から伸びた高分子が他方の表面に吸着し，表面間で架橋を形成する。これは架橋力と呼ばれ，高分子濃度が低い際に粒子が凝集する要因となる。吸着密度が高くなると，表面を覆った高分子同士は立体的に反発するようになり，粒子間に立体力と呼ばれる斥力が生じて粒子は安定に分散する。このようなは変化を示した例が図 2.42 である。ポリエチレンオキシド（PEO）水溶液中での雲母表面間 [52] では，水溶液に PEO を加えると 100 nm にも及ぶ長距離引力が見られるが，時間の経過とともに引力は減少し，長距離の斥力に変わる。すなわち，PEO の表面への吸着密度が低い場合に起こる架橋力が，時間が経過して表面への吸着密度が高くなると立体斥力へと変化することが示されている。

表面に吸着あるいは固定した高分子の立体斥力を理論的に解析する際に

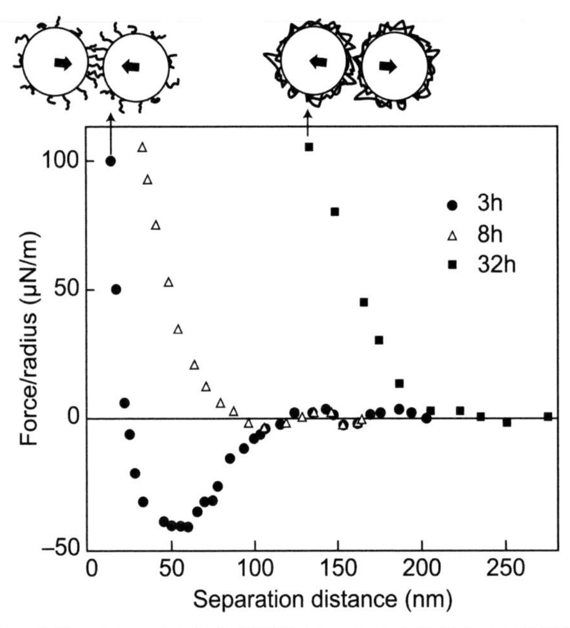

図 2.42　ポリエチレンオキシド (PEO) 10 μg/mL 水溶液中での雲母表面間力の時間変化（文献 [52] より再構成）

は，末端を表面にグラフトされた高分子ブラシの相互作用を記述した理論が用いられることが多い。よく使われるのは，自己無撞着の平均場理論から導き出された次の Alexander-de Gennes の式である [53]。

$$V_s = \frac{8}{35} k_B T L_0 \Gamma^{3/2} \left\{ 7 \left(\frac{2L_0}{h} \right)^{5/4} + 5 \left(\frac{h}{2L_0} \right)^{7/4} - 12 \right\} \tag{2.6.2}$$

ここで，V_s は単位面積当たりの相互作用エネルギー，Γ は単位面積当たりの高分子鎖の数，L_0 は圧縮を受けていない高分子層の厚さ，k_B はボルツマン定数，T は温度である。また，Milner, Witten と Cates はより実状に近い仮定を取り入れたモデルから，以下の式を提案している [54]。

$$V_s = k_B T L_0 \Gamma \left(\frac{\pi^4 \nu \Gamma}{12^2 l_s^4} \right)^{1/3} \left\{ \frac{2L_0}{h} + \left(\frac{h}{2L_0} \right)^2 - \frac{1}{5} \left(\frac{h}{2L_0} \right)^5 - \frac{9}{5} \right\} \tag{2.6.3}$$

ここで l_s は高分子のセグメント長，ν は排除体積パラメーターである。いずれの式も，測定値を回帰させることで L_0 や Γ を見積もるという使い方をされることが多い。

一方，貧溶媒中では相互作用はこれとは大きく異なる。例えば，ポリスチレン（PS）を貧溶媒のトルエンに分散させ，その溶液中で雲母間の表面間力を測定すると，PS はほぼ飽和吸着するにもかかわらず，表面間には 20〜30 nm の範囲で引力が作用する [55]。これは，貧溶媒中で高分子のセグメントが凝集するため，表面間で PS のセグメント同士が引きつけ合うことにより発生するものと推定されている。また，同じ溶媒でも，温度によって貧溶媒が良溶媒に変化するケースもある。このような場合，図 2.43 のように，相互作用もそれに伴って引力から斥力に変化することも見出されている [56]。これらのことから，高分子を分散剤として用いる場合には高分子の表面および溶媒との親和性を考慮し，表面によく吸着してかつ溶媒が良溶媒となるような高分子を選択する必要がある。

表面への高分子の吸着性がさほど強くない（非吸着性の）場合，高分子の濃度が高くなると，枯渇凝集と呼ばれる現象により粒子は緩やかに凝集する。枯渇凝集は粒子表面間の距離が狭まると，枯渇領域と呼ばれる高分子が入れない領域が表面間に生じ，外側の高分子濃度が高くなるために浸透圧によって粒子に引力が働く現象で，1950 年代にすでに朝倉と大沢に

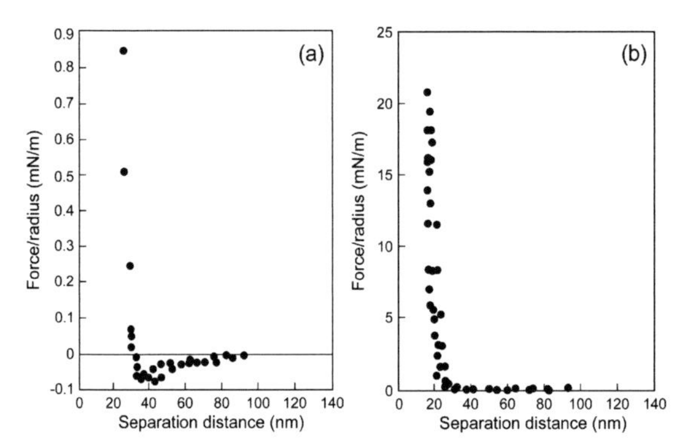

図 2.43　ポリ（ビニル-2-ピリジン）/ポリスチレンブロックコポリマーのシクロヘキサン溶液中での雲母表面間の (a)21°C および (b)38°C における相互作用曲線。温度上昇によってシクロヘキサンがコポリマーの貧溶媒から良溶媒に変化し，それにともなって相互作用も変化する（文献 [56] より再構成）。

よって見出されている [57]。表面間の直接測定では，ポリジメチルシロキサンのシクロヘキサン溶液中での疎水化シリカ粒子—平板間に，20 nm 程度からの弱い引力が実際に観察されるなど [58]，この枯渇引力の存在が実証されている。また高分子溶液だけでなく，界面活性剤ミセル [59] や固体ナノ粒子を含む溶液 [59] 中でも枯渇力が観測されており，枯渇現象は非吸着性の微粒子状物質を高濃度で含む溶液に普遍的な現象であることがわかる。

また，吸着性高分子の場合でも，高分子濃度が高くなると吸着が飽和に達し，バルクにある高分子が表面に吸着できなくなることで非吸着性高分子と同様な挙動をとり，枯渇凝集が起きるといわれる。さらに高分子濃度が非常に高くなると，吸着性・非吸着性高分子ともに枯渇領域が生じにくくなるため，枯渇凝集が起こらなくなって系は再分散するようになる。

2.6.3　疎水性引力

グラファイトやテフロンなどの疎水性粒子や，炭化水素等のコーティングで疎水化した粒子は水中で急速に凝集したり，疎水性である気泡に強く引きつけられたりすることは昔からよく知られている。DLVO 理論は，基本的には親水性表面の相互作用を対象にしており，このような疎水性粒子の挙動は十分には説明できない。例えば，気泡と固体間の相互作用を考えると，気泡と固体の van der Waals 力は理論的には斥力になることが多く，固体が気泡と同じ符号で帯電する場合，DLVO 理論では相互作用は斥力となるため，疎水粒子が気泡に付着する現象を説明することはできない。このため，水溶液中の疎水性表面間には付加的な強い引力が仮定され，疎水性引力と呼ばれていたが，その詳細は直接測定が行われるまでよくわかっていなかった。

疎水性引力は，界面活性剤が吸着して疎水化した雲母表面間の直接測定により，van der Waals 力よりも長距離で強い引力として初めて確認された [61]。その後も数多くの研究が行われ，中には最大で 500 nm にも達する長距離引力 [62, 63] も測定されていることから，表面間力の中でも特に長距離で強い引力であることが認識された（図 2.44(a))。しかし，このような長距離引力の原因については，多くの仮説が提出されたものの現象を全て矛盾なく説明できるものはなく，1990 年代までは，コロイド・界面分野における大きな“謎”とされてきた。

その後精力的に行われてきた研究によって，このような疎水性引力の長

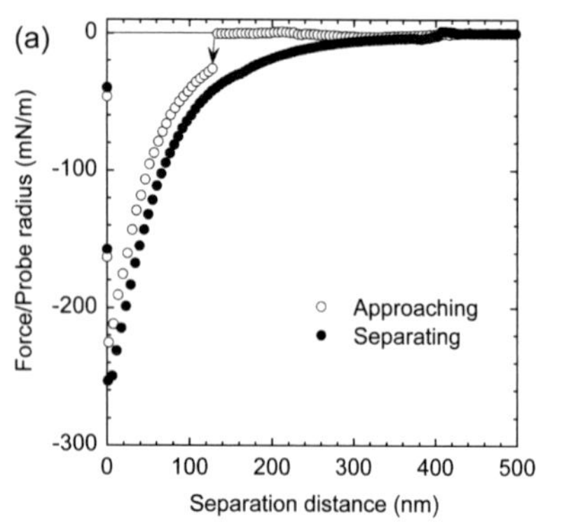

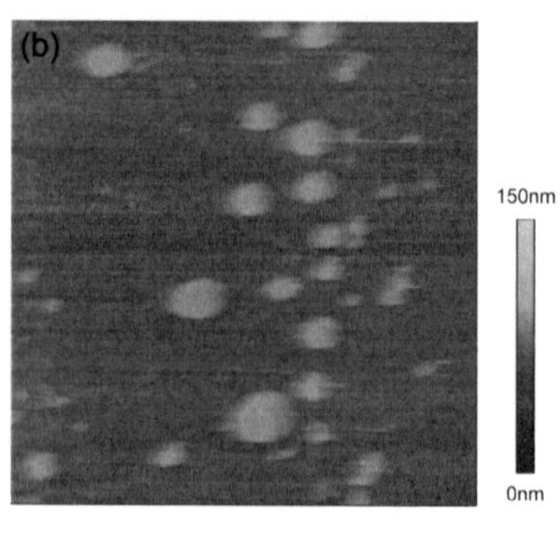

図 2.44　(a) オクタデシルトリクロロシラン（OTS）により疎水化したシリカ表面間の水中での相互作用曲線。実線は van der Waals 力を表す。(b) OTS により疎水化したシリカ表面の水中での AFM 像 ($4\times4\mu m^2$)。明るく見えるドメイン状の像が表面に存在するナノバブルを示す（文献 [63] および [64] より改変引用）。

距離性の原因はかなり解明されてきている。まず，安定な疎水性分子層で被覆されている非常に疎水性が高い表面の場合，すなわちテフロンなどもともと疎水性が高い固体や，シリカをシランカップリング剤等の改質剤で疎水した場合などであるが，疎水性表面に付着したナノサイズの気泡（ナノバブル）が表面間を架橋し，これが長距離引力を発生させる。このナノバブルの存在は AFM による疎水性表面の観察によって実証され (図 2.4.4(b))[64]，その半径は数十～数百 nm で数十 nm の高さをもつことが示されており，これは引力の作用範囲ともオーダー的に一致する。界面活性剤を吸着して疎水化した表面間でも，界面活性剤によって安定化され表面間にナノバブルとなって吸着した溶存ガスの架橋力が観測されている [65]。

一方，界面活性剤や両親媒性物質を物理的に吸着させて疎水性表面を調製した場合，界面活性剤は表面に対して均一に吸着するのではなく，ドメインを作って不均一に吸着する傾向がある。これらの凝集体のドメインは，表面と反対の符号を持つ電荷のかたまり（パッチ電荷）となる。表面が接近した際にこれら反対に帯電したパッチ電荷領域が，表面のドメインがない部分と相対することで，溶液のイオン強度に依存した長距離の静電引力が生じると考えられている [66]。

さらに，このような表面のナノバブルや電荷の偏りによる静電引力が存在しない場合でも，van der Waals 力より長距離の引力が存在することが見出されてきている（図 2.45）[67]。このような引力は，表面の疎水性そのものが発生させる引力と考えられるため，より「純粋な」疎水性引力であるといえる。この「純粋な」疎水性引力は，上述のような長距離力ではなく，10～15 nm 程度かそれ以下の作用範囲をもつと考えられている [67]。また，油滴など流体表面間の疎水性引力は固体の場合よりもかなり短くなり [68]，純粋な疎水力の性質も系によって異なる可能性がある。この力の起源については現在もなお特定されていないが，近年，この疎水性引力も複数の起源を持つ可能性が指摘されており，作用範囲によって起源をその分類することが提案されている [69]。すなわち，作用範囲が数～20nm の場合は表面間の水の蒸気相転移（キャビテーション）による架橋，1～数 nm の短距離の相互作用は水の配向効果によるエントロピー力

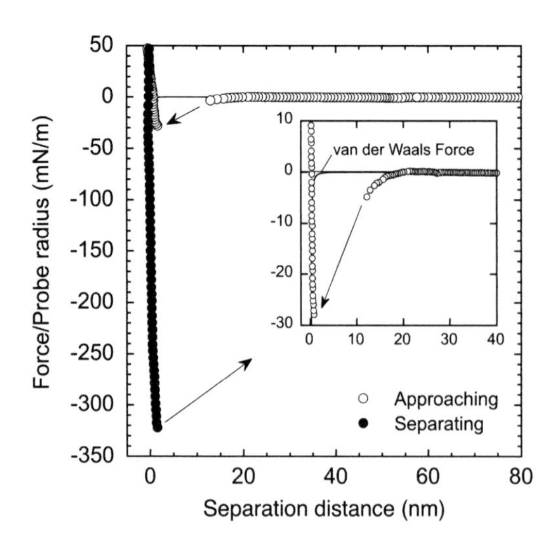

図 2.45　ナノバブルを除去したオクタデシルトリクロロラン (OTS) 疎水化したシリカ表面間の接近および後退時の相互作用曲線。挿入図には接近時の相互作用の拡大図を示す。実線は van der Waals 力の理論値を表す（文献 [67] より改変引用）。

が推定されている。さらに Israelachvili らは，この引力が指数関数に回帰できること，またその際得られた減衰長の値が，固体の場合 0.3〜2.0 nm と水和力とほぼ同じ範囲にあることから，水和力と疎水力を表裏一体の現象とみなし，これらを前述の (2.6.1) 式により，定数 A_0 の符号と値の変化のみで統一的に記述することを提案している [70]。しかしこれらの予測を物理的に裏付ける十分な研究結果はまだ出揃っておらず，今後の研究の進展が期待される。

2.6.4　非水系での相互作用

非水系と一口に言っても，アルコールのような極性溶媒から炭化水素に代表される非極性溶媒まで，その性質は様々である。したがって，現状では非水系の相互作用には DLVO 理論のような普遍的な分散評価体系は存在しておらず，水系よりもはるかに理解が遅れているのが現状である。

非水溶媒中であっても，溶媒の誘電率が高ければ基本的には静電斥力が支配的となる。例えば電解質を含んだ炭酸プロピレン中の雲母表面間力には静電斥力が存在し，長距離で DLVO 理論とよく一致する [71]。しかし溶媒の誘電率が低くなるに従い，溶液中のイオンの解離度や表面基の解離度が下がるため，静電斥力の影響が小さくなることで van der Waals 引力が支配的となる。よって，高分子や界面活性剤などの分散剤を加えないと分散系は不安定になりやすい。しかし近年，分子サイズ的に強い立体斥力が期待できないシランカップリング剤のような低分子で微粒子表面を改質することにより，有機溶媒中での分散性を大きく向上させた例も報告されてきている [72]。これは分散剤を用いない微粒子分散技術として期待されるが，立体斥力以外のどのような相互作用が分散安定をもたらしているかはまだ明確でなく，さらなる研究の進展が望まれる。

非水溶媒中では，混入する微量の成分も相互作用に大きく影響を与える。中でも，混入した微量成分の表面との親和性が高い場合には，この微量成分が表面間に凝縮し，架橋となって強い引力を生み出す。これは，空気中の親水性表面間に空気中の水分が凝縮して，引力を発生する液架橋と同じ原理である。一例として，水と一晩接触させた湿潤シクロヘキサン中のシリカ粒子－シリカ基板間の相互作用は，図 2.46 に示されるように最大 250 nm にもおよぶ長距離引力であり，水分量の増加によって引力は長距離となる。これは，表面に吸着・析出した水分が表面間を架橋し，引力が働いたものと考えられる [73]。また，シクロヘキサンとエタノールの混合溶媒中でも，シリカ表面間に同様の長距離引力が観測されており，この場合はエタノールがシリカ表面上にクラスター層を形成していることが推定されている [74]。

以上，本節では表面間力の直接測定から得られた結果を中心に，非 DLVO 力の種類と特徴について概観した。しかしながら，表面間力の研究は前述のような多くの結果が得られているものの，表面間力の研究のみで閉じていることも多く，実際の系の分散・凝集性との対応に関する検討は，必ずしも十分といえないのが実状である。よって今後の課題の１つとして，表面間力と粒子の分散・凝集性を，分散液の粘性やレオロジー特性をも含めて，いかに定量的に相関させるかということが挙げられる。また，2.6.4 項で扱った非水系の相互作用は工業的にも重要であるにもかか

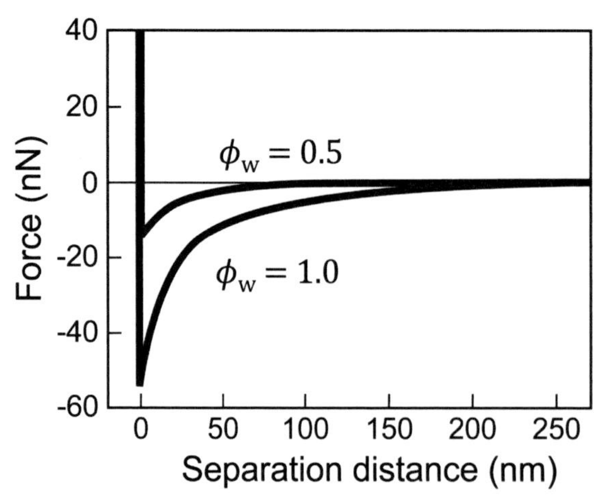

図 2.46　湿潤シクロヘキサンと乾燥シクロヘキサンの混合溶液中でのシリカ表面間の相互作用曲線の模式図。Φ_{W} は湿潤シクロヘキサンの全溶液に対する体積混合比を表す（文献 [73] より再構成）。

わらず，上に述べたように未解明な部分も多い。このような点について，今後のさらなる研究の発展が望まれる。

参考文献

[1] Derjaguin, B. V., Landau, L. D.: Theory of the stability of strongly charged lyophobic sols and of the adhesion of strongly charged particles in solution of electrolytes, *Acta Physicochim. URSS*, Vol. 14, pp.633 - 662 (1941).

[2] Verwey, E. J. W., Overbeek, J. T. G.: Theory of the Stability of Lyophobic Colloids, Elsevier (1948).

[3] Israelachvili, J. N., Adams, G. E.: Measurement of forces between two mica surfaces in aqueous electrolyte solutions in the range 0-100 nm, *J. Chem. Soc., Faraday Trans. 1*, Vol. 74, pp.975 - 1001 (1978).

[4] Pashley, R. M.: Hydration forces between mica surfaces in aqueous electrolyte solutions, *J. Colloid Interface Sci.*, Vol. 80, pp.153 - 162 (1981).

[5] Israelachvili, J. N.: Thin film studies using multiple-beam interferometry, *J. Colloid Interface Sci.*, Vol. 44, pp.259 - 272 (1973).

[6] Parker, J. L.: A novel method for measuring the force between two surfaces in a surface force apparatus, *Langmuir*, Vol. 8, pp.551 - 556 (1992).

[7] Kawai, H., Sakuma, H., Mizukami, M., Abe, T., Fukao, Y., Tajima, H., Kurihara, K.: New surface forces apparatus using two-beam interferometry, *Rev. Sci.*

Instrum., Vol. 79, p.043701 (2008).

[8] Ducker, W. A., Senden, T. J., Pashley, R. M.: Direct measurement of colloidal forces using an atomic force microscope, *Nature*, Vol. 353, pp.239 - 241 (1991).

[9] Binnig, G., Quate, C. F., Gerber, C.: Atomic Force Microscope, *Phys. Rev. Lett.*, Vol. 56, pp.930 - 933 (1986).

[10] Dagastine, R. R., Manica, R., Carnie, S. L., Chan, D. Y. C., Stevens, G. W., Grieser, F.: Dynamic Forces Between Two Deformable Oil Droplets in Water, *Science*, Vol. 313, pp.210 - 213 (2006).

[11] Benoit, M., Gabriel, D., Gerisch, G., Gaub, H. E.: Discrete interactions in cell adhesion measured by single-molecule force spectroscopy, *Nature Cell Biology*, Vol. 2, pp.313 - 317 (2000).

[12] Rief, M., Oesterhelt, F., Heymann, B., Gaub, H. E.: Single Molecule Force Spectroscopy on Polysaccharides by Atomic Force Microscopy, *Science*, Vol. 275, pp.1295 - 1297 (1997).

[13] Cleveland, J. P., Manne, S., Bocek, D., Hansma, P. K.: A nondestructive method for determining the spring constant of cantilevers for scanning force microscopy, *Rev. Sci. Instrum.*, Vol. 64, pp.403-405 (1993).

[14] Hutter, J. L., Bechhoefer, J.: Calibration of atomic - force microscope tips, *Rev. Sci. Instrum.*, Vol. 64, pp.1868-1873 (1993).

[15] Ducker, W. A., Senden, T. J., Pashley, R. M.: Measurement of forces in liquids using a force microscope, *Langmuir*, Vol. 8, pp.1831-1836 (1992).

[16] Cho, J.-M. and Sigmund, W. M.: Direct Surface Force Measurement in Water Using a Nanosize Colloidal Probe Technique, *J. Colloid Interface Sci.*, Vol. 245, pp.405-407 (2002).

[17] Vakarelski, I. U., Higashitani, K.: Single-Nanoparticle-Terminated Tips for Scanning Probe Microscopy, *Langmuir*, Vol. 22, pp.2931-2934 (2006).

[18] Ashkin, A.: Trapping of Atoms by Resonance Radiation Pressure, Phys. Rev. Lett., Vol. 40, pp.729-732 (1978).

[19] Takahashi, K., Ichikawa, M., Kimura, Y.: Force between colloidal particles in a nematic liquid crystal studied by optical tweezers, *Phys. Rev. E*, Vol. 77, p.020703 (2008).

[20] Prieve, D. C.: Measurement of colloidal forces with TIRM, *Adv. Colloid Interface Sci.*, Vol. 82, pp.93-125 (1999).

[21] Liu, L., Woolf, A., Rodriguez, A. W., Capasso, F.: Absolute position total internal reflection microscopy with an optical tweezer, *Proc. Natl. Acad. Sci. U.S.A.*, Vol. 111, pp. E5609 - E5615 (2014).

[22] Hamaker, H. C.: The London - van der Waals attraction between spherical particles. *Physica*, Vol. 4, pp. 1058 - 1072 (1937).

[23] B.V. Derjaguin, B. V.: Untersuchungen über die Reibung und Adhäsion IV Theorie des Anhaftens kleiner Teilchen, *Kolloid Z.*, Vol. 609, pp. 155 - 164 (1934).

[24] Ohshima H., Hyono, A.: Electrostatic interaction between two cylindrical soft particles., *J. Colloid Interface Sci.*, Vol. 333, pp. 202 - 208 (2009).

[25] イスラエルアチヴィリ, J. N. 著（大島広行訳）, 分子間力と表面力, 朝倉書店 (2013).

[26] Lifshitz, E. M.: The theory of molecular attractive forces between Solids. *J. Exp. Theo. Phys.* 2, pp. 73-83 (1956).

[27] ランダウ , D.L., リフシッツ, E. M. （井上健男, 安河内昂, 佐々木健訳）：理論物理学教程　電磁気学 2, §92, 東京図書 (1965).

[28] van Kampen, N. G., Nijboer, B. R. A., Schram, K.: On the macroscopic theory of van der Waals forces, *Phys. Lett.*, Vol. 26A, pp. 307 - 308 (1968).

[29] Ohshima, H.: Diffuse double layer interaction between two parallel plates with constant surface charge density in an electrolyte solution 1. The interaction between similar plates, *Colloid Polym. Sci.*, vol. 252, pp. 158 - 164 (1974).

[30] Ohshima, H. : Electrostatic double-layer interaction between two charged ion-penetrable spheres: An exactly solvable model, *J. Colloid Interface Sci.*, Vol 155, pp. 499 - 505 (1993).

[31] Langmuir, I.: The role of attractive and repulsive forces in the formation of tactoids, thixotropic gels, protein crystals and coacervates, *J. Chem. Phys.*, Vol. 6, pp. 873 - 896 (1938)

[32] Derjaguin, B. V.: On the repulsive forces between charged colloid particles and on the theory of slow coagulation and stability of lyophobe sols, *Trans. Faraday Soc.*, Vol. 35, pp. 203 - 215 (1940).

[33] Hamaker, H. C.: The London - van der Waals attraction between spherical particles, *Physica*, Vol 4, pp. 1058 - 1072 (1937).

[34] Ohshima, H.: Approximate analytic expression for the stability ratio of colloidal dispersions, *Colloid Polym. Sci.*, Vol. 292, pp. 2269 - 2274 (2014).

[35] Honig, E. P., Roebersen, G. J, Wiersema, P. H.: Effect of hydrodynamic interaction on the coagulation rate of hydrophobic colloids. *J. Colloid Interface Sci.*, Vol. 36, pp. 97 - 109 (1971).

[36] 臼井進之助: 応用コロイド科学（松浦良平, 近藤 保編）第 2 章, 廣川書店 (1969).

[37] 臼井進之助: ヘテロ凝集, 界面電気現象（北原文雄, 渡辺 昌編）第 4 章, 共立出版 (1972).

[38] Pashley, R. M.: Hydration forces between mica surfaces in aqueous electrolyte solutions, *J. Colloid Interface Sci.*, Vol. 80, pp.153 - 162 (1981).

[39] Israelachvili, J. N., Pashley, R. M.: Molecular layering of water at surfaces and origin of repulsive hydration forces, *Nature*, Vol. 306, pp. 249 - 250 (1983).

[40] Baimpos, T., Shrestha, B. R., Raman, S., Valtiner, M.: Effect of Interfacial Ion Structuring on Range and Magnitude of Electric Double Layer, Hydration, and Adhesive Interactions between Mica Surfaces in 0.05–3 M Li^+ and Cs^+ Electrolyte Solutions, *Langmuir*, Vol. 30, pp.4322 - 4332 (2014).

[41] Brown, M. A., Goel, A., Abbas, Z.: Effect of Electrolyte Concentration on the Stern Layer Thickness at a Charged Interface, *Angew. Chem. Int. Ed.*, Vol. 55, pp.

3790 - 3794 (2016).

[42] Pashley, R. M.: DLVO and Hydration Forces between Mica Surfaces in Li^+, Na^+, K^+, and Cs^+ Electrolyte Solutions: A Correlation of Double-Layer and Hydration Forces with Surface Cation Exchange Properties, *J. Colloid Interface Sci.*, Vol. 83, pp.531 - 546 (1981).

[43] Higashitani, K., Ishimura, K.: Evaluation of Interaction Forces between Surfaces in Electrolyte Solutions by Atomic Force Microscope, *J. Chem. Eng. Jpn.*, Vol. 30, pp. 52 - 58 (1997).

[44] Kobayashi, M., Juillerat, F., Galletto, P., Bowen, P., Borkovec, M.: Aggregation and Charging of Colloidal Silica Particles: Effect of Particle Size, *Langmuir*, Vol. 21, pp. 5761 - 5769 (2005).

[45] Higashitani, K., Nakamura, K., Shimamura, T., Fukasawa, T., Tsuchiya, K., Mori, Y.: Orders of Magnitude Reduction of Rapid Coagulation Rate with Decreasing Size of Silica Nanoparticles, *Langmuir*, Vol. 33, pp.5046 - 5051 (2017).

[46] Christenson, H. K., Horn, R. G., Israelachvili, J. N.: Measurement of forces due to structure in hydrocarbon liquids, *J. Colloid Interface Sci.*, Vol. 88, pp.79 - 88 (1982).

[47] Horn, R. G., Israelachvili, J. N.: Direct measurement of structural forces between two surfaces in a nonpolar liquid, *J. Chem. Phys.*, Vol. 75, pp.1400 - 1411 (1981).

[48] Christenson, H. K., Gruen, D. W. R., Horn, R. G., Israelachvili, J. N.: Structuring in liquid alkanes between solid surfaces: Force measurements and mean - field theory, *J. Chem. Phys.*, Vol. 87, pp.1834 - 1841 (1987).

[49] Gee, M. L., Israelachvili, J. N.: Interactions of surfactant monolayers across hydrocarbon liquids, *J. Chem. Soc., Faraday Trans.*, Vol. 86, pp.4049 - 4058 (1990).

[50] Christenson, H. K.: Forces between solid surfaces in a binary mixture of non-polar liquids, *Chem. Phys. Lett.*, Vol. 118, pp.455 - 458 (1985).

[51] Kanda, Y., Nakamura, T., Higashitani, K.: AFM studies of interaction forces between surfaces in alcohol–water solutions, *Colloids Surf. A*, Vol. 139, pp.55 - 62 (1998).

[52] Klein, J., Luckham, P. F.: Long-range attractive forces between two mica surfaces in an aqueous polymer solution, *Nature*, Vol. 308, pp.836 - 837 (1984).

[53] de Gennes, P. G.: Conformations of Polymers Attached to an Interface, *Macromolecules*, Vol. 13, pp.1069 - 1075 (1980).

[54] Milner, S. T., Witten, T. A., Cates, M. E.: Theory of the grafted polymer brush, *Macromolecules*, Vol. 21, pp.2610 - 2619 (1988).

[55] Almog, Y., Klein, J.: Interactions between mica surfaces in a polystyrene-cyclopentane solution near the θ-temperature, *J. Colloid Interface Sci.*, Vol. 106, pp.33 - 44 (1985).

[56] Hadziioannou, G., Patel, S., Granick, S., Tirrell, M.: Forces between surfaces of block copolymers adsorbed on mica, *J. Am. Chem. Soc.*, Vol. 108, pp.2869 - 2876 (1986).

[57] Asakura, S., Oosawa, F.: On Interaction between Two Bodies Immersed in a Solution of Macromolecules, *J. Chem. Phys.*, Vol. 22, pp.1255 - 1256 (1954).

[58] Milling, A., Biggs, S.: Direct Measurement of the Depletion Force Using an Atomic Force Microscope, *J. Colloid Interface Sci.*, Vol. 1995, pp.604 - 606 (1995).

[59] Richetti, P., Kékicheff, P.: Direct measurement of depletion and structural forces in a micellar system, *Phys. Rev. Lett.*, Vol. 68, pp.1951 - 1954 (1992).

[60] Sharma, A., Walz, J. Y.: Direct measurement of the depletion interaction in a charged colloidal dispersion, *J. Chem. Soc., Faraday Trans.*, Vol. 92, pp.4997 - 5004 (1996).

[61] Israelachvili, J., Pashley, R.: The hydrophobic interaction is long range, decaying exponentially with distance, *Nature*, Vol. 300, pp.341 - 342 (1982).

[62] Kurihara, K., Kunitake, T.: Submicron-range attraction between hydrophobic surfaces of monolayer-modified mica in water, *J. Am. Chem. Soc.*, Vol. 114, pp.10927 - 10933 (1992).

[63] Ishida, N., Sakamoto, M., Miyahara, M., Higashitani, K.: Attraction between Hydrophobic Surfaces with and without Gas Phase, *Langmuir*, Vol. 16, pp.5681 - 5687 (2000).

[64] Ishida, N., Inoue, T., Miyahara, M., Higashitani, K.: Nano Bubbles on a Hydrophobic Surface in Water Observed by Tapping-Mode Atomic Force Microscopy, *Langmuir*, Vol. 16, pp.6377-6380 (2000).

[65] Sakamoto, M., Kanda, Y., Miyahara, M., Higashitani, K.: Origin of Long-Range Attractive Force between Surfaces Hydrophobized by Surfactant Adsorption, *Langmuir*, Vol. 18, pp.5713 - 5719 (2002).

[66] Zhang, J., Yoon, R.-H., Mao, M., Ducker, W. A.: Effects of Degassing and Ionic Strength on AFM Force Measurements in Octadecyltrimethylammonium Chloride Solutions, *Langmuir*, Vol. 21, pp.5831 - 5841 (2005).

[67] Ishida, N., Kusaka, Y., Ushijima, H.: Hydrophobic Attraction between Silanated Silica Surfaces in the Absence of Bridging Bubbles, *Langmuir*, Vol. 28, pp.13952 - 13959 (2012).

[68] Tabor, R. F., Wu, C., Grieser, F., Dagastine, R. R., Chan, D. Y. C.: Measurement of the Hydrophobic Force in a Soft Matter System, *J. Phys. Chem. Lett.*, Vol. 4, pp.3872 - 3877 (2013).

[69] Xie, L., Cui, X., Gong, L., Chen, J., Zeng, H.: Recent Advances in the Quantification and Modulation of Hydrophobic Interactions for Interfacial Applications, *Langmuir*, Vol. 36, pp.2985 - 3003 (2020).

[70] Donaldson, S. H. *et al.*: Developing a General Interaction Potential for Hydrophobic and Hydrophilic Interactions, Langmuir, Vol. 31, pp.2051-2064 (2015).

[71] Christenson, H. K., Horn, R. G.: Direct measurement of the force between solid surfaces in a polar liquid, *Chem. Phys. Lett.*, Vol. 98, pp.45 - 48 (1983).

[72] Cheng, G., Qian, J., Tang, Z., Ding, G., Zhu, J.: Dispersion stability of Si3N4

nano-particles modified by γ-methacryloxypropyl trimethoxy silane (MAPTMS) in organic solvent, *Ceram. Int.*, Vol. 41, pp.1879 - 1884 (2015).

[73] 神田陽一, 西村 智, 東谷 公: 吸湿シクロヘキサン中におけるシリカ表面間相互作用力, 粉体工学会誌, Vol. 38(5), pp.316 - 322 (2001).

[74] Mizukami, M., Moteki, M., Kurihara, K.: Hydrogen-Bonded Macrocluster Formation of Ethanol on Silica Surfaces in Cyclohexane, *J. Am. Chem. Soc.*, Vol. 124, pp.12889 - 12897 (2002).

第3章

分散凝集のダイナミクス

3.1　はじめに

コロイド分散系内での粒子の凝集は，輸送単位の大きさと見かけの固体体積分率を増加させる。結果として，粒子径が大きくなることで粒子の沈降速度は増大し，コロイド分散系の安定性や輸送特性が大きく変わる。水処理においては，凝集剤の添加と攪拌による凝集操作は，固液分離を促進する上で必須とも言えるプロセスの１つである。粒子分散系のレオロジーは，粒子が分散状態にあるか凝集状態にあるかに依存する。そのため，凝集過程を理解することは様々な科学および技術の分野において重要となる。

本章では，コロイド粒子の凝集過程を記述する上で基礎となる理論的枠組みを説明し，その枠組みのモデルコロイド分散系への適用性について紹介する。対象としては主に，物理的な機構が比較的明瞭な初期の凝集過程を取り上げる。また，物理化学的な粒子間相互作用において基本的な Derjaguin-Landau-Verwey-Overbeek（DLVO）相互作用が支配的となる，単純な電解質水溶液中で静電的に安定化された粒子を考える。最後に破壊や凝集体構造を考慮に入れた凝集過程モデルの一例に触れる。

3.2　ポピュレーションバランス方程式

コロイド分散系内に浮遊するコロイド粒子は，Brown 運動（拡散）や粒子を取り囲む液体の流れ，重力沈降などにより輸送される。輸送の結果，粒子に相対的な運動が生じれば，粒子同士の衝突や接触が誘発される（図 3.1）。接触時に粒子間の引力が十分に強いと，粒子同士がくっつき合い，フロックと呼ばれる粒子の凝集体が形成される。この凝集過程が継続的に進むことで，フロックの大きさと数の分布が変化する（図 3.2）。凝集によって引き起こされる粒子の大きさと数濃度の時間変化は，いくつかの手法によって検出される。例えば，顕微鏡を通した粒子の直接計数とサイズ測定 [1,2]，分散系の濁度変化 [3,4]，電気的検知（コールターカウンタ）法 [5, 6, 7] で評価された研究がある。

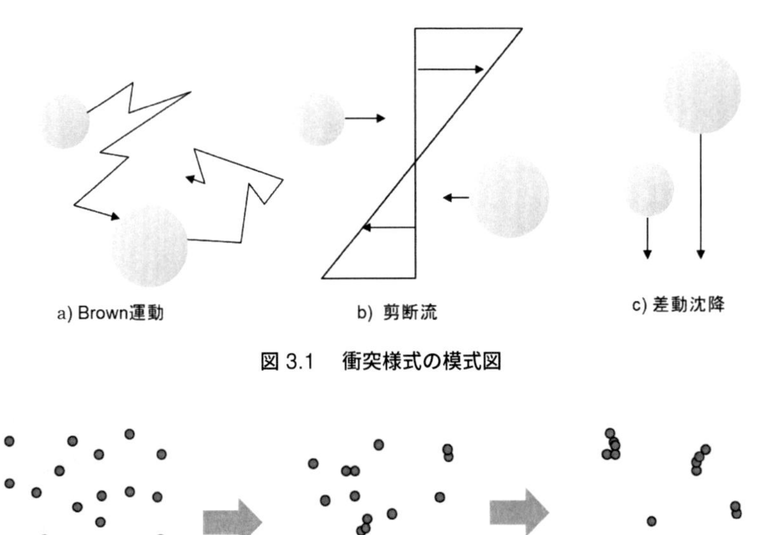

図 3.1　衝突様式の模式図

図 3.2　凝集に伴う時間 t での凝集体のサイズと数濃度の模式図。$N(t)$ は総粒子数濃度，n_i は i 次粒子の数濃度。

凝集過程の数理的な扱いは，Smoluchowski[8] によって始められ，以下の式が導入された。

$$\frac{dn_k}{dt} = \frac{1}{2} \sum_{\substack{i=1 \\ i+j=k}}^{i=k-1} \beta_{ij} n_i n_j - n_k \sum_{j=1}^{\infty} \beta_{kj} n_j \tag{3.2.1}$$

この式は，大きさの揃った単分散の 1 次粒子から構成されるフロック同士の二体衝突によって凝集が進行することを仮定している [8-11]。(3.2.1) 式では，k 次のフロック（k 個の 1 次粒子からなる凝集体）の個数濃度 n_k の時間変化が，i 次と j 次 (i+j=k) のフロック同士の衝突による k 次フロックの形成を表す右辺第 1 項と k 次フロックの他のフロックとの衝突による損失を表す右辺第2項によって決定される。(3.2.1) 式では，フロックの破壊が考慮されていないため，凝集の初期段階でのみ適用可能である。(3.2.1) 式において，β_{ij} は i 次フロックと j 次フロックの凝集速度係数と呼ばれ，フロック間の衝突機構と相互作用を反映している。以下では，フロックを球形と仮定し，球状粒子間における β_{ij} の理論式を示す。

3.3　Brown 運動による凝集

3.3.1　Brown 凝集速度係数

コロイド分散系が静止状態にあっても，分散系中のコロイド粒子は Brown 運動によって絶えず運動しており，結果として粒子間の衝突が生じる。また，粒子間相互作用ポテンシャルの勾配による引力または斥力によっても粒子の運動は誘発される。半径 a_j の j 次フロックに向かう半径 a_i の i 次フロックのフラックスは，拡散フラックスとポテンシャル勾配に起因するフラックスの和で与えられる。なお，フラックスとは単位時間に単位面積を通過する物理量を指し，ここでは物理量として粒子の数を考えている。このフラックスの定式化を通して，i 次フロックと j 次フロックとの Brown 凝集速度係数を求めることができる。座標 r の原点を基準となる j 次フロックの中心とし，i 次フロックは球対称に分布する（図 3.3）

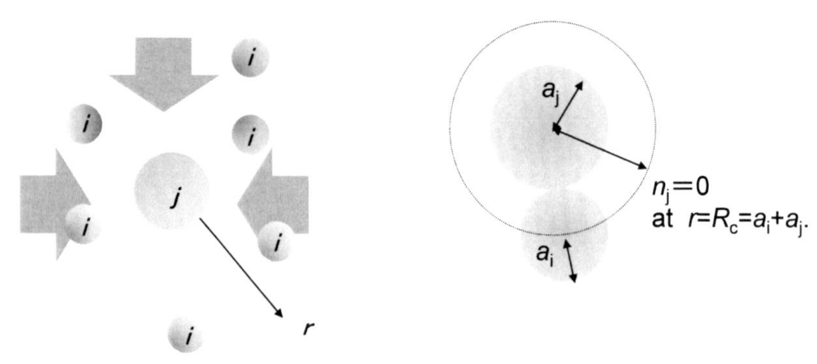

図 3.3　基準となる j 次フロック（球）への i 次フロック（球）のフラックスと衝突球面の模式図

と考えると，フラックス $J(r)$ は次式で与えられる [11, 12]。

$$J(r) = D_{ij}\left(\frac{dn_i}{dr} + \frac{1}{k_BT}\frac{d\Phi}{dr}n_i\right) \tag{3.3.1}$$

上の式において， D_{ij} は相対拡散定数，n_i は単位体積あたりの i 次フロックの数，k_B はボルツマン定数，T は絶対温度，Φ は i 次フロックと j 次フロックの間の物理化学的相互作用のポテンシャルエネルギーである。(3.3.1) 式の右辺第 1 項と第 2 項は，それぞれ拡散フラックスと相互作用力（ポテンシャル勾配）によるフラックスに相当する。定常状態において，単位時間に基準とした 1 つの j 次フロックに衝突する i 次フロックの数 Z は，面積 $4\pi r^2$を かけることで，次式のように与えられる。

$$Z = 4\pi r^2 D_{ij}\left(\frac{dn_i}{dr} + \frac{1}{k_BT}\frac{d\Phi}{dr}n_i\right) = \text{constant}. \tag{3.3.2}$$

境界条件として，衝突により j 次粒子が消滅すること $n_i = 0 \text{ at } r = a_i + a_j$, 無限遠では濃度が一定になること $n_i = n_{i,b} \text{ as } r \to \infty$（図 3.3）を適用すると，次式が得られる。

$$Z = 4\pi n_{i,b}\left[\int_{a_i+a_j}^{\infty}\frac{1}{D_{ij}r^2}\exp\left(\frac{\Phi(r)}{k_BT}\right)dr\right]^{-1} \tag{3.3.3}$$

ここで，$n_\mathrm{i,b}$ はバルクとしての分散系内の i 次フロックの数濃度である。分散系の単位体積当たりに，単位時間で i 次フロックと j 次フロックが衝突する回数は，(3.3.3) 式に n_j を乗じることで，

$$4\pi n_i n_j\left[\int_{a_i+a_j}^{\infty}\frac{1}{D_{ij}r^2}\exp\left(\frac{\Phi(r)}{k_BT}\right)dr\right]^{-1} \tag{3.3.4}$$

と与えられる。ここで，$n_\mathrm{i,b}$ は簡単のために n_i に置き換えられている。最後に，(3.2.1) 式と見比べることで，Brown 凝集速度係数 $\beta_{B,ij}$ は,

$$\beta_{B,ij} = 4\pi\left[\int_{a_i+a_j}^{\infty}\frac{1}{D_{ij}r^2}\exp\left(\frac{\Phi(r)}{k_BT}\right)dr\right]^{-1} \tag{3.3.5}$$

と書ける。さらに詳しく見ていくと，流体力学的相互作用を伴う相対拡散

定数 D_{ij} は次式で与えられる。

$$D_{ij} = \left(\frac{k_B T}{6\pi a_i \mu} + \frac{k_B T}{6\pi a_j \mu} \right) \frac{1}{B_{ij}(h)} \tag{3.3.6}$$

$$B_{ij}(h) = \frac{6\left(\frac{h}{a_{ij}}\right)^2 + 13\left(\frac{h}{a_{ij}}\right) + 2}{6\left(\frac{h}{a_{ij}}\right)^2 + 4\left(\frac{h}{a_{ij}}\right)} \text{with } a_{ij} = \frac{2a_i a_j}{a_i + a_j} \tag{3.3.7}$$

ここで，μ は分散媒の粘度，$h=r-a_i-a_j$ は球形として近似したフロック間の表面間距離である [11, 12, 13]。以上より，Brown 凝集速度係数 $\beta_{B,ij}$ は次のように書き直される。

$$\beta_{B,ij} = \frac{2k_B T}{3\mu} \left(\frac{1}{a_i} + \frac{1}{a_j} \right) (a_i + a_j)\, \alpha_{B,ij} \tag{3.3.8}$$

$$\alpha_{B,ij} = \left[(a_i + a_j) \int_0^\infty \frac{B_{ij}(h)}{(a_i + a_j + h)^2} \exp\left(\frac{\Phi(h)}{k_B T} \right) dh \right]^{-1} \tag{3.3.9}$$

相互作用ポテンシャル $\Phi(h)$ を知り，(3.3.8) 式を用いることで，Brown 凝集速度係数を計算することができる。この計算には，第 2 章で導入されたように，van der Waals 引力に基づくポテンシャル $\Phi_{vdW}(h)$ と電気二重層相互作用のポテンシャル $\Phi_{edl}(h)$ の和で与えられる DLVO 理論によるポテンシャル $\Phi_{DLVO}(h) = \Phi_{edl}(h) + \Phi_{vdW}(h)$ がよく使用される。DLVO 理論で計算された凝集速度係数の性質や適用性については後述する。まず，すべての相互作用を無視する，すなわち，$\Phi=0$, $B_{ij}=1$, $\alpha_{B,ij} = 1$ とすることで，本来の Smoluchowski の凝集速度係数 $\beta_{B,ij}^{SM}$ が

$$\beta_{B,ij}^{SM} = \frac{2k_B T}{3\mu} \left(\frac{1}{a_i} + \frac{1}{a_j} \right) (a_i + a_j) \tag{3.3.10}$$

と得られる。

3.3.2 Smoluchowski 解

半径 a の単分散な球粒子からなる分散系内の凝集初期段階において，$a_i = a_j = a$ を仮定すると，Brown 凝集速度係数は次のように近似される。

$$\beta_{B,11} = \alpha_{B,11}\frac{8k_BT}{3\mu} \tag{3.3.11}$$

$$\alpha_{B,11} = \left[2a\int_0^{\infty}\frac{B_{11}(h)}{(2a+h)^2}\exp\left(\frac{\Phi(h)}{k_BT}\right)dh\right]^{-1} \tag{3.3.12}$$

$\alpha_{B,11}=1$ とすると，Brown 凝集速度係数が粒径に依存しないことがわかる。また，(3.3.10) 式に着目してみても，凝集が進んで大きさの異なるフロック間の衝突を考慮すべき状況になっても，$\beta_{B,ij}^{SM}$ は大きく変化しない。したがって Brown 凝集の場合，$\beta_{B,11}$ を一定と仮定する近似は，凝集がある程度，進んだ後でも，有効と考えられる。そこで一定の凝集速度係数をすべての次数のフロック間の衝突に対して適用すると，(3.2.1) 式は次のように簡略化できる [8, 10]。

$$\begin{aligned}\frac{dn_1}{dt} &= \beta_{B,11}\left(-n_1\textstyle\sum_{i=1}^{\infty}n_i\right)\\ \frac{dn_2}{dt} &= \beta_{B,11}\left(\tfrac{1}{2}n_1n_1 - n_2\textstyle\sum_{i=1}^{\infty}n_i\right)\\ \frac{dn_3}{dt} &= \beta_{B,11}\left(\tfrac{1}{2}(n_1n_2+n_2n_1) - n_3\textstyle\sum_{i=1}^{\infty}n_i\right)\\ &\vdots\end{aligned} \tag{3.3.13}$$

(3.3.13) 式の辺々の総和をとると，時刻 t での総粒子数濃度 $N(t)=\sum_{i=1}^{\infty}n_i$ の時間変化は以下のようになる。

$$\frac{dN(t)}{dt} = -\frac{1}{2}\beta_{B,11}N(t)^2 \tag{3.3.14}$$

(3.3.14) 式を初期条件 $N(t)=N(0)$ at $t=0$ で解くと，

$$\frac{N(t)}{N(0)} = \frac{1}{1+\frac{\beta_{B,11}}{2}N(0)t} \text{ or } \frac{1}{N(t)} - \frac{1}{N(0)} = \frac{\beta_{B,11}}{2}t \tag{3.3.15}$$

が得られる。この式は，Brown 凝集による $N(t)$ の時間的な減少を表している。(3.3.15) 式を用いて，特徴的な凝集時間として，$N(t_B)=N(0)/2$ となる凝集半減期 t_B を，

$$t_B = \frac{2}{\beta_{B,11}N(0)} \tag{3.3.16}$$

と求めることができる。凝集の進行に要する代表的な時間である t_B が数濃度に依存することがわかる。数濃度が高いほど t_B は小さく凝集は短時間で進む。仮に同じ質量濃度と密度を持つ粒子の分散系であっても，粒径が小さければ数濃度は高くなる。つまり，ナノ粒子化すると凝集が進みやすいことになる。

(3.3.15) 式を (3.3.13) 式に代入し，得られた一階の常微分方程式を i=1, 2, 3. . . と順次，定数変化法で解くと，フロックのサイズ（次数）分布の時間変化を，

$$\frac{n_i(t)}{N(0)} = \frac{\left(\frac{t}{t_B}\right)^{i-1}}{\left(1+\frac{t}{t_B}\right)^{i+1}} \tag{3.3.17}$$

と得ることができる。図 3.4 は，(3.3.17) 式により計算された，無次元時間 t/t_B に対する $n_{\mathrm{i}}(t)$ の変化を示したものである。実験的研究 [6,14] により，(3.3.15) 式に示すような $1/N(t)$ と t の比例関係が検証され，Smoluchowski 解が有用であることが確かめられている。しかし，後述する電気二重層の反発力が無視できるような急速凝集領域においても，$\alpha_{B,11}$=1 とした Smoluchowski の Brown 凝集速度係数は実験値よりも大きくなる（図 3.5)。理論と実験の定量的な一致を得るためには，急速

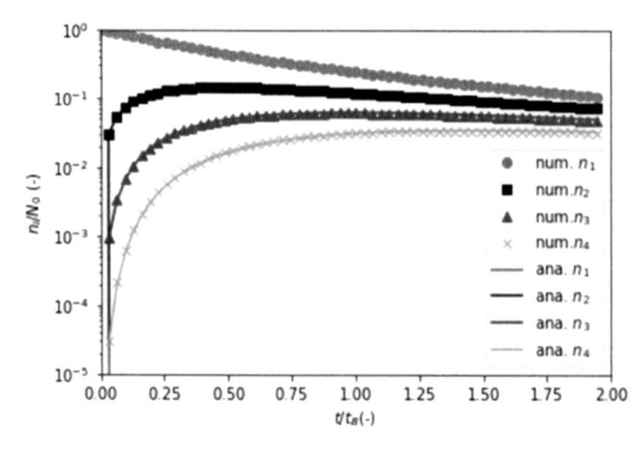

図 3.4　Smoluchowski 解による i 次フロックの数濃度 n_{i} の時間変化（曲線)。フラクタル構造を考慮した数値解（記号）も併せてプロットされている。

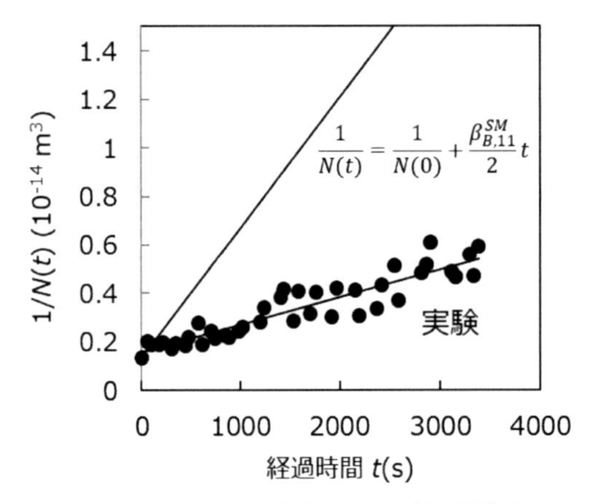

図 3.5　急速凝集領域における Brown 凝集に伴う総粒子数濃度 $N(t)$ の時間変化。Smoluchowski の Brown 凝集速度係数は凝集速度を過大評価している。

凝集領域での捕捉効率 $\alpha_{B,11}$ を 0.2〜1 の範囲とする必要がある [13, 14]。しかし，急速凝集領域での捕捉効率の合理的な値は，

$$\alpha_{B,11}^{f} = \left[2a \int_0^\infty \frac{B_{11}(h)}{(2a+h)^2} \exp\left(\frac{\Phi_{vdW}(h)}{k_B T}\right) dh\right]^{-1} \tag{3.3.18}$$

を使い，van der Waals 引力の大きさを反映する Hamaker 定数の適切な値を選択して計算することで求められる，とする研究もある [9]。また，別の研究 [2, 14] では，実験的な $\alpha_{B,11}^{f}$ は粒子の数濃度 $N(0)$ に依存しており，(3.3.18) 式では説明できないとしている。

サイズ分布に関しては，電気二重層力が無視できる急速凝集領域においては，適切な値の $\alpha_{B,11}^{f}$ を選ぶことで，(3.3.17) 式が有用であるとする実験データが示されている [6, 15]。凝集後期においては，フラクタル構造に代表される発達したフロック構造の影響を考慮する必要があるが，Brown 凝集の初期段階に関しては，その影響はそれほど大きくないようである（図 3.5)。

3.3.3　Brown 凝集に対する DLVO 相互作用の影響

DLVO 理論は，液中において静電的に安定化されたコロイド粒子間の

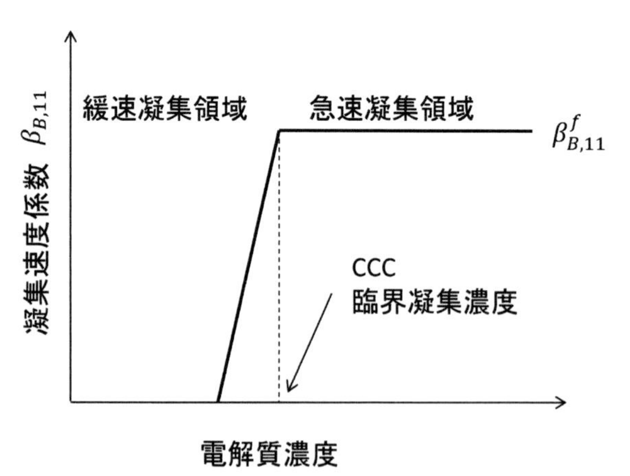

図 3.6　Brown 凝集速度係数の電解質濃度依存性の模式図

相互作用ポテンシャルと力を記述する最も基本的な理論である。DLVO ポテンシャルを使った (3.2.12) 式の数値積分により，Brown 凝集の速度係数 $\beta_{B,11}$ を計算することができる。図 3.6 に凝集速度係数と電解質濃度の関係の模式的グラフを示す。図に示すように，電解質濃度の増加とともに凝集速度係数が増加し，やがて一定値に達する。この凝集速度係数が一定になる最小の電解質濃度は臨界凝集濃度（CCC）と呼ばれる。CCC によって，CCC 以上の急速凝集領域と CCC 以下の緩速凝集領域の 2 種類の凝集領域にわけられる [10, 16]。急速凝集領域での凝集速度係数 $\beta^f_{B,11}$ は衝突頻度と van der Waals ポテンシャルによって決まる。緩速凝集領域では，電気二重層斥力により，凝集速度係数が低下する。DLVO 理論によれば，電解質濃度の増加とともに電気二重層斥力は減少し，凝集速度は速くなる。

コロイド分散系が安定か不安定かを判断することは実用的にも重要である。不安定なコロイド分散系では，粒子が凝集沈降して分離が起きる。一方，分散した粒子が凝集も沈降もしない限り，均一で安定な分散系が得られる。急速凝集領域での凝集速度係数 $\beta^f_{B,11}$ を基準とした相対的な凝集速度係数である安定度比 W は，

$$W = \frac{\beta_{B,11}^{f}}{\beta_{B,11}} \tag{3.3.19}$$

で定義される。W=1 は急速凝集領域に相当するので不安定である。W>>1 であれば，緩速凝集領域の凝集速度係数は十分に小さく，分散系が安定であることを意味する [16]。

帯電により静電的に安定化されたコロイド分散系の安定度比 W と電解質濃度 C の関係（安定度比曲線）については，これまでに様々な条件での実験データが報告されている。これらの多くは緩速凝集領域，CCC，急速凝集領域の存在を確認しており，そのような実験系では DLVO 理論が定性的に妥当であるといえよう [9, 16]。しかし，緩速凝集領域での安定度比曲線の傾き $d\log W/d\log C$ に着目すると，理論値と実験値の間に矛盾があることが古くから知られている [16, 17]（図 3.7a）。この矛盾を解消するために，古典的な DLVO 理論には含まれないいくつかの付加的なメカニズムが提案されてきた。例えば，表面の不均一性や粗さ，van der Waals 力や電気二重層斥力の発生位置のずれなどが挙げられる [3, 10, 16, 18]。そのような中，Behrens ら [19, 20] は，古典的な DLVO 理論が，弱く帯電したラテックス球粒子の安定度比曲線を，いかなるフィッティングパラメータも用いずにうまく記述することを見出している（図 3.7b）。そこでは，相互作用ポテンシャルエネルギーが最大となるエネルギー障壁が

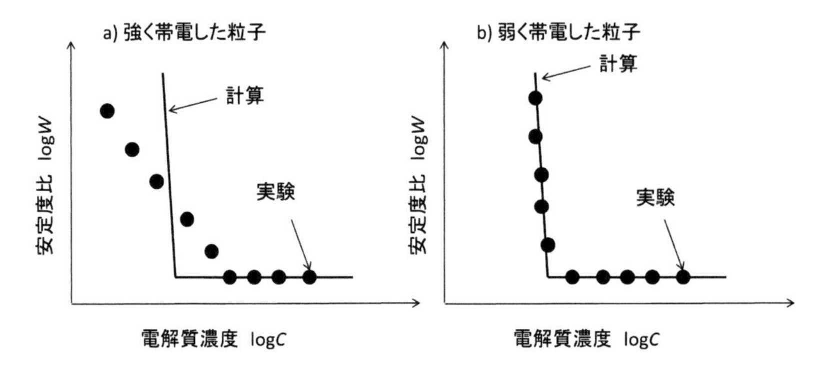

図 3.7　Behrens ら [17] により報告されている安定度比 W の実験結果と計算結果の比較の模式図

現れる表面間距離が 1-2 nm を超えると，DLVO 理論が定量的に機能することが示唆されている。この条件は，弱く帯電した粒子において満たされる。逆に，強く帯電した粒子では，理論と実験の間の不一致が回復する。また，シリカナノ粒子の場合，DLVO 理論による予測とは全く異なり，高塩濃度でも凝集しなくなるといった異常な分散凝集挙動を示す [21, 22, 23]。これらの矛盾に対する決定的な説明はまだなされていない。

3.3.4　臨界凝集イオン強度と DLVO 理論

Brown 凝集での臨界凝集濃度の理論的な予測は，DLVO 理論によるポテンシャルエネルギー曲線の最大値に注目して行われてきた。既に述べられているように，DLVO 理論では，粒子間に働く相互作用のポテンシャルエネルギー Φ_{DLVO} は，van der Waals ポテンシャルエネルギー Φ_{vdW} と電気二重層に起因する静電的なポテンシャルエネルギー Φ_{edl} の足し合わせで表現される。臨界凝集濃度付近では，電解質濃度が比較的高いので，電気二重層は遮蔽されており，表面電位の絶対値は小さめになる。そのような条件では，半径 a が等しい球粒子間の DLVO 相互作用ポテンシャルは次式で与えられる。

$$\Phi_{\mathrm{DLVO}} = \Phi_{\mathrm{vdW}} + \Phi_{\mathrm{edl}} \tag{3.3.20}$$

$$\Phi_{\mathrm{vdW}}(h) = -\frac{Aa}{12h} \tag{3.3.21}$$

$$\Phi_{\mathrm{edl}}(h) = 2\pi a \varepsilon_{\mathrm{r}} \varepsilon_0 \psi_0{}^2 \exp(-\kappa h) \tag{3.3.22}$$

$$\kappa = \left(\frac{2e^2 I N_A}{\varepsilon_{\mathrm{r}} \varepsilon_0 k_B T}\right)^{\frac{1}{2}} \tag{3.3.23}$$

ここで，Hamaker 定数 A は van der Waals 相互作用の大きさの尺度であり，粒子と粒子の間にある媒体の組み合わせでほぼ決まる。κ^{-1} は Debye 長と呼ばれ，イオン強度 I で決まる拡散電気二重層の拡がりの指標である。また，e は電気素量，ψ_0 は表面電位，$\varepsilon_r \varepsilon_0$ は誘電率，N_{A} は Avogadro 数である。また，臨界凝集濃度付近では，電位が低いと想定されるので，表面電位と表面電荷密度 σ の関係も，

$$\sigma = \varepsilon_{\mathrm{r}} \varepsilon_0 \kappa \psi_0 \tag{3.3.24}$$

と近似される。

DLVO 理論のポテンシャルエネルギー曲線では，エネルギー障壁と呼ばれる極大が存在する。エネルギー障壁が凝集を阻害している場合，系は緩速凝集領域にある。イオン強度を増大させたり，表面電位の絶対値を低下させたりすると，エネルギー障壁が低下し，系は緩速凝集領域から急速凝集領域に移行する。エネルギー障壁が失われる条件は，

$$\Phi_{\mathrm{DLVO}} = 0 \text{ and } \frac{d\Phi_{\mathrm{DLVO}}}{dh} = 0 \tag{3.3.25}$$

と考えられている。この条件で決まる電解質濃度が DLVO 理論に基づく臨界凝集濃度となる。電位が低い場合，個々のイオンの濃度と価数を考慮して定まるイオン強度が本質的に重要になるので，臨界凝集濃度ではなく，臨界凝集イオン強度で議論する方が良い。(3.3.20) 式から (3.3.25) 式より，臨界凝集イオン強度 I_c と表面電荷密度 σ との間に，

$$I_c = \left(\frac{\varepsilon_r \varepsilon_0 k_B T}{2e^2 N_A}\right)\left(\frac{24\pi\sigma^2}{A\exp(1)\,\varepsilon_r\varepsilon_0}\right)^{\frac{2}{3}} \tag{3.3.26}$$

の関係が得られる [24]。この関係は，表面電荷密度に代表される帯電量と Hamaker 定数こそが緩速凝集領域と急速凝集領域の境界を定める臨界凝集イオン強度の決定因子であることを表している。

図 3.8 にポリスチレン粒子 [24, 25]，カーボンナノホーン [26]，アロフェン [27] の臨界凝集イオン強度と表面電荷密度の関係を示す。ここでの表面電荷密度は，測定された電気泳動移動度から Smoluchowski の式 [9-12] によりゼータ電位を求め，ゼータ電位と表面電位が等しいと仮定することで (3.3.24) 式から求められている。いわば界面動電的な有効表面電荷密度である。図中に記号で示された実験値と DLVO 理論に基づく (3.3.26) 式による予測値である実線とはよく重なっている。臨界凝集イオン強度の実験値は，様々なイオン種やイオン価数に依存して変わっているものの，DLVO 理論により予測された臨界凝集イオン強度と表面電荷密度の関係と一致している。粒子表面へのイオンの吸着によって決まる有効表面電荷密度の評価と DLVO 理論が臨界凝集イオン強度の議論において極めて有効であることを示唆している。

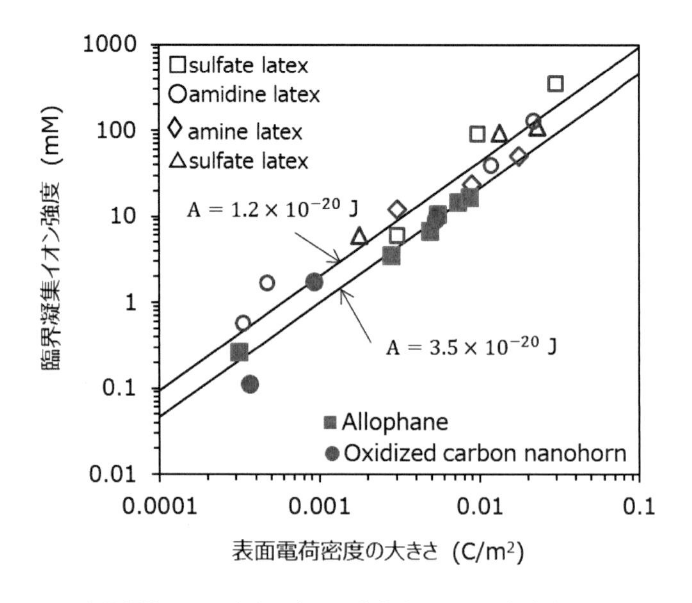

図 3.8　臨界凝集イオン強度と表面電荷密度。記号は実験値 [24-27]，線は Hamaker 定数 A を変えて計算した DLVO 理論による値である。

3.4　流れ場における凝集

3.4.1　剪断流中における衝突頻度

自然環境や工業プロセスにおいて，コロイド粒子はしばしば流体運動にさらされている [9, 10, 28]。粒子同士の衝突を引き起こし得る最も単純な流れである単純剪断流において，流速分布は流れの剪断速度 G によって特徴づけられる。Smoluchowski[8] は，剪断速度 G を持つ剪断流れに置かれた 2 つの球粒子の衝突を，衝突までの粒子間相互作用や粒子の存在による流れ場の乱れを無視して考えた（図 3.9 a)。この場合，粒子は流線に沿って移動し，相手の粒子にインターセプトされて凝集する。単位時間に，基準となる半径 a_j の 1 つの j 次フロック（球）に衝突する半径 a_i の i 次フロック（球）の数 Z は，衝突半径 $R_c = a_i + a_j$ を持つ投影円の領域を通過する流量に，i 次フロックの数濃度 n_i を乗じることで得られる（図

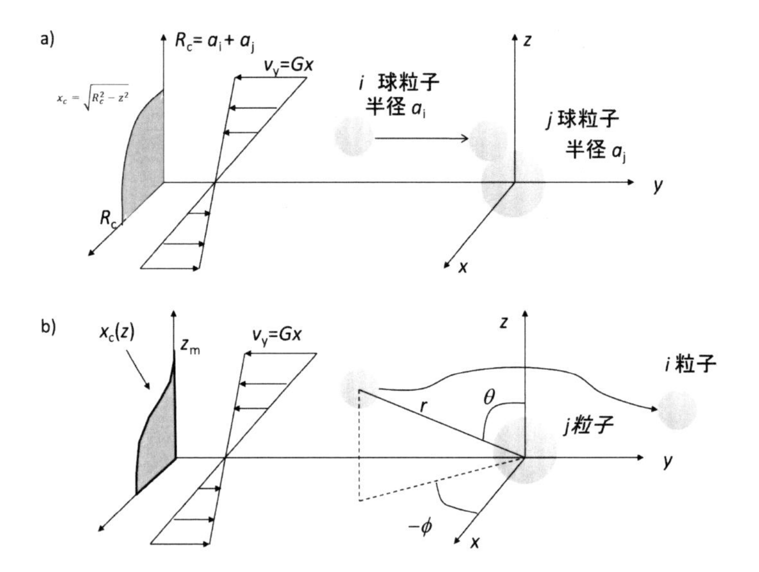

図 3.9 単純剪断流中において衝突する 2 球の軌道。a) Smoluchowski が想定した相互作用なしの場合，b) 流体力学的および物理化学的な相互作用が存在する場合。

3.9 a)。実際には，4 分の 1 円で計算して 4 倍することで，

$$
\begin{aligned}
Z &= 4Gn_i \int_0^{R_c} \int_0^{x_c(z)} xdxdz = 4Gn_i \int_0^{R_c} \frac{x_c^2}{2} d \\
&= 2Gn_i \int_0^{R_c} \left(R_c^2 - z^2\right) dz = \frac{4}{3} G R_c^3 n_i = \frac{4}{3} G \left(a_i + a_j\right)^3 n_i
\end{aligned}
\tag{3.4.1}
$$

と求められる。したがって，剪断流中における Smoluchowski の衝突頻度 $\beta_{S,ij}^{SM}$ が次式のように得られる。

$$
\beta_{S,ij}^{SM} = \frac{4}{3} G \left(a_i + a_j\right)^3 \tag{3.4.2}
$$

この式は，剪断凝集速度が粒子径に強く依存することを示している。半径 a の粒子では，剪断凝集と Brown 凝集の相対的な重要性は，次式で定義されるペクレ数 Pe によって評価することができる。

$$Pe = \frac{\beta_{S,11}^{SM}}{\beta_{B,11}^{SM}} = \frac{\frac{32}{3}Ga^3}{\frac{8k_BT}{3\mu}} = \frac{4\mu Ga^3}{k_BT} \tag{3.4.3}$$

Pe が大きければ，撹拌などで剪断速度を与えることで凝集が促進され得る。逆に粒子が小さいと，どんなに撹拌しても凝集は促進されないことになる。

半径 a の単分散粒子の凝集初期段階では，$a_{\mathrm{i}} = a_{\mathrm{j}} = a$ と想定できる [10, 14]。この場合，(3.3.14) 式と (3.4.2) 式から，総粒子数濃度 $N(t)$ の時間変化を，

$$\frac{dN(t)}{dt} = -\frac{16}{3}Ga^3N(t)^2 \tag{3.4.4}$$

と求めることができる。(3.4.4) 式を，体積分率 φ が一定であると仮定し，$t = 0$ で初期条件 $N(t) = N(0)$ として解くと，

$$\ln\frac{N(t)}{N(0)} = -\frac{4\varphi Gt}{\pi} \tag{3.4.5}$$

が得られる [1, 10]。この式は，剪断流中での凝集の進行度合いを表す $N(0)/N(t)$ が，粒子濃度，剪断速度，時間の積 φGt で決まることを示している。この無次元パラメータ φGt は，工業プラントにおける凝集装置の設計などにおいて実用的な指針となる [10]。

3.4.2　相互作用の影響

Brown 凝集と同様に，元々の Smoluchowski の衝突頻度 $\beta_{S,ij}^{SM}$ では，粒子の存在による流れ場の乱れや衝突以外の粒子間相互作用は考慮されていない。しかし現実には，衝突する粒子間には流体力学的相互作用，電気二重層相互作用，van der Waals 相互作用などが存在する。このような相互作用は衝突軌道を湾曲させ，凝集速度係数に影響を与える（図 3.9 b)。相互作用による凝集速度係数の変化は，剪断凝集における捕捉効率 $\alpha_{S,ij}$ を導入することで表現できる [10, 14, 29]。

$$\beta_{S,ij} = \alpha_{S,ij}\beta_{S,ij}^{SM} \tag{3.4.6}$$

単純剪断流において，DLVO 相互作用力を考慮に入れた捕捉効率の理論的評価は，van de Ven と Mason，Zeichner と Schowalter[29, 30]

により，下記の軌道方程式を数値的に解くことで開始された [31, 32]。

$$\frac{dr}{dt} = Gr\,(1 - A')\sin^2\theta\sin\phi\cos\phi + \frac{C'}{6\pi\mu a_j}\,(F_{edl} + F_{vdW}) \qquad (3.4.7)$$

$$\frac{d\theta}{dt} = G\,(1 - B')\sin\theta\cos\theta\sin\phi\cos\phi \qquad (3.4.8)$$

$$\frac{d\varphi}{dt} = G\left(\cos^2\phi - \frac{B'}{2}\cos 2\phi\right) \qquad (3.4.9)$$

ここでは，(r, θ, ϕ) は，球形で近似する j 次フロックの中心を原点とする球座標で表した i 次フロック（球）の中心位置である（図 3.9 b）。(3.4.7)～(3.4.9) 式において，A', B', C' は流体力学的相互作用関数，F_{edl} と F_{vdW} はそれぞれ電気二重層力と van der Waals 力である。軌道方程式は衝突する球の相対運動を記述する。衝突軌道の計算では，i 次フロックを上流側に設定する初期位置から解放し，軌道方程式に従って移動させる。解放された i 次フロックは，基準となる j 次フロックにくっつくか（凝集），下流に流されるか（非凝集），の運命を辿る。i 次フロックが解放される上流のスタート位置 y で，試行的に多数の出発点 (x, z) から計算を繰り返すと，凝集するかしないかの境界線 $x_{\mathrm{c}}\,(z)$ で区切られる捕捉断面を得ることができる（図 3.10）。捕捉断面内の初期位置からスタートした球はすべて凝集する。この捕捉断面の境界形状 $x_{\mathrm{c}}\,(z)$ から，捕捉効率 $\alpha_{S,ij}$ を以下の式から評価することができる [31, 32]。

$$\alpha_{S,ij} = \frac{3}{2\left(a_i + a_j\right)^3}\int_0^{z_m} [x_c\,(z)]^2\,dz \qquad (3.4.10)$$

電気二重層力が作用しない場合，剪断凝集の捕捉効率の計算値は，van der Waals 力と流体力学的力の比を意味する無次元パラメータ C_{A}，H_{A} を用いた相関式にまとめられている。大きさの等しい球粒子に対しては，次の式が提案されている [29, 33]。

$$\alpha^f_{S,11} = f\,(a)\,{C_A}^{0.18}, C_A = \frac{A}{36\pi\mu a^3 G} \qquad (3.4.11)$$

ここで粒径に依存する係数 $f(a)$ は，粒子半径 $a = 2, 1, 0.5\mu\mathrm{m}$ において，それぞれ $f(a) = 0.79, 0.87, 0.95$ となる [29]。大きさの異なる球粒子間の

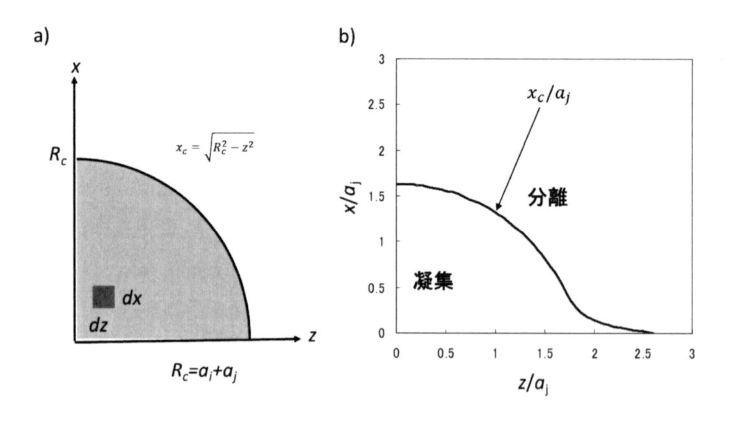

図 3.10　剪断凝集速度を計算する衝突断面積。a) 相互作用なし，b) 相互作用あり。

剪断ヘテロ凝集の捕捉効率は次のようにまとめられている。

$$\alpha_{S,ij}^{f} = \frac{8}{(1+\lambda)^3} 10^{\left(a'+b'\lambda+c'\lambda^2+d'\lambda^4\right)}, H_A = \frac{A}{18\pi\mu G\left(2a_j\right)^3} \qquad (3.4.12)$$

ここで，$a_{\mathrm{i}} < a_{\mathrm{j}}$ とした $\lambda = a_{\mathrm{i}}/a_{\mathrm{j}}$ は粒径比，a', b', c' および d' は H_{A} に依存する定数である [33]。Adachi[14] は層流剪断流中の単分散ラテックス球の急速凝集速度に関して発表されたデータをレビューし，(3.4.6), (3.4.11) 式による計算値は，A=10^{-21} J とすることにより，実験値と定量的に一致することを示した。同様の結論が Sato ら [1], Kobayashi[34] によっても報告されている（図 3.11）。A の値は理論値（～10^{-20} J）[20, 35] よりも小さく，表面の粗さや表面近傍にある水分子，水和イオンの存在が引力を実質的に弱めているためと考えられる [1, 35, 36]。

図 3.12 には，van der Waals 力と同時に反発的な電気二重層力が存在する場合の捕捉効率 $\alpha_{S,11}$ の κa（電解質濃度の平方根に比例する）と C_{A}（剪断速度に反比例する）への依存性が示されている [29]。この図から，計算された剪断凝集の捕捉効率の 2 つの特徴が読み取れる。1 つ目は，臨界凝集濃度が流れの剪断速度の増加とともに増加すること，2 つ目は緩速凝集領域での傾きが剪断速度の増加とともに緩やかになることである。Sato ら [37] の実験データは，これらの計算に基づく特徴と定性的に一致

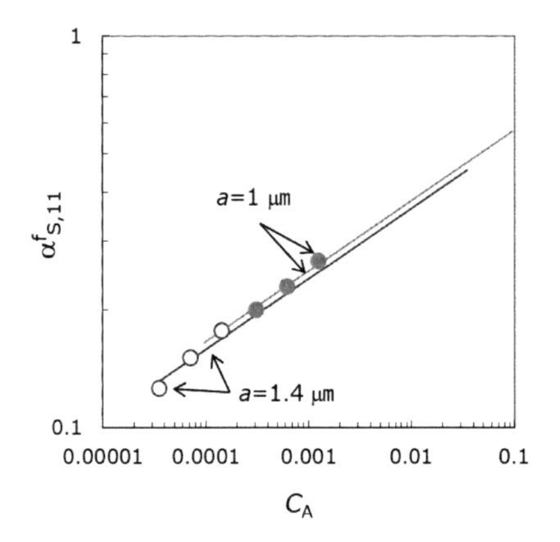

図 3.11　電気二重層力が無視できる条件での剪断凝集の捕捉効率。記号は実験値で線は Hamaker 定数 A（10^{-21} J）をそれぞれ半径 $a = 1$ と 1.4 μm の粒子について 3 と 1 として計算値である [34]。

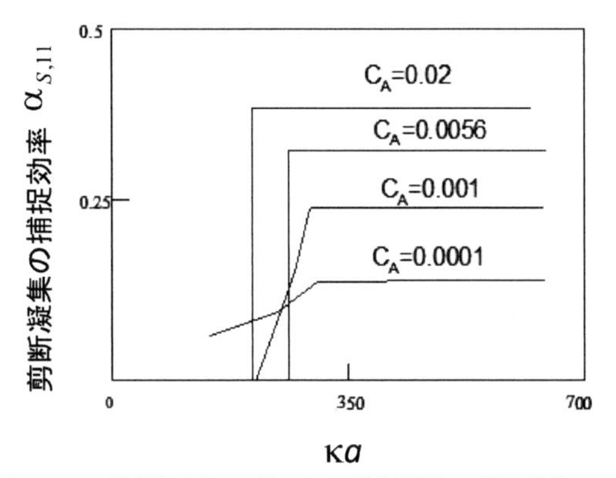

図 3.12　軌道解析から得られた剪断凝集の捕捉効率 [29]

している。しかし，理論と実験の定量的な一致はまだ十分とはいえない [38]。また，剪断流れと Brown 運動が同程度に凝集に寄与する状況では，両者による凝集速度係数の単純和をとることが有効であるとされているものの，その根拠はまだ十分に検討されていない [14]。

3.4.3　乱流凝集

日常で見られる多くの流れは時間的・空間的に変動する乱流となる。流速が変動する乱流場は，長さスケールの異なる多数の渦から構成されていると認識されている [39]。そこでは大きな渦は多数の小さな渦を生み，その小さな渦がさらに小さな渦を生むような描像が与えられている（図 3.13）。この過程はカスケードプロセスと呼ばれ，運動エネルギーが大きな渦から小さな渦に輸送され，大きな渦に伴う方向性の偏りが小さなスケールの渦では徐々に失われていくと考えられている。このような描像に基づき，Kolmogorov は乱流の局所等方性仮説を提唱し，局所領域での乱流に関する諸量は統計的に等方的になり，伝達された運動エネルギーは乱流の最小スケールで最終的に粘性により熱として散逸するとした。さらに局所的に等方的な領域では，統計的な物理量は，動粘性係数 ν と単位質量あたりのエネルギー散逸率 ε の 2 つのスカラー量で与えることができるとした。エネルギー散逸が卓説する乱流の最小スケールは，Kolmogorov マイクロスケールと呼ばれ，次元解析から次式で与えられる [39]。

$$\eta_K = \left(\frac{\nu^3}{\varepsilon}\right)^{\frac{1}{4}} \tag{3.4.13}$$

小さなコロイド粒子の衝突は，Kolmogorov のマイクロスケールより小さな領域で起きると考えられる。そこでは局所等方性乱流が想定でき，かつ乱流とはいえ流体力学的な粘性力が支配的と考えられる [7, 14, 15]。

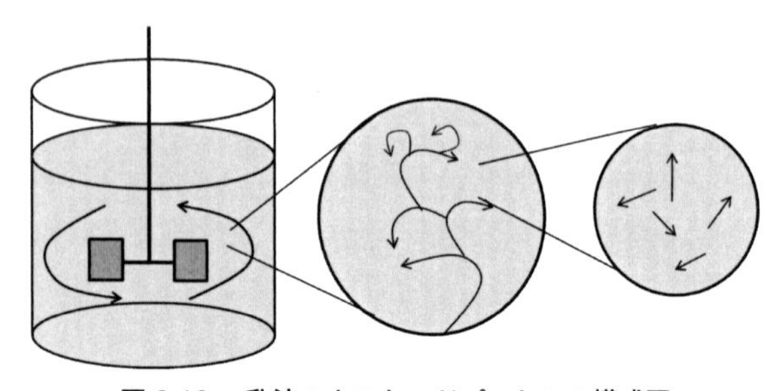

図 3.13　乱流のカスケードプロセスの模式図

一様等方性乱流場における衝突頻度の導出は，Saffman and Turner[40] により行われた。彼らは，単位時間に，基準となる 1 つの半径 a_j の j 次フロック（球）に衝突する半径 a_i の i 次フロック（球）の平均的な数 Z を，半径 $R_c(=a_i+a_j)$ を持つ衝突球の表面における平均的な内向き流量を算出することで，

$$Z = 2\pi R_c^2 \cdot \overline{\left|\frac{\partial u_r}{\partial r}\right|} R_c n_i \tag{3.4.14}$$

のように表現した。ここで，r は j 次フロック（球）の中心からの距離である。原点と $r=R_c$ の位置での相対流速の r 方向成分が u_r である。その縦 (r) 方向微分の絶対値平均 $\overline{|\partial u_r/\partial r|}$ は，Taylor の一様等方性乱流の統計理論の結果と，Townsend による測定結果に基づいて $\partial u_r/\partial r$ の変動がほぼ正規分布に従うとの仮定から，

$$\overline{\left|\frac{\partial u_r}{\partial r}\right|} = \sqrt{\frac{2\varepsilon}{15\pi\nu}} \tag{3.4.15}$$

と与えられる。これを (3.4.14) 式に代入することで，Saffman and Turner による乱流中の衝突頻度 $\beta_{T,ij}^{ST}$ が次式のように求められる。

$$\beta_{T,ij}^{ST} = \sqrt{\frac{8\pi\varepsilon}{15\nu}} R_c^3 \tag{3.4.16}$$

Saffman と Turner による衝突頻度の式は，Smoluchowski の剪断凝集の衝突頻度と同様に，衝突以外の粒子間相互作用と粒子の存在による流れの乱れを考慮していない。しかし，剪断凝集で考えたように，流体力学的な相互作用と物理化学的な相互作用は凝集速度を変化させる。粒子間相互作用の影響による修正は，乱流中における捕捉効率 $\alpha_{T,ij}$ を導入することで，

$$\beta_{T,ij} = \alpha_{T,ij}\beta_{T,ij}^{ST} \tag{3.4.17}$$

のように表現される [7, 14, 15]。現時点では，乱流における捕捉効率の厳密な評価方法は確立していない。そこで，第一近似として，Kolmogorov のマイクロスケール内では粘性の効果が大きいことから，剪断凝集で得ら

れた捕捉効率を援用する方法が採用されている。このとき，剪断速度 G を G_T とし，G_T を相対速度の横方向微分の絶対値平均に置き換えて乱流凝集に用いている [7, 14, 15]。このような考えのもと，電気二重層力が存在しない場合，半径 a の等しい球粒子に対する乱流凝集の捕捉効率 $\alpha_{T,11}^f$ は,

$$\alpha_{T,11}^f = f(a)\, {C_A}^{0.18},\ C_A = \frac{A}{36\pi\mu a^3 G_T},\ G_T = \sqrt{\frac{4\varepsilon}{15\pi\nu}} \qquad (3.4.18)$$

となる。(3.4.18) 式の実用的な有用性は実験よって確認されている [7, 14, 15, 41]。電気二重層力が遮蔽されて急速凝集領域にあると考えられる電解質濃度の高い水溶液において，ラテックス球粒子を用いて測定された乱流凝集速度係数を図 3.14 に示す。図には乱流中の急速凝集速度係数が粒子径に対してプロットされている [41]。この図から，実線で示されている層流場での結果を近似的に導入した (3.4.17) 式と (3.4.18) 式による計算値が実験データを良好に再現していることがわかる。

斥力的な電気二重層力が乱流凝集に及ぼす影響については，Kobayashi ら [5] により，単分散ラテックス球の乱流凝集速度係数を撹拌強度や電解

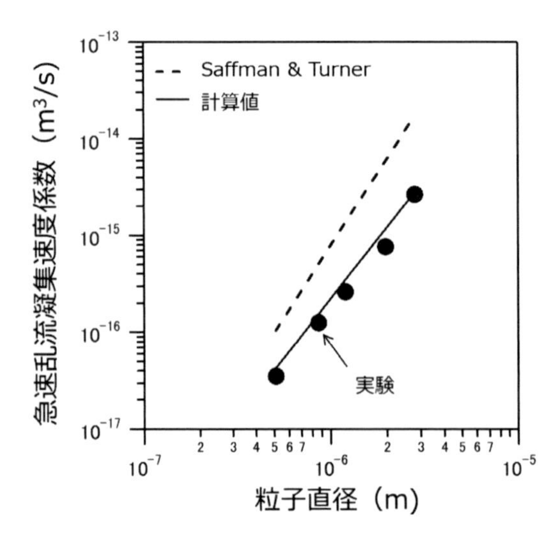

図 3.14　急速乱流凝集速度係数と粒子直径の関係 [41]

質濃度の関数として測定することで検討されている。電気二重層斥力が存在する条件で得られた乱流中の捕捉効率 $\alpha_{T,11}$ は，層流剪断流において計算されたものと定性的には似た傾向を示している（図 3.15）。これらの結果は，Kolmogolov マイクロスケール内の流れ場が一種の層流剪断流として近似し得ることを示唆している。

電気二重層引力が作用するような異符号に帯電した粒子のヘテロ凝集では，電解質濃度が低いときに凝集速度が促進されるものの，表面電荷密度の大きさは凝集速度の顕著な促進には寄与しない [42]。この傾向は Brown 凝集でも確認されており，電気二重層引力の大きさよりも，引力の作用範囲が長距離に及ぶ効果が凝集速度に寄与するためと考えられる [43]。

最近，Gao らは転倒撹拌流れと多価イオンの存在が臨界凝集濃度に及ぼす影響を検討している [44]。実験では，乱流場での臨界凝集濃度は Brown 凝集のものよりも高くなった。しかし，同じ DLVO 相互作用を使い，(3.3.11) 式と $G_T = \sqrt{4\varepsilon/15\pi\nu}$ として軌道解析により求めた (3.4.17) 式で計算した結果は実験結果を再現できなかった。一方，ランダム流れを考慮した計算は，流れの有無が臨界凝集濃度に与える効果を再現している。この点については，今後，さらなる検討が必要であろう。

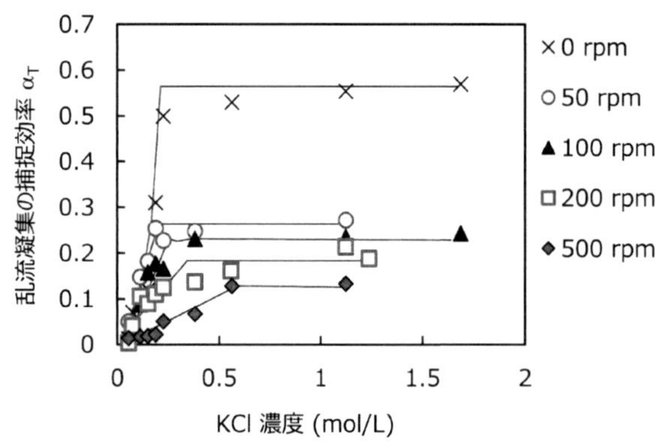

図 3.15　回転数の異なる撹拌乱流場で得られた捕捉効率の実験値。線はガイドのために引かれている [5]。

3.5　乱流凝集の後期過程を考慮したモデル

固体微粒子の凝集が進行した場合に形成される大きなフロックの構造は，自己相似なフラクタル構造として議論される [9, 10, 45]。凝集が進むと，フラクタルなフロック間の凝集過程の記述や成長したフロックが流れの作用で破壊されることなども考えなければならない [9, 10, 45]。多数の 1 次粒子からなる巨大なフロックまで視野に入れると，(3.2.1) 式で扱う式の数が多くなり，解くことが困難になる。これらの課題をすべて考慮に入れたモデルはいくつか提案されている [46,47]。ただ，いずれも多くの仮定が導入されており，詳細な検討はなお必要であろう。以下では，比較的内容をフォローして計算を再現しやすいと思われる Selomulya ら [46] の論文で使用された式を示す。

解くべき式の数を減らすため，(3.2.1) 式のように i 個の 1 次粒子からなる i 次フロックごとに収支をとらず，等比数列的にフロック体積を $v_{i+1}=2v_i$ と増やした区間を設定し，フロック体積ごとにグルーピングする。i 番目の区間にあるフロックは 2^{i-1} 個の 1 次粒子からなる。Hounslow ら [48] に従うと，i 区間にあるフロックの数濃度 N_i は次のような収支式に従って変化する。

$$\begin{aligned}\frac{dN_i}{dt} \quad = \quad & \sum_{j=1}^{i-2} 2^{j-i+1}\alpha_{i-1,j}\beta_{i-1,j}N_{i-1}N_j + \frac{1}{2}\alpha_{i-1,i-1}\beta_{i-1,i-1}N_{i-1}N_{i-1} \\ & -N_i\sum_{j=1}^{i-1} 2^{j-i}\alpha_{ij}\beta_{ij}N_j - N_i\sum_{j=i}^{\max 1} \alpha_{ij}\beta_{ij}N_j \\ & -S_iN_i + \sum_{j=i}^{\max 2} \Gamma_{ij}S_jN_j\end{aligned} \tag{3.5.1}$$

ここで，右辺の第 1 項と第 2 項は i 区間にあるフロックよりも小さなフロックの凝集による i 区間のフロックの増加を，第 3 項と第 4 項は i 区間にあるフロックが別の区間にあるフロックと凝集することにより消失することを表す。第 5 項は i 区間にあるフロックの破壊による消失を，第 6 項はより大きなフロックの破壊による i 区間にあるフロックの増加を表す。また，max1 と max2 により第 4 項と第 6 項をどの区間まで評価するかが設定される。

凝集項の β_{ij} については，Smoluchowski や Saffman and Turner の

衝突頻度を採用する。ここで計算上必要となる i 区間フロックの半径 $a_{\mathrm{f,i}}$ は，フロックがフラクタル次元 D のフラクタル構造を持つとすると，1 次粒子の半径 a を用いて，

$$a_{\mathrm{f,i}} = 2^{\frac{i-1}{D}} a \tag{3.5.2}$$

と書ける。フロック間の捕捉効率 α_{ij} には，

$$\alpha_{ij} = \alpha_{\max} \left[\frac{\exp\left(-x\left(1-\frac{i}{j}\right)^2\right)}{(i \times j)^y} \right] \tag{3.5.3}$$

の式が採用されているものの，この関数やパラメータ $\alpha_{\max}, x, y$ の根拠は明瞭ではない。

破壊速度 S_i は，半経験式として，

$$S_i = \sqrt{\frac{4\varepsilon}{15\pi\nu}} \exp\left(-\frac{\varepsilon_{bi}}{\varepsilon}\right) \tag{3.5.4}$$

と設定されている。ε_{bi} は破壊を引き起こす臨界エネルギー散逸率として導入されており，フロック径の関数として $\varepsilon_{\mathrm{bi}} = B/a_{\mathrm{f,i}}$ と設定されている。B は比例係数である。破壊の分布関数 Γ_{ij} は j 区間のフロックが壊れて i 区間に分配されることを表現している。もっとも簡単と思われる等しい大きさにフロックが分裂することを仮定すると，max 2 = i+1 となり，

$$\Gamma_{ij} = \begin{cases} 2 & \text{for} \quad j = i+1 \\ 0 & \text{for} \quad j \neq i+1 \end{cases} \tag{3.5.5}$$

となる。

以上の式でパラメータを適切に設定することで，フロック径分布や平均フロック径の時間変化を計算できる。図 3.16 に (3.5.1) 式による計算例を示す。フロック径が凝集により増加し，やがて破壊速度とバランスすることで，定常状態の一定値に達することがわかる。多数の粒子の運動をすべて解くことに比べると，短時間で計算ができるので，実用的には有用性があるであろう。ただし，採用された関数とパラメータの妥当性や意味には

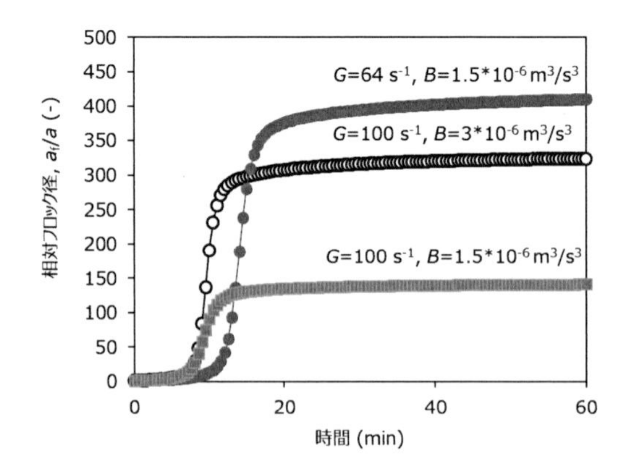

図 3.16　Selomulya ら [46] が使用したモデルによる乱流中の相対フロック径 (a_f/a) の時間変化の計算例。G は局所剪断速度，B は臨界エネルギー散逸率を決めるパラメータである。凝集とフロック破壊がバランスして一定の大きさに達する。

注意が必要であり，フロックがどの程度の力で壊れるのか [49,50,51]，対象とする場で剪断速度の分布があるような場合はどうするのか [47]，といった各過程の機構と併せて，今後の継続的な研究が必要であろう。

以上，凝集過程を記述する上で基本となる古典的な理論とモデルを紹介した。ここでは，主に静電的に安定化された粒子の凝集初期段階に焦点をあてた。より実用的にも重要で複雑なトピックとして，高分子や界面活性剤の添加が凝集分散に与える影響が挙げられる [9, 10, 16, 45, 52]。さらには，固体微粒子の凝集が進行した場合に形成される大きなフロックの構造の発展 [9, 10, 45, 46, 47] や成長したフロックが流れの作用で破壊されるプロセスや力の評価 [49, 50, 51, 53, 54] など，それぞれの研究の進展に対応して凝集過程モデルを改善していく必要があろう。

参考文献

[1] Sato, D., Kobayashi, M., Adachi, Y.: Effect of floc structure on the rate of shear coagulation, *J. Colloid Interface. Sci.*, Vol. 272, pp. 345 - 351 (2004).

[2] Fukasawa, T., Adachi, Y.: Effect of floc structure on the rate of Brownian coagulation, *J. Colloid Interface Sci.*, Vol. 304, pp. 115 - 118 (2006).

[3] Penners, N. H. G., Koopal, L. K.: The effect of particle size on the stability of haematite (α-Fe_2O_3) hydrosols, *Colloids Surf.* Vol. 28, pp. 67 - 83 (1987).

[4] Sun, Z., Liu, J., Xu, S.: Study on improving thurbidity measurement of the absolute coagulation constant, *Langmuir*, Vol. 22, pp. 4946 - 4951 (2006).

[5] Kobayashi, M., Maekita, T., Adachi, Y., Sasaki, H.: Colloid stability and coagulation rate of polystyrene latex particles in a turbulent flow, *International J. Mineral Processing*, Vol. 73, pp. 177 - 181 (2004).

[6] Higashitani, K., Matsuno, Y.: Rapid Brownian coagulation of colloidal dispersion, *J. Chem. Eng. Japan*, Vol. 12, pp. 460 - 465 (1979).

[7] Higashitani, K., Yamauchi, K., Matsuno, Y., Hosokawa, G.: Turbulent coagulation of particles dispersed in a viscous fluid, *J. Chem. Eng. Japan*, Vol. 16, pp. 299 - 304 (1983).

[8] von Smoluchowski, M., Versuch einer mathematischen thorie der koagulationkinic kolloider loesungen, *Z. Phy. Chem.*, Vol. 92, pp. 129 - 168 (1917).

[9] Russel, W. B., Saville, D. A., Schowalter, W.R.: "Colloidal Dispersions", Cambridge University Press, Cambridge, (1989) .

[10] Elimelech, M., Gregory, J., Jia, X., Williams, R. A.: "Particle Deposition & Aggregation", Butterworth-Heinemann, Woburn, (1998).

[11] Masliyah, J. H., Bhattacharjee, S., "Electrokinic and Colloid Transport Phenomena", John Wiley & Sons, Hoboken, (2006).

[12] Hiemenz, P. C., Rajagopalan, R.: "Principles of Colloid and Surface Chemistry", 3rd ed., Marcel Dekker, New York, (1997).

[13] Lin, W., Kobayashi, M., Skarba, M., Mu, C., Gallto, P., Borkovec M.: Heroaggregation in binary mixtures of oppositely charged particles, *Langmuir*, Vol. 22, pp. 1038 - 1047(2006).

[14] Adachi, Y.: Dynamic aspects of coagulation and flocculation, *Adv. Colloid Interface Sci.*, Vol. 56, pp. 1 - 31 (1995).

[15] Adachi, Y., Cohen Stuart, M., A., Fokkink, R.: Kinics of coagulation studied by means of end-over-end rotation, *J. Colloid Interface Sci.*, Vol. 165, pp. 310 - 317 (1994).

[16] Borkovec, M., Behrens, S. H.: Stabilization of aqueous colloidal dispersions: electrostatic and steric forces, in Somasundaran, P., Hubbard, A. Eds. "Encyclopedia of Surface and Colloid Science", 2nd ed., pp. 4795 - 4805 (2006).

[17] Behrens, S. H., Semmler, M., Borkovec, M.: Aggregation in sulfate latex suspensions: the role of charge for stability predictions, *Prog. Colloid Polymer Sci.*, Vol. 110, pp. 66 - 69 (1998).

[18] Kihira, H., Ryde, N., Matijević, E.: Kinics of herocoagulation. Part.2—The effect of the discreness of surface charge, *J. Chem. Soc., Faraday Trans.*, Vol. 88, pp. 2379 - 2386 (1992).

[19] Behrens, S. H., Borkovec, M., Schurtenberger, P.: Aggregation in

charge-stabilized colloidal suspensions revisited, *Langmuir*, Vol. 14, pp. 1951 - 1954 (1998).

[20] Behrens, S. H., Christl, D. I., Emmerzael, R., Schurtenberger, P., Borkovec M.: Charging and aggregation properties of carboxyl latex particles: experiment versus DLVO-theory, *Langmuir*, Vol. 16, pp. 2566 - 2575 (2000).

[21] Iler, R. K.: "The Chemistry of Silica", John Wiley & Sons, New York, (1979).

[22] Kobayashi, M., Juillerat, F., Gallto, P., Bowen, P., Borkovec, M.: Aggregation and charging of colloidal silica particles: effect of particle size, *Langmuir*, Vol. 21, pp. 5761 - 5769 (2005).

[23] Higashitani, K., Nakamura, K., Shimamura, T., Fukasawa, T., Tsuchiya, K., Mori, Y.: Orders of magnitude reduction of rapid coagulation rate with decreasing size of silica nanoparticles, *Langmuir*, Vol. 33(20), pp.5046 - 5051 (2017).

[24] Trefalt, G., Szilagyi, I., Tellez, G., Borkovec, M.: Colloidal stability in asymmric electrolytes: modifications of the Schulze–Hardy rule, *Langmuir*, Vol. 33(7), pp. 1695 - 1704 (2017).

[25] Oncsik, T., Trefalt, G., Borkovec, M., Szilagyi, I.: Specific ion effects on particle aggregation induced by monovalent salts within the Hofmeister series, *Langmuir*, Vol. 31(13), pp.3799 - 3807 (2015).

[26] Omija, K., Hakim, A., Masuda, K., Yamaguchi, A., Kobayashi, M.: Effect of counter ion valence and pH on the aggregation and charging of oxidized carbon nanohorn (CNHox) in aqueous solution. *Colloids Surf. A*, Vol. 619, p.126552 (2021).

[27] Takeshita, C., Masuda, K., Kobayashi, M.: The effect of monovalent anion species on the aggregation and charging of allophane clay nanoparticles. *Colloids Surf. A*, Vol. 577, pp.103 - 109 (2019).

[28] Droppo, I. G., Leppard, G. G., Liss, S. N., Milligan, T. G., Eds.: "Flocculation in Natural and Engineered Environmental Systems", CRC Press, Boca Raton (2004).

[29] Van de Ven, T. G. M., Mason, S. G.: The microrheology of colloidal dispersions VII. Orthokinic doubl formation of spheres, *Colloid Polymer Sci.*, Vol. 255, pp. 468 - 479 (1977).

[30] Zeichner, G. R., Schowalter, W. R.: Use of trajectory analysis to study stability of colloidal dispersions in flow fields, *AIChE J.*, Vol. 23, pp. 243 - 254 (1977).

[31] Vanni, M., Baldi, J. B.: Coagulation efficiency of colloidal particles in shear flow, *Adv. Colloid Interface Sci.*, Vol. 97, pp. 151 - 177 (2002).

[32] Wang, Q.: A study on shear coagulation and herocoagulation, *J. Colloid Interface Sci.*, Vol. 150, pp. 418 - 427 (1992).

[33] Han, M., Lawler, D. F.: The (relative) insignificance of G in flocculation, *J. American Water Works Assoc.*, Vol. 84(10), pp. 79 - 91 (1992).

[34] Kobayashi, M.: Aggregation of unequal-sized and oppositely charged colloidal particles in a shear flow, *J. Appl. Mech., JSCE*, Vol. 11, pp. 517 - 523 (2008).

[35] Israelachvili, J. N.: "Intermolecular and Surface Forces", 2nd ed., Academic Press, London, (1992).

[36] Vakarelski, I. U., Ishimura, K., Higashitani, K.: Adhesion bween silica particle and mica surfaces in water and electrolyte solution, *J. Colloid Interface Sci.*, Vol. 227, pp. 111 - 118 (2000).

[37] Sato, D., Kobayashi, M., Adachi, Y.: Capture efficiency and coagulation rate of polystyrene latex particles in a laminar shear flow: Effects of ionic strength and shear rate, *Colloids Surf. A*, Vol. 266, pp. 150 - 154 (2005).

[38] Sugimoto, T., Kobayashi, M., Adachi, Y.: Aggregation rate of charged colloidal particles in a shear flow: trajectory analysis using non-linear Poisson-Boltzmann solution. 土木学会論文集 *A2 (応用力学)*, Vol. 70(2), pp.I_475 - I_482 (2014).

[39] Pope, S. B., "Turbulent Flows", Cambridge University Press, Cambridge, (2000) .

[40] Saffman, P. G., Turner, J. S.: On the collision of drops in turbulent clouds, *J. Fluid Mech.*, Vol. 1, pp. 16 - 30 (1956).

[41] Kobayashi, M., Ishibashi, D.: Absolute rate of turbulent coagulation from turbidity measurement., *Colloid Polymer Sci.*, Vol. 289, pp. 831 - 836 (2011).

[42] Sugimoto, T., Adachi, Y., Kobayashi, M.: Heteroaggregation rate coefficients between oppositely charged particles in a mixing flow: Effect of surface charge density and salt concentration. *Colloids Surf. A*, Vol. 632, p.127795 (2022).

[43] Sugimoto, T., Kobayashi, M.: Critical coagulation ionic strengths for heteroaggregation in the presence of multivalent ions. *Colloids Surf. A*, Vol. 603, p.125234 (2020).

[44] Gao, J., Sugimoto, T., Kobayashi, M.: Effects of ionic valence on aggregation kinetics of colloidal particles with and without a mixing flow, *J. Colloid Interface Sci.*, Vol. 658, pp. 733 - 742 (2023).

[45] Adachi, Y., Kobayashi, A., Kobayashi, M.: Structure of colloidal flocs in relation to the dynamic properties of unstable suspension. *Int. J. Polym. Sci.*, Vol. 2012, ID 574878 (2012).

[46] Selomulya, C., Bushell, G., Amal, R., Wait.D.: Understanding the role of restructuring in flocculation: The application of a population balance model. *Chem. Eng. Sci.*, Vol. 58(2), pp.327 - 338 (2003).

[47] Jeldres, R. I., Fawell, P. D., Florio, B. J.: Population balance modelling to describhe particle aggregation process: A review, *Powder Tech.*, Vol. 326, pp.190 - 207 (2018).

[48] Hounslow, M. J., Ryall, R. L., Marshall, V. R.: A discrized population balance for nucleation, growth, and aggregation, *AIChE J.*, Vol. 34(11), pp.1821 - 1832 (1988).

[49] Hakim, A., Suzuki, T., Kobayashi, M.: Strength of humic acid aggregates: effects of divalent cations and solution pH, *ACS Omega*, Vol. 4(5), pp. 8559 - 8567 (2019).

[50] Blaser, S.: The hydrodynamical effect of vorticity and strain on the mechanical stability of flocs (Doctoral dissertation, H Zurich) (1998).

[51] Yeung, A. K., Pelton, R.: Micromechanics: a new approach to studying the strength and breakup of flocs, *J. Colloid Interface Sci.*, Vol 184(2), pp.579 - 585 (1996).

[52] Szilagyi, I., Trefalt, G., Tiraferri, A., Maroni, P., Borkovec, M.: Polyelectrolyte adsorption, interparticle forces, and colloidal aggregation, *Soft Matter*, Vol. 10(15), pp.2479 - 2502 (2014).

[53] Higashitani, K., Iimura, K., Vakarelski, I. U.: Fundamentals of breakage of aggregates in fluids, *KONA Powder and Particle Journal*, Vol. 18, pp.26 - 40 (2000).

[54] Chen, D., Doi, M.: Simulation of aggregating colloids in shear flow. II, *J. Chem. Phys.*, Vol. 91(4), pp.2656 - 2663 (1989).

第4章

数値シミュレーション

4.1　離散要素法

DLVO 理論に代表されるように，コロイド粒子間の 2 体相互作用から分散・凝集の可能性が議論されてきた。しかし，レオロジー特性，干渉沈降，乾燥時の構造形成など，コロイド系の工学応用で関心を持たれる現象に対しては，2 体相互作用の議論だけでは十分な解釈を与えることはできない。これらは粒子集団が生み出す現象であり，その理解には多数の粒子の振る舞いを扱う多体問題を解く必要がある。多体問題は解析的に解くことはできないため，数値シミュレーションが有効な手段となる。コロイド粒子の運動には，粒子間相互作用に加えて周囲の流体からの作用が影響する。それらを考慮した適切な数理モデルの構築が数値シミュレーションを実行する上では必要となる。4.1 節では，まずは流体の影響は考慮せず，粒子という離散要素が多数存在する系の記述から始める。

粒子集団の挙動を記述するためには，粒子同士の衝突・接触を表現する必要がある。ここでは，離散要素法（Discrete Element Method, DEM），または個別要素法（Distinct Element Method，DEM）と呼ばれる手法を取り上げる。Cundall と Stark の研究に始まり [1]，地盤や粉体などの粒子集団の挙動解析に適用されている [2, 3]。離散要素法では粒子間接触面での法線・接線方向の接触相互作用を考慮して，個々の粒子の並進・回転運動を解析する。粒子間接触点の変位・速度に対する弾性・粘性的な力として接触相互作用を与える点に特徴がある。一方で，瞬間的に粒子の速度変化が起こる事象として衝突を扱い，衝突時刻のみの追跡により粒子運動の時間発展を追う手法もある。しかし，離れた粒子間の相互作用や周囲の流体からの作用が存在する点がコロイド系の特徴であり，衝突時以外にも時々刻々と粒子速度が変化する。それゆえ，衝突を粒子間相互作用による有限時間の事象として記述する離散要素法が有効な手段となる。

4.1.1　運動方程式

実際の粒子形状は多様だが，最も本質的な球形粒子を想定する。多数の粒子で構成される系において，粒子 i（半径 a_i，質量 m_i，慣性モーメント

$I_i = \frac{2}{5}m_i a_i^2$）の並進・回転の運動方程式は，並進速度 v_i，角速度 ω_i についての以下の微分方程式で与えられる。

$$m_i \dot{\boldsymbol{v}}_i = \sum_j \left(\boldsymbol{F}_{ij}^{\mathrm{C}} + \boldsymbol{F}_{ij}^{\mathrm{P}} \right) \tag{4.1.1}$$

$$I_i \dot{\boldsymbol{\omega}}_i = \sum_j \boldsymbol{N}_{ij}^{\mathrm{C}} \tag{4.1.2}$$

各方程式の右辺は，粒子 i が他の粒子から受ける力やトルクの総和を表している。(4.1.1) 式では，離れた粒子間に作用する力 $\boldsymbol{F}_{ij}^{\mathrm{P}}$ と接触力 $\boldsymbol{F}_{ij}^{\mathrm{C}}$ に分けて表示している。DLVO 理論などで扱われる熱力学的な相互作用が $\boldsymbol{F}_{ij}^{\mathrm{P}}$ に含まれる。相互作用エネルギー V が等方的で粒子表面間距離 h のみに依存する場合，$h = h_{ij}$ の粒子間に作用する力は次式で表される。

$$\boldsymbol{F}_{ij}^{\mathrm{P}} = -\left.\frac{\mathrm{d}V}{\mathrm{d}h}\right|_{h=h_{ij}} \boldsymbol{n}_{ij} \tag{4.1.3}$$

ここで $\boldsymbol{n}_{ij} = \boldsymbol{r}_{ij}/\left|\boldsymbol{r}_{ij}\right|$ は粒子 j から粒子 i に向かう単位ベクトルであり，粒子の位置ベクトル $\boldsymbol{r}_i$ を用いて $\boldsymbol{r}_{ij} = \boldsymbol{r}_i - \boldsymbol{r}_j$ である。等方的な相互作用はトルクを生じないため，(4.1.2) 式には $\boldsymbol{F}_{ij}^{\mathrm{P}}$ に対応する項は現れない。

4.1.2 接触力

接触力として，接触面に対する法線成分 $\boldsymbol{F}_{ij}^{\mathrm{Cn}}$ と接線成分 $\boldsymbol{F}_{ij}^{\mathrm{Ct}}$ を考慮する。

$$\boldsymbol{F}_i^{\mathrm{C}} = \sum_j \left(\boldsymbol{F}_{ij}^{\mathrm{Cn}} + \boldsymbol{F}_{ij}^{\mathrm{Ct}} \right) \tag{4.1.4}$$

接線成分は摩擦力に相当し，トルク $\boldsymbol{N}_i^{\mathrm{C}}$ を生じる。

$$\boldsymbol{N}_i^{\mathrm{C}} = \sum_j \left(-a_i \boldsymbol{n}_{ij} \times \boldsymbol{F}_{ij}^{\mathrm{Ct}} \right) \tag{4.1.5}$$

法線・接線の各成分の具体的表現を以下で説明する。

(1) 法線接触力

粒子は接触時に実際には変形するが，離散要素法ではあらわには考慮せず，粒子間の微小な重なりによって法線接触変位 δ_{ij}^{n} を表現する（図 4.1)。接触力は変位に対する粘弾性応答と捉え，Voigt モデルに基づき弾性項と粘性項の足し合わせで記述する。

$$\boldsymbol{F}_{ij}^{\mathrm{Cn}} = \left(k_{ij}^{\mathrm{n}}\delta_{ij}^{\mathrm{n}} - \gamma_{ij}^{\mathrm{n}}v_{ij}^{\mathrm{n}}\right)\boldsymbol{n}_{ij} \tag{4.1.6}$$

k_{ij}^{n} と γ_{ij}^{n} は，それぞれ弾性係数と粘性減衰係数である。法線接触変位 δ_{ij}^{n} と法線相対速度 v_{ij}^{n} は次式で与えられる。

$$\delta_{ij}^{\mathrm{n}} = \max\left(a_i + a_j - r_{ij}, 0\right) \tag{4.1.7}$$

$$v_{ij}^{\mathrm{n}} = \boldsymbol{v}_{ij} \cdot \boldsymbol{n}_{ij} \tag{4.1.8}$$

ここで，$\boldsymbol{v}_{ij} = \boldsymbol{v}_i - \boldsymbol{v}_j$ である。粒子同士の接触時に $\delta_{ij}^{\mathrm{n}} > 0$ となることを (4.1.7) 式は表している。(4.1.6) 式の粘性項は粒子間衝突時のエネルギー散逸を表し，粒子の塑性などの効果を現象論的に記述している。4.1.3 項の解析から分かるように，粘性減衰係数を次式で表すと，係数 λ は衝突

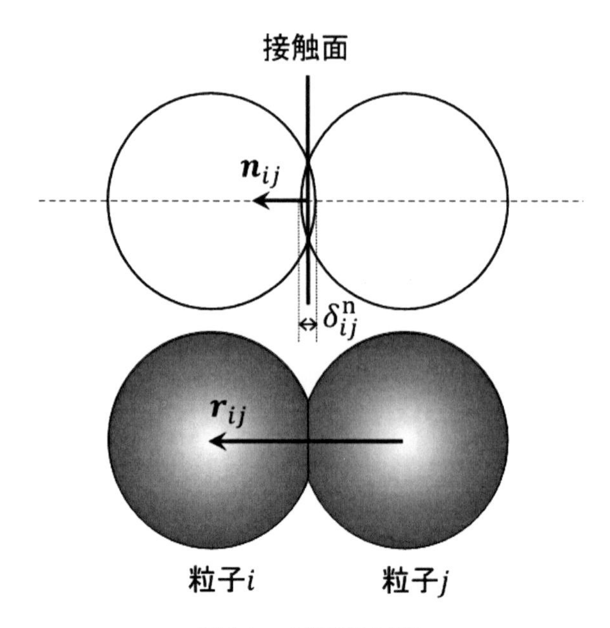

図 4.1　2 粒子間の接触

の反発係数と関係付けられる。

$$\gamma_{ij}^{\mathrm{n}} = 2\lambda\sqrt{k_{ij}^{\mathrm{n}} m_{ij}^{*}} \tag{4.1.9}$$

ここで，$m_{ij}^{*} = m_i m_j / (m_i + m_j)$ は換算質量である。

(2) 接線接触力

接触点の接線方向の移動を妨げる摩擦抵抗として，接線接触力が作用する。法線接触力の (4.1.6) 式と同様に，変位に対する粘弾性応答として記述する。

$$\boldsymbol{F}_{ij}^{\mathrm{Ct}} = -k_{ij}^{\mathrm{t}}\boldsymbol{\delta}_{ij}^{\mathrm{t}} - \gamma_{ij}^{\mathrm{t}}\boldsymbol{v}_{ij}^{\mathrm{t}} \tag{4.1.10}$$

接触点の相対接線速度は次式で与えられる。

$$\boldsymbol{v}_{ij}^{\mathrm{t}} = \boldsymbol{v}_{ij} \cdot (\boldsymbol{I} - \boldsymbol{n}_{ij}\boldsymbol{n}_{ij}) - (a_i\boldsymbol{\omega}_i + a_j\boldsymbol{\omega}_j) \times \boldsymbol{n}_{ij} \tag{4.1.11}$$

ここで，$\boldsymbol{I}$ は単位テンソルである。接線方向の変位には粒子の回転運動も寄与する。粒子同士が接触した時刻 t_{c} からの積分として接線接触変位が計算される。

$$\boldsymbol{\delta}_{ij}^{\mathrm{t}} = \int_{t_{\mathrm{c}}}^{t} \boldsymbol{v}_{ij}^{\mathrm{t}}\mathrm{d}s \tag{4.1.12}$$

ところで，(4.1.10) 式は接触点近傍での微小変位応答を表している。接線接触力がある閾値を超えた場合には接触点のすべりが発生すると考えられるので，Coulomb 則に基づき，すべり基準を与える。μ を摩擦係数として，(4.1.10) 式で得られる力の大きさが $\mu\left|\boldsymbol{F}_{ij}^{\mathrm{Cn}}\right|$ を超えたとき，接触点のすべりが発生すると見なす。このときは接線接触力と接線接触変位を以下の式で与える。

$$\boldsymbol{F}_{ij}^{\mathrm{Ct}} = -\mu\left|\boldsymbol{F}_{ij}^{\mathrm{Cn}}\right|\frac{\boldsymbol{v}_{ij}^{\mathrm{t}}}{\left|\boldsymbol{v}_{ij}^{\mathrm{t}}\right|} \tag{4.1.13}$$

$$\boldsymbol{\delta}_{ij}^{\mathrm{t}} = \frac{\boldsymbol{F}_{ij}^{\mathrm{Ct}}}{k_{ij}^{\mathrm{t}}} \tag{4.1.14}$$

(3) Hertz 理論

接触球面間の微小変位と応力の関係を与える Hertz 理論を用いることで，弾性係数と粒子の物性値を以下のように関係付けることができる [2,3,4]。

$$k^{\mathrm{n}}_{ij} = \frac{4}{3}E_{ij}a^{\mathrm{C}}_{ij} \tag{4.1.15}$$

係数 E_{ij} は粒子の Young 率 E_i と Poisson 比 ν_i で与えられる。

$$E_{ij} = \left(\frac{1-\nu_i^2}{E_i} + \frac{1-\nu_j^2}{E_j}\right)^{-1} \tag{4.1.16}$$

球面が変形して円形の面で接触することを考慮しており，接触円半径 a^{C}_{ij} は次式で与えられる。

$$a^{\mathrm{C}}_{ij} = \left(\frac{a_i a_j}{a_i + a_j}\delta^{\mathrm{n}}_{ij}\right)^{\frac{1}{2}} \tag{4.1.17}$$

従って，(4.1.15) 式の弾性係数は法線接触変位に依存するため，接触力の弾性項は変位の 3/2 乗に比例する非線形ばねとなる。一方で，接線接触力の弾性係数は Mindlin モデルに基づき粒子の物性値と関係付けられる。

$$k^{\mathrm{t}}_{ij} = 8G_{ij}a^{\mathrm{C}}_{ij} \tag{4.1.18}$$

係数 G_{ij} は粒子の剛性率 $G_i = E_i/[2(1+\nu_i)]$ から与えられる。

$$G_{ij} = \left(\frac{2-\nu_i}{G_i} + \frac{2-\nu_j}{G_j}\right)^{-1} \tag{4.1.19}$$

4.1.3　接触力による粒子運動

4.1.2 項で導入した接触力モデルから導かれる粒子運動を確認しておく。いずれも力学の初歩的問題に帰着する [5]。ここでは，弾性係数，粘性減衰係数，接触変位，換算質量の添え字は省略する。

(1) 衝突

静止している粒子 2 に対して，その中心方向に粒子 1 が速度 v_0 で衝突する状況を考える。法線接触変位を δ と表すと，粒子 1 の粒子 2 に対す

る相対速度は $\dot{\delta}$ となるので，衝突後の粒子運動は次式で記述される。

$$m_1\dot{v}_1 = -\left(k\delta + \gamma\dot{\delta}\right) \tag{4.1.20}$$

$$m_2\dot{v}_2 = k\delta + \gamma\dot{\delta} \tag{4.1.21}$$

これらの式から粒子の相対運動の運動方程式が導かれる。

$$m^*\ddot{\delta} = -\left(k\delta + \gamma\dot{\delta}\right) \tag{4.1.22}$$

この微分方程式は減衰振動を表し，それぞれ弾性項と粘性項に由来する以下の 2 つの時定数を含んでいる。

$$\tau_e = \sqrt{\frac{m^*}{k}} \tag{4.1.23}$$

$$\tau_v = \frac{m^*}{\gamma} \tag{4.1.24}$$

時定数の比から定義される無次元量 λ が以下条件を満たす場合に限り，(4.1.22) 式からは振動解が得られる。

$$\lambda = \frac{\gamma}{2\sqrt{km^*}} = \frac{\tau_e}{2\tau_v} < 1 \tag{4.1.25}$$

このとき，有限時間内に再び $\delta = 0$ となり，それ以降は粒子 1 と粒子 2 は離れて運動する。粒子同士の接触時刻を $t = 0$ とすると，法線接触変位の時間変化は次式となる。

$$\delta(t) = \frac{v_0}{\Gamma}\exp\left(-\frac{t}{2\tau_v}\right)\sin\Gamma t \tag{4.1.26}$$

$$\Gamma = \frac{\sqrt{1-\lambda^2}}{\tau_e} = \frac{\sqrt{1-\lambda^2}}{2\lambda\tau_v} \tag{4.1.27}$$

図 4.2 は (4.1.26) 式を図示したものである。再び $\delta = 0$ となる時刻 $t = \pi/\Gamma$ で粒子同士が離れる。λ が大きいほどその時刻は遅くなり，臨界減衰となる $\lambda = 1$ では最終的に粒子は接触したまま運動する。粒子同士が離れるときの相対速度 $\dot{\delta}(\pi/\Gamma)$ から反発係数 κ が次式で求められる。

$$\kappa = -\frac{\dot{\delta}\left(\frac{\pi}{\Gamma}\right)}{v_0} = \exp\left(-\frac{\pi\lambda}{\sqrt{1-\lambda^2}}\right) \tag{4.1.28}$$

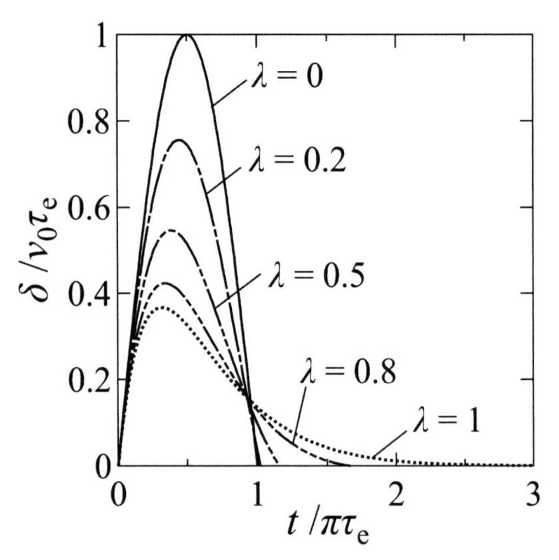

図 4.2　衝突後の法線接触変位の時間変化

この関係を図 4.3 に示す。λ の増加とともに反発係数は小さくなり，$\lambda = 1$ で完全非弾性衝突となる。接触力モデルでは基本的に (4.1.25) 式を満たす状況を想定し，粒子間衝突を有限の時定数 τ_e で起こる現象として表現している。

(2) すべりと転がり

水平面上に置かれた粒子に撃力を与えた後の粒子運動を考える。撃力の作用線が水平面に平行で粒子の中心を通るようにすると，撃力を与えた直後の粒子は並進速度 v_0，角速度 0 で運動を始める。粒子には水平面との接触点で接線接触力 F^{Ct} が作用するので，運動方程式は次式で与えられる。

$$m\dot{v} = F^{Ct} \tag{4.1.29}$$

$$I\dot{\omega} = aF^{Ct} \tag{4.1.30}$$

なお，粒子が水平面上を右方向に運動する視点で見たとき，反時計回りの

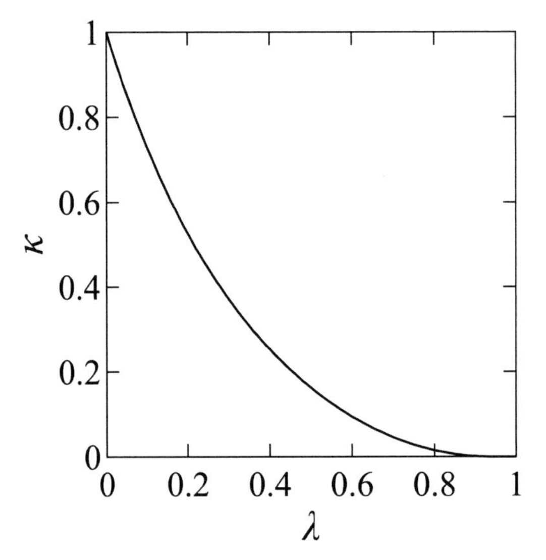

図 4.3 反発係数と接触力の時定数比との関係

角速度を正とする。接線相対速度は接触点の水平面に対するすべり速度であり，$\dot{\delta} = v + a\omega$ で表される。(4.1.29), (4.1.30) 式から，すべり速度の時間発展を記述する次式を得る。

$$\ddot{\delta} = \dot{v} + a\dot{\omega} = \left(\frac{1}{m} + \frac{a^2}{I}\right) F^{\mathrm{Ct}} = \frac{7}{2}\frac{F^{\mathrm{Ct}}}{m} \tag{4.1.31}$$

初めは接触点がすべり状態にあるため，接線接触力は (4.1.13) 式で与えられる。(4.1.31) 式に従ってすべり速度が減少して $\dot{\delta} = 0$ に至ると，すべりが解消されて接線接触力は (4.1.10) 式で表されるようになる。以上の内容をまとめたものが次式である。

$$F^{\mathrm{Ct}} = \begin{cases} -\mu m g & t \le \frac{t_0}{\mu} \\ -\left(k\delta + \gamma\dot{\delta}\right) & t > \frac{t_0}{\mu} \end{cases} \tag{4.1.32}$$

$$t_0 = \frac{2}{7}\frac{v_0}{g} \tag{4.1.33}$$

ここで，g は重力加速度である。すべりが解消される時刻が $t = t_0/\mu$ で

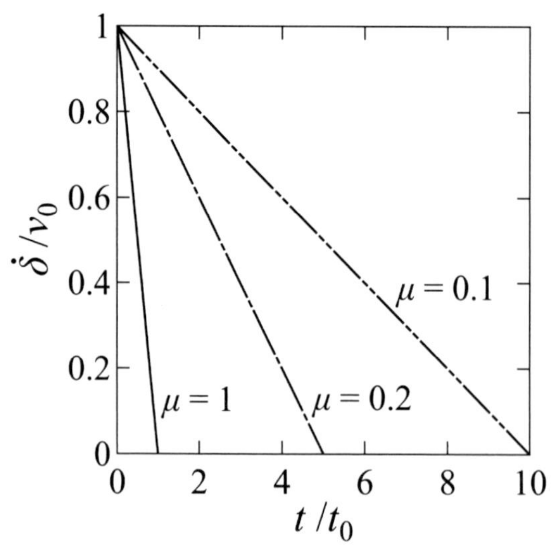

図 4.4　すべり速度の時間変化

あり，その時刻までのすべり速度の時間変化を図 4.4 に示す。摩擦係数が大きいほど早くすべりが解消される。(4.1.29)，(4.1.30) 式は，接線接触力により並進速度が減少するとともに，回転運動が誘起されることを示しており，すべりが解消した状態では並進速度 $\frac{5}{7}v_0$，角速度 $-\frac{5}{7}\frac{v_0}{a}$ に収束していく。従って，4.1.2 項で導入した接触力モデルからは，最終的に粒子が転がり運動を続けるという結果が導かれる。粒子を静止させるには，転がりに対する抵抗をさらに考慮する必要がある。

4.1.4　時間差分スキーム

運動方程式 (4.1.1)，(4.1.2) の数値解法を概説する。ここでは簡単のために 1 次元並進運動を対象とする。粒子の並進運動は位置 r と速度 v の連立微分方程式で記述される。

$$m\dot{v} = F \tag{4.1.34}$$

$$\dot{r} = v \tag{4.1.35}$$

粒子に作用する力は一般に $F = F(r, v)$ である。これらの微分方程式を数値的に解く場合，離散的な代表時刻 $\{t_n\}$ における関数値 $\{r(t_n)\}$, $\{v(t_n)\}$ を求めることで時間発展を近似的に表現する。そのために微分を代表時刻での関数値で表現する差分近似を行う。

代表時刻の間隔を $\Delta t = t_{n+1} - t_n$ として，差分近似式の導出のために関数 f の Taylor 展開を以下に示す。

$$f(t + \Delta t) = \sum_{l=0}^{\infty} \frac{f^{(l)}(t)}{l!} \Delta t^l = f(t) + \dot{f}(t)\Delta t + \frac{\ddot{f}}{2!}\Delta t^2 + \frac{\dddot{f}}{3!}\Delta t^3 + \cdots \tag{4.1.36}$$

Δt^2 以降の項を無視すると，微分値に対する前進差分近似を得る。

$$\dot{f}(t) = \frac{f(t + \Delta t) - f(t)}{\Delta t} + O(\Delta t) \tag{4.1.37}$$

近似の精度は省略した項の Δt の次数で決まり，前進差分近似は 1 次精度である。さらに $f(t - \Delta t)$ についての Taylor 展開も求めて，(4.1.36) 式から辺々引くことで中央差分近似を得る。

$$\dot{f}(t) = \frac{f(t + \Delta t) - f(t - \Delta t)}{2\Delta t} + O\left(\Delta t^2\right) \tag{4.1.38}$$

2 次精度なので，前進差分よりも精度の高い近似である。これらの差分近似式から得られる代表的な数値解法を以下に紹介する。他にも多くの数値解法が存在するが，詳細は当該分野の成書を参照されたい [6, 7]。

(1) Euler 法

以下では，時刻 $t = t_n$ における関数値を上付き添え字 n で表す。(4.1.34), (4.1.35) 式のそれぞれに前進差分近似式 (4.1.37) を適用すると，以下の式を得る。

$$v^{n+1} = v^n + \frac{\Delta t}{m} F^n + O\left(\Delta t^2\right) \tag{4.1.39}$$

$$r^{n+1} = r^n + v^n \Delta t + O\left(\Delta t^2\right) \tag{4.1.40}$$

初期値 $v^0 = v(t_0)$，$r^0 = r(t_0)$ を与えれば，(4.1.39)，(4.1.40) 式を用いて逐次的に (v^n, r^n) から $\left(v^{n+1}, r^{n+1}\right)$ を求めることができる。この数値解法が Euler 法である。また，逐次計算を経て関数値が発散しない安定条件の把握が必要である。一般に Δt は十分に小さく取る必要があるが，安定条件は数値解法に依存する。

離散要素法では接触力の弾性項が主要な役割を果たすため，復元力 $F = -kr$ に対する安定性を調べてみる。ベクトル $\boldsymbol{q}^n = (\Delta t v^n, r^n)^\top$ を導入すると，(4.1.39)，(4.1.40) 式は次式でまとめて表現することができる。

$$\boldsymbol{q}^{n+1} = A\boldsymbol{q}^n \tag{4.1.41}$$

Euler 法では係数行列 A の成分は以下のようになる。

$$A = \begin{pmatrix} 1 & -\left(\frac{\Delta t}{\tau_e}\right)^2 \\ 1 & 1 \end{pmatrix} \tag{4.1.42}$$

ここで，τ_e は (4.1.23) 式において m^* を m に置き換えたものとする。$n \to \infty$ で $\{\boldsymbol{q}^n\}$ が発散しない条件は，A のすべての固有値の絶対値が 1 以下となることである。しかし，行列式が $\det A = 1 + (\Delta t/\tau_e)^2 > 1$ となるため，この場合は Euler 法では安定に解くことができない。

(2) leapfrog 法

中央差分近似式 (4.1.38) を (4.1.34)，(4.1.35) 式に適用した場合は以下の式を得る。

$$v^{n+\frac{1}{2}} = v^{n-\frac{1}{2}} + \frac{\Delta t}{m}F^n + O\left(\Delta t^3\right) \tag{4.1.43}$$

$$r^{n+1} = r^n + v^{n+\frac{1}{2}}\Delta t + O\left(\Delta t^3\right) \tag{4.1.44}$$

ただし，(4.1.38) 式は 2 段階異なる時刻間での関係式なので，隣接する代表時刻間の関係を得るために，半整数番号の代表時刻で速度を定義する。$\boldsymbol{q}^n = \left(\Delta t v^{n-\frac{1}{2}}, r^n\right)$ とすると (4.1.41) 式の形で表すことができ，係数行列 A の成分は以下のようになる。

$$A = \begin{pmatrix} 1 & -\left(\frac{\Delta t}{\tau_e}\right)^2 \\ 1 & 1-\left(\frac{\Delta t}{\tau_e}\right)^2 \end{pmatrix} \tag{4.1.45}$$

この場合の行列式は $\det A = 1$ となるため，安定条件は固有多項式の判別式が 0 以下になることとなり，以下のように求まる。

$$\frac{\Delta t}{\tau_\mathrm{e}} \leq 2 \tag{4.1.46}$$

一般に，微分方程式の時定数の定数倍程度を基準として，それよりも Δt を小さく設定することが安定条件として要請される。すなわち，解析する物理現象の時間スケールに対して Δt が十分な解像度を有する必要がある。なお，実際の離散要素法においては，接触力の粘性項の存在や，複数粒子の接触状態を扱うため，安定条件はここで求めたものよりも制限され得る点には注意が必要である。

4.1.5　境界条件

数値シミュレーションでは有限領域内での粒子運動を取り扱い，通常は立方体や直方体の領域を設定する。それゆえ，領域境界に到達した粒子の扱いを規定する境界条件を設ける必要がある。表面から十分に離れたバルク領域での粒子運動を解析する目的では，周期境界条件が用いられる。図 4.5 に 2 次元系における周期境界条件の概念図を示す。中央の基本セルが本来の計算領域であり，それに隣接して基本セルを複製した仮想的なセルが存在すると考える。粒子が基本セルの境界面を通過して外に出たときには，反対側の境界面から粒子が同じ速度で入ってくることになる。

また，周期境界条件では，離れた粒子間の相互作用が存在する場合，基本セル内の実際の粒子だけでなく，それに相当する複製セル内の仮想的な粒子との相互作用も考慮する必要が出てくる。しかし，相互作用が比較的短距離で減衰する場合，ある距離 r_c 以上では相互作用が働かないと見なすことで，相互作用を考慮するべき粒子は少なくなる。特に，計算領域の 1 辺の長さ L に対して $r_\mathrm{c} < L/2$ と設定すれば，相互作用を考慮する対象は，上述の実際の粒子および仮想的な粒子のうちの最も近い距離にあるものだけとなる。

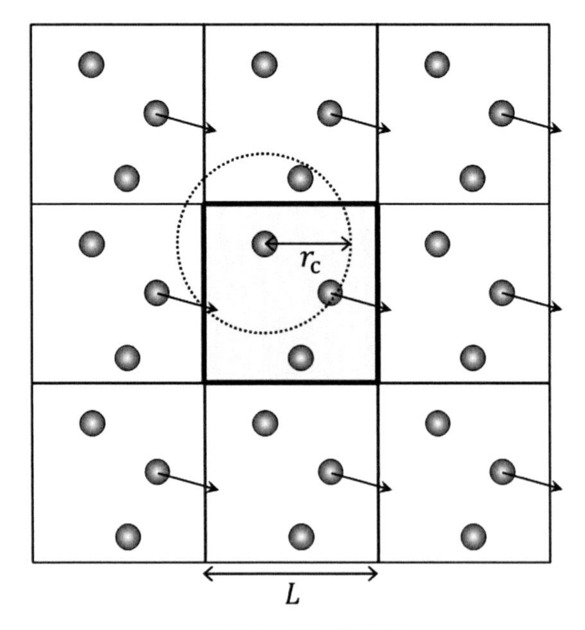

図 4.5　周期境界条件

4.2　Langevin 動力学

コロイド粒子の運動には，4.1 節までに説明した接触や熱力学的相互作用などの粒子間力だけでなく，周囲の流体が影響する。流体を構成する分子の熱運動を反映して，コロイド粒子は不規則な Brown 運動をする。その数理モデルとして分子の熱運動の解析が考えられるが，分子とコロイド粒子ではサイズが大きく異なり，運動の時間スケールに隔たりがある。それゆえ，分子の熱運動はあらわには考慮せず，背景場として粒子運動への作用を扱う粗視化が有効な手段となる。Brown 運動の単純なモデル化手法として Langevin 動力学を 4.2 節では取り上げる。

4.2.1　Langevin 方程式

Langevin 動力学では，流体から粒子への作用として，粘性抵抗力とランダムな熱揺動力を考慮する。粒子の運動方程式にはランダムな項が現れるため，決定論的な方程式ではなく確率微分方程式となり，Langevin 方程式と呼ばれている。4.1 節で考慮した粒子間相互作用も付け加えると，粒子の並進・回転の運動方程式は以下のようになる。

$$m_i \dot{\boldsymbol{v}}_i = -\zeta_i \boldsymbol{v}_i + \boldsymbol{F}_i^{\mathrm{R}} + \boldsymbol{F}_i^{\mathrm{C}} + \boldsymbol{F}_i^{\mathrm{P}} \tag{4.2.1}$$

$$I_i \dot{\boldsymbol{\omega}}_i = -\xi_i \boldsymbol{\omega}_i + \boldsymbol{N}_i^{\mathrm{R}} + \boldsymbol{N}_i^{\mathrm{C}} \tag{4.2.2}$$

$-\zeta_i \boldsymbol{v}_i$ が粘性抵抗力，$\boldsymbol{F}_i^{\mathrm{R}}$ が熱揺動力である。それぞれに対応するトルクが $-\xi_i \boldsymbol{\omega}_i$，$\boldsymbol{N}_i^{\mathrm{R}}$ である。

粘性抵抗は，粒子の並進・回転運動を妨げる方向に作用する。単一の球形粒子が並進・回転運動しているという境界条件の下で，4.3 節で導入する Navier-Stokes 方程式を解析することにより，粘性抵抗力・トルクの係数は以下のように求められる [8]。

$$\zeta_i = 6\pi\eta a_i \tag{4.2.3}$$

$$\xi_i = 8\pi\eta a_i^3 \tag{4.2.4}$$

ここで，η は流体の粘性係数である。

熱揺動力・トルクは，熱運動する分子の粒子への絶え間ない衝突に起因するもので，以下の関係を満たす確率変数として与えられる [9]。

$$\left\langle \boldsymbol{F}_i^{\mathrm{R}}(t) \right\rangle = \boldsymbol{0}, \left\langle \boldsymbol{F}_i^{\mathrm{R}}(t)\, \boldsymbol{F}_i^{\mathrm{R}}(t') \right\rangle = 2k_{\mathrm{B}} T \zeta_i \delta(t - t') \boldsymbol{I} \tag{4.2.5}$$

$$\left\langle \boldsymbol{N}_i^{\mathrm{R}}(t) \right\rangle = \boldsymbol{0}, \left\langle \boldsymbol{N}_i^{\mathrm{R}}(t)\, \boldsymbol{N}_i^{\mathrm{R}}(t') \right\rangle = 2k_{\mathrm{B}} T \xi_i \delta(t - t') \boldsymbol{I} \tag{4.2.6}$$

ここで，T は温度，k_{B} は Boltzmann 定数，$\delta(t)$ は Dirac のデルタ関数である。任意の物理量 $Q(t)$ について多数の観測を行ったときの平均値を $\langle Q(t) \rangle$ と表している。分子の衝突に方向性がないことを反映して，熱揺動力・トルクの平均値はゼロとなる。また，Dirac のデルタ関数は，異なる時刻での熱揺動力・トルクの間に相関がないことを表している。実際には各分子衝突の間には相関があるが，分子衝突の時定数が粒子運動の時間スケールに対して十分に短いことに基づく近似である。

Langevin 方程式 (4.2.1)，(4.2.2) を数値的に解く際の熱揺動項の取り扱いに言及しておく。4.1.4 項で述べたように，数値シミュレーションでは離散的な代表時刻 $\{t_n\}$ における粒子運動を追跡する。そのため，熱揺動力 $\boldsymbol{F}_i^{\mathrm{R}}$ は，時間間隔 $\Delta t = t_{n+1} - t_n$ の分だけ積算した力積 $\Delta \boldsymbol{I}_i^{\mathrm{R}}$ として扱われる。

$$\Delta \boldsymbol{I}_i^{\mathrm{R}} = \int_{t_n}^{t_{n+1}} \boldsymbol{F}_i^{\mathrm{R}} \mathrm{d}s \tag{4.2.7}$$

(4.2.5) 式より，力積の時間相関は以下のようになる。

$$\begin{aligned} \left\langle \Delta \boldsymbol{I}_i^{\mathrm{R}}(t_n)\, \Delta \boldsymbol{I}_i^{\mathrm{R}}(t_m) \right\rangle &= 2k_{\mathrm{B}} T \zeta_i \boldsymbol{I} \int_{t_n}^{t_{n+1}} \int_{t_m}^{t_{m+1}} \delta(s - s')\, ds ds' \\ &= 2k_{\mathrm{B}} T \zeta_i \Delta t \delta_{nm} \boldsymbol{I} \end{aligned} \tag{4.2.8}$$

ここで δ_{nm} は Kronecker のデルタであり，異なる代表時刻間で相関がないことを表している。このような分散関係を満たす確率変数の分布として Gauss 分布が該当する。従って，平均 0，分散 $\sqrt{2k_{\mathrm{B}} T \zeta_i \Delta t}$ の Gauss 分布に従う乱数として力積 $\Delta \boldsymbol{I}_i^{\mathrm{R}}$ を与えればよい。熱揺動トルク $\boldsymbol{N}_i^{\mathrm{R}}$ についても同様に取り扱われる。

Langevin 方程式では，流体からの作用を各粒子に独立に与えている。本来は流体を介した粒子間の運動量のやりとりである流体力学的相互作用も存在するが，それを無視している。その寄与を考慮する手法として，粘性抵抗係数 ζ_i，ξ_i を粒子間の流体力学的相互作用を含む行列で置き換えた Stokes 動力学や [9, 10]，流体運動をあらわに解くことで流体からの作用を直接的に評価する方法がある。後者については 4.3 節で説明する。

4.2.2 Brown 運動

Langevin 方程式から導かれる Brown 運動の特徴を確認しておく。ここでは単一粒子の並進運動のみに着目し，簡単のため，速度ベクトルの一成分について以下の方程式を解析する。

$$m\dot{v} = -\zeta v + F^{\mathrm{R}} \tag{4.2.9}$$

定数変化法を用いて初期時刻 t_0 から現在時刻 t までの積分を実行することで，(4.2.9) 式の解が次式で得られる。

$$v(t) = v(t_0) \exp\left(-\frac{t - t_0}{\tau_{\mathrm{f}}}\right) + \frac{1}{m} \int_{t_0}^{t} F^{\mathrm{R}}(s) \exp\left(-\frac{t - s}{\tau_{\mathrm{f}}}\right) \mathrm{d}s \tag{4.2.10}$$

この解は，粘性抵抗力による速度減衰の時定数 τ_{f} を含んでいる。

$$\tau_{\mathrm{f}} = \frac{m}{\zeta} \tag{4.2.11}$$

初期時刻から十分に長い時間が経過した状態を考えるために $t_0 \to -\infty$ とすると，(4.2.10) 式の第 1 項の初期速度の影響は消失する。その上で速度の時間相関関数を計算すると，以下のようになる。

$$\langle v(t)\, v(t')\rangle = \frac{k_{\mathrm{B}}T}{m} \exp\left(-\frac{|t-t'|}{\tau_{\mathrm{f}}}\right) \tag{4.2.12}$$

すなわち，速度の相関は時定数 τ_{f} で減衰していく。

以上の結果を用いて，時間 t だけ経過後の粒子の変位 $\Delta x(t)$ を解析する。変位 $\Delta x(t)$ は速度 $v(t)$ の積分で与えられるため，平均二乗変位は以下のように求められる。

$$\begin{aligned}\left\langle \Delta x(t)^2 \right\rangle &= \int_0^t \int_0^t \langle v(s)\, v(s')\rangle\, \mathrm{d}s\mathrm{d}s' \\ &= \frac{2k_BT}{\zeta}\left\{t - \tau_{\mathrm{f}}\left[1 - \exp\left(-\frac{t}{\tau_{\mathrm{f}}}\right)\right]\right\}\end{aligned} \tag{4.2.13}$$

図 4.6 に (4.2.13) 式を図示する。時間とともに平均二乗変位は増加するが，時定数 τ_{f} に対する短時間・長時間の各領域で挙動が異なる。(4.2.13) 式からは，時間 t の異なる次数に比例した漸近挙動が導かれる。

$$\left\langle \Delta x(t)^2 \right\rangle = \frac{k_{\mathrm{B}}T}{m} t^2 \qquad (t \ll \tau_{\mathrm{f}}) \tag{4.2.14}$$

$$\left\langle \Delta x(t)^2 \right\rangle = \frac{2k_{\mathrm{B}}T}{\zeta} t \qquad (t \gg \tau_{\mathrm{f}}) \tag{4.2.15}$$

短時間挙動の (4.2.14) 式は，平均二乗変位の平方根が時間に比例することを示している。$(k_{\mathrm{B}}T/m)^{1/2}$ は粒子の熱平衡状態での平均速度に相当し，その速度での弾道的な粒子運動を表している。時間経過とともに周囲の流体の影響が現れ始め，最終的に (4.2.15) 式のように平均二乗変位が時間に比例するようになる。この関係は拡散方程式で記述される平均二乗変位の時間発展と一致しており，粒子の拡散挙動を表している。拡散方程式との比較から，(4.2.15) 式の係数は粒子の拡散係数 D を表している。

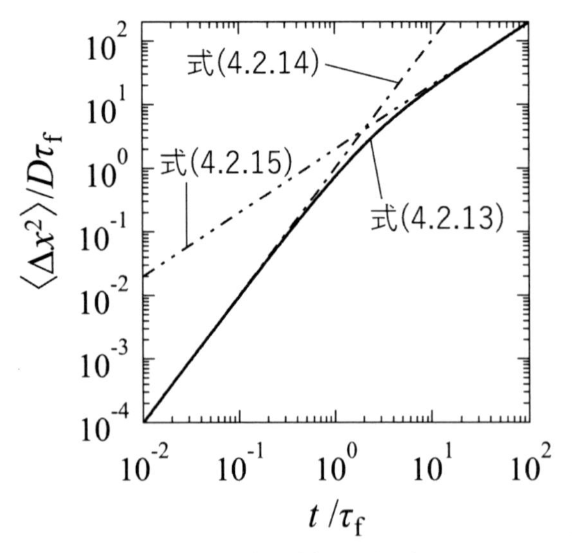

図 4.6　平均二乗変位の時間変化

$$D = \frac{k_B T}{\zeta} = \frac{k_B T}{6\pi\eta a} \tag{4.2.16}$$

この式は Stokes-Einstein の関係式として知られている。

Langevin 方程式を数値的に解く際の時間間隔 Δt の設定について言及しておく。Langevin 方程式には，(4.2.11) 式で与えられる時定数 τ_f が含まれている。一方で，粒子間相互作用も考慮すると，(4.1.23) 式で与えられる接触力の時定数 τ_e も現れる。4.1.4 項で説明したように，Δt は微分方程式に含まれる時定数よりも小さく設定する必要がある。それゆえ，両方の時定数よりも小さい Δt を設定する点に注意しなければならない。

4.2.3　解析例 1：凝集過程

粒子の凝集過程について，Langevin 動力学による数値シミュレーション事例を紹介する。(4.2.1) 式の粒子間力 $\boldsymbol{F}_i^{\mathrm{P}}$ として DLVO 相互作用を考慮し，ゼータ電位が異なる場合での凝集過程を比較する。粒子半径を $a = 50\,\mathrm{nm}$，Hamaker 定数を $1 \times 10^{-20}\,\mathrm{J}$，媒質を水，電解質濃度を

3.8 mM，温度を 300 K とすると，異なる 4 通りのゼータ電位での DLVO 相互作用のポテンシャル曲線は図 4.7 のようになる。ゼータ電位の絶対値の増加とともにポテンシャル障壁が大きくなり，凝集が起こりにくくなると期待される。粒子濃度は 10 vol% として，初期状態として粒子はランダムに配置する。このとき，粒子表面間距離はポテンシャル障壁の位置よりも離れるようにする。

凝集は，Brown 運動する粒子同士が接近・接触することで進行する。(4.2.15) 式で表されるように，Brown 運動による粒子の移動は拡散として記述される。それゆえ，粒子が自身の直径の長さだけ拡散する時間として粒子移動の時定数 τ_D を導入し，τ_D を時間の単位として凝集過程を解析する。

$$\tau_D = \frac{4a^2}{D} \tag{4.2.17}$$

ここでは凝集の程度は粒子同士の接触数の平均値で評価する。なお，粒子の二体分布や空隙の大きさなど，様々な観点での凝集構造の評価も可能で

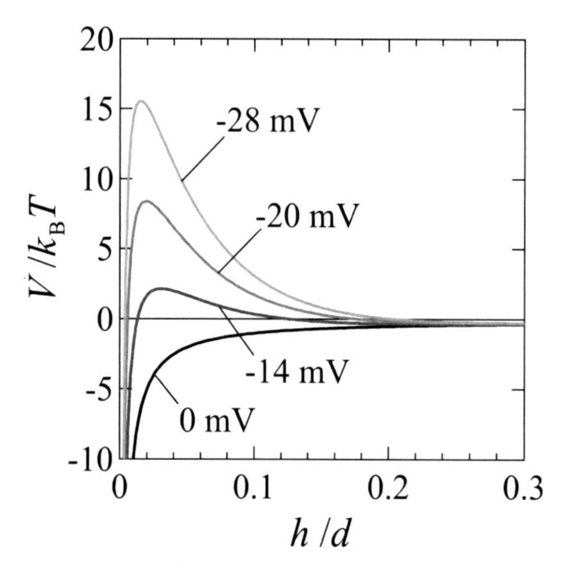

図 4.7　粒子間の DLVO 相互作用エネルギー

ある。

数値シミュレーションにより得られた平均接触数の時間変化を図 4.8 に示す。また，時刻 $t = 100\tau_D$ における凝集構造を図 4.9 に示す。平均接触数は時間とともに増加しており，凝集体の成長を表している。ただし，ゼータ電位が -28 mV の場合には凝集が進行せず，時刻 $t = 100\tau_D$ においても平均接触数が 0 のため，図 4.8 には表示していない。ゼータ電位が 0 mV の場合にはポテンシャル障壁が存在しないため，粒子同士が十分に接近したら確実に凝集する。その場合の凝集の進行は，粒子の拡散時間からある程度の見積もりが可能と考えられる。すなわち，凝集開始前の一様分布する粒子の平均表面間距離を $h_{\rm av}$ とすると，距離 $h_{\rm av}/2$ だけ拡散した粒子同士が凝集すると期待され，それに要する時間は $(h_{\rm av}/2)^2/D = (h_{\rm av}/4a)^2\,\tau_D$ の程度となる。粒子配置として面心立方格子を仮定すると，$h_{\rm av}$ の見積もりとして粒子体積分率 ϕ に対する次式が得られる。

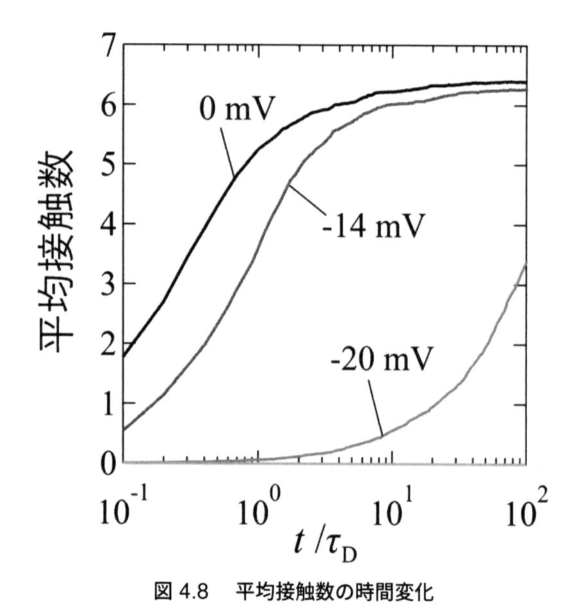

図 4.8　平均接触数の時間変化

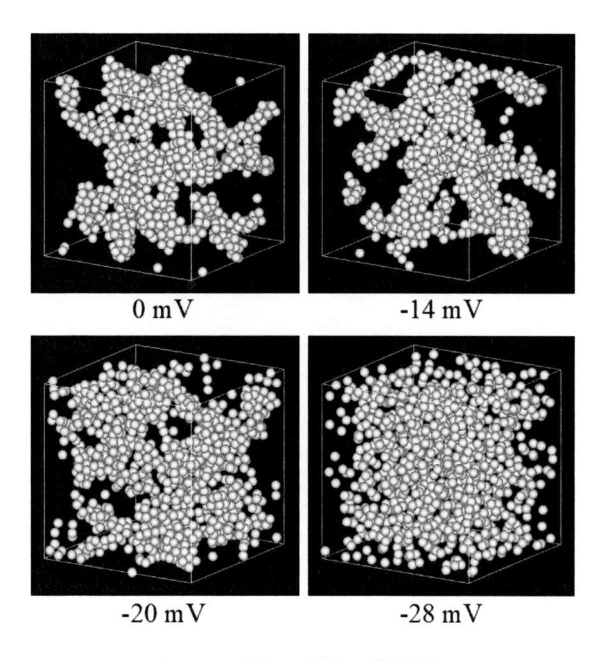

図 4.9　粒子の分散・凝集構造

$$\frac{h_{\mathrm{av}}}{a} = 2\left[\left(\frac{3\sqrt{2}}{\pi}\phi\right)^{-\frac{1}{3}} - 1\right] \tag{4.2.18}$$

体積分率 $\phi = 0.1$ では，$(h_{\mathrm{av}}/4a)^2 \approx 0.23$ となり，図 4.8 のゼータ電位 0 mV の場合の変曲点とおよそ対応している。ゼータ電位の絶対値の増加とともにポテンシャル障壁が高くなると，粒子同士の接触に至る確率が減少し，凝集の進行が遅くなる。

4.2.4　解析例 2：乾燥における偏析

(1) 乾燥系の設定

コロイド系の乾燥によりセラミックスや電池電極などの機能材料が作製され，粒子が形成する高次構造が材料性能を決定付ける。乾燥系での構造形成も粒子の多体問題であり，数値シミュレーションが有効な解析手段となる。乾燥系では，流体の蒸発に伴い後退する自由表面の作用を考慮する

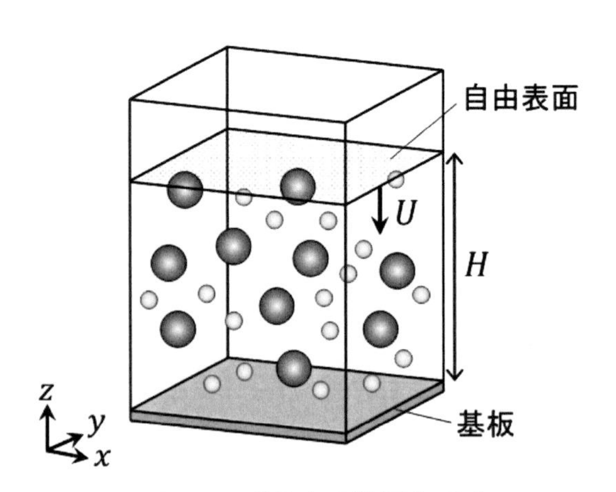

図4.10　乾燥系の計算領域の設定

必要がある。そこで，図4.10に示すように，計算領域中で $z = 0$（下方境界面）に基板を，$z = H$ に自由表面を設定し，自由表面は一定の速さ U で $-z$ 方向に移動させる。粒子間と同様に，基板－粒子間にはDLVO相互作用や接触相互作用を考慮する。基板は半径無限大（曲率ゼロ）の球形粒子と見なすことができるので，基板－粒子間相互作用の表現は，異種粒子間の相互作用の表現から導かれる。自由表面に接触した粒子には，流体中に引き込む $-z$ 方向の力が作用する。粒子と自由表面の接触角が0度の完全濡れを仮定した場合，粒子に作用する力を文献[11]では次式で与えている。

$$\boldsymbol{F}_i^{\mathrm{fs}} = -4\pi\gamma\delta_i^{\mathrm{fs}}\left(1 - \frac{\delta_i^{\mathrm{fs}}}{2a_i}\right)\hat{z} \tag{4.2.19}$$

δ_i^{fs} は粒子の自由表面からの突出長さで，次式で与えられる。

$$\delta_i^{\mathrm{fs}} = \max\left[0, a_i - (H - z_i)\right] \tag{4.2.20}$$

ここで z_i は粒子 i の z 座標である。微小な突出長さを考えると，(4.2.19)式は，ばね定数が表面張力 γ で定まる弾性力に相当する。

(2) 乾燥 Péclet 数

乾燥系では，Brown運動に加えて，後退する自由表面が粒子の移動現象の要因となる。すなわち，粒子は後退する自由表面に掃き寄せられる一方で，Brown 運動により拡散する。両者の進行速度の大小が粒子の構造形成を支配する。粒子の拡散が相対的に十分に速い，いわば準静的な遅い乾燥では，全体が均一に濃縮されて平衡構造が実現されるが，乾燥が速ければ自由表面付近での濃縮による非平衡構造となる。自由表面からの作用による粒子移動の時定数 τ_E は，自由表面が粒子直径の長さだけ後退する時間として見積もられる。

$$\tau_E = \frac{2a}{U} \tag{4.2.21}$$

拡散による粒子移動の時定数 τ_D との比として乾燥 Péclet 数を導入する。

$$\mathrm{Pe} = \frac{\tau_D}{\tau_E} = \frac{2aU}{D} \tag{4.2.22}$$

乾燥 Péclet 数が大きいほど，自由表面への粒子濃縮の程度が大きくなる。

(3) 偏析の数値シミュレーション

材料機能の付与・調節を目的として，複数種類の粒子の配合や，バインダなどの高分子の添加が行われることがある。このような混合系の乾燥では，自由表面または基板の付近で特定成分の存在割合が高まる偏析現象が起こることがある。偏析は均一な材料を望む場合には構造欠陥となるが，多層構造の形成を望む場合には有用な手段にもなり得る。なお，Brown 運動に対して重力の影響が僅かなナノ～サブマイクロ粒子系でも偏析現象は確認されており [12]，マイクロ粒子系での沈降による成分分離とは起源が異なる。ここでは，粒径が異なる 2 種類の粒子の混合系を対象として，乾燥における偏析の数値シミュレーション事例を紹介する [11]。粒子間相互作用としては接触力のみを考慮する。偏析は，自由表面の後退が駆動する粒子濃縮過程における非平衡相分離現象と考えられるため，乾燥 Péclet 数を変数として偏析への乾燥速度の影響を考察する。

粒径比 2，各粒子の初期濃度 5 vol% の場合について，乾燥後の構造を図 4.11 に示す。Pe = 5 で明確な小粒子の偏析が見られる。大小粒子の平均高さの差を構造厚みで規格化した量を偏析度とすると，粒径比が大きいほど大きくなり，乾燥 Péclet 数に対して最大値が存在する（図 4.12）。乾

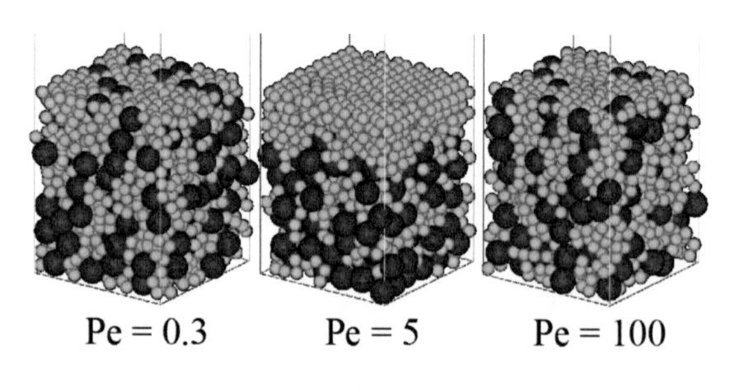

図 4.11　乾燥後の構造

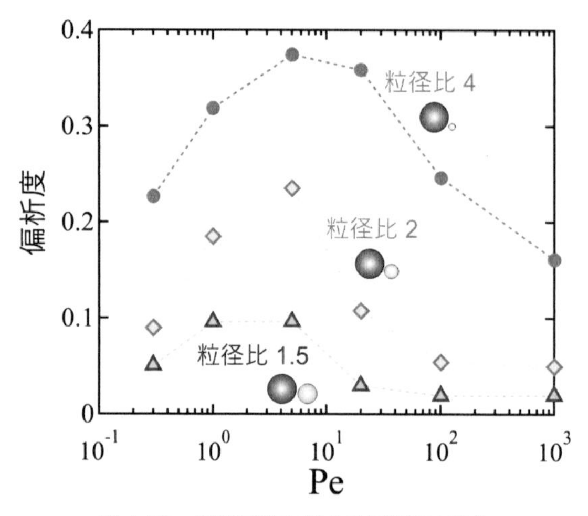

図 4.12　乾燥速度に対する偏析度の変化

燥 Péclet 数が小さいほど大小粒子がランダムに拡散・混合した平衡構造に漸近し，大きいほど大小粒子の拡散の差異が無視され，いずれも偏析が起きにくい状況になると考えられる。そもそも (4.2.16) 式からは大粒子の方が拡散係数は小さく偏析しやすいと想像されるが，大小粒子間の交差拡散（異種成分の濃度勾配による拡散）の効果により小粒子が偏析する [13]。交差拡散を含めた一般化拡散方程式により，偏析をマクロな移動現象として記述することも可能である。一般化拡散方程式の解析からは，偏析への粒径比の効果には，小粒子の数密度増加が寄与している可能性が考

察されている [14]。

4.3 直接数値シミュレーション

コロイド粒子の運動には，周囲の流体を介して伝達する粒子間の流体力学的相互作用が影響する。流体力学的相互作用を考慮したコロイド系の数値シミュレーション手法はいくつか開発されているが [15, 16]，直接数値シミュレーション（Direct Numerical Simulation, DNS）をここでは取り上げる。この方法では，流体運動の Navier-Stokes 方程式と粒子の運動方程式を連成させて解く。このとき，粒子表面での流体流速場の粘着境界条件と，流体から粒子に作用する力・トルクを正しく考慮する必要がある。空間を離散化した計算格子上で流体運動を数値的に解く際，移動境界問題を扱うには，境界の位置・形状に応じて計算格子を再構成する方法が基本だが，計算負荷が大きくなる。その解決策として，固定した計算格子上に粒子存在領域を投影して，その領域内の流速場を粒子の運動速度と一致するように体積力で強制する方法がある。そのような方法として埋め込み境界法が広く知られているが，体積力の与え方やアルゴリズムに応じて複数の方法が考案されている。4.3 節で紹介する解析事例では，Smoothed Profile（SP）法と呼ばれる方法を用いている。この方法では，粒子存在領域の境界面を有限厚みの領域で置き換えることにより，上述の流体–粒子連成運動の精度良く効率的な取り扱いを実現している [17-19]。

4.3.1 Navier-Stokes 方程式

流体と粒子の連成運動を記述する方程式系を与える。流体運動を記述する Navier-Stokes 方程式は，質量・運動量の保存則から構成される。音波を解析対象としない限り，流体の密度変化を無視した非圧縮性流体の取り扱いがコロイド系では妥当する。この場合の質量・運動量の保存則はそれぞれ以下で与えられる。

$$\nabla \cdot \boldsymbol{u} = 0 \tag{4.3.1}$$

$$\rho\left(\frac{\partial \boldsymbol{u}}{\partial t}+\boldsymbol{u}\cdot\nabla\boldsymbol{u}\right)=\nabla\cdot\boldsymbol{\sigma}+\boldsymbol{f}_{\mathrm{P}} \tag{4.3.2}$$

ここで，$\boldsymbol{u}(\boldsymbol{r},t)$ は流速場，ρ は流体密度である。(4.3.2) 式の左辺の括弧内は流れに沿った時間変化を表す Lagrange 微分であり，固定位置での時間変化を表す時間微分項（第 1 項）と流れによる変化率を表す移流項（第 2 項）から構成される。また，応力 σ は Newton 流体の構成方程式で与える。

$$\boldsymbol{\sigma}=-p\boldsymbol{I}+\eta\left[\nabla\boldsymbol{u}+(\nabla\boldsymbol{u})^{\top}\right] \tag{4.3.3}$$

ここで，$p(\boldsymbol{r},t)$ は圧力場である。方程式 (4.3.1)-(4.3.3) は変数 $\boldsymbol{u},p$ に対して閉じているため，エネルギー保存則を同時に解く必要はない。粒子の存在は流速場に対する境界条件を与えるが，その効果は体積力 $\boldsymbol{f}_{\mathrm{P}}$ という形で (4.3.2) 式には取り入れられている。粒子内部領域にも仮想的に流体を考慮しており，その流速場を粒子の並進・回転運動と一致させる拘束力として $\boldsymbol{f}_{\mathrm{P}}$ を与える。

粒子の並進・回転の運動方程式は以下で与えられる。

$$m_i\dot{\boldsymbol{v}}_i=\boldsymbol{F}_i^{\mathrm{H}}+\boldsymbol{F}_i^{\mathrm{C}}+\boldsymbol{F}_i^{\mathrm{P}} \tag{4.3.4}$$

$$I_i\dot{\boldsymbol{\omega}}_i=\boldsymbol{N}_i^{\mathrm{H}}+\boldsymbol{N}_i^{\mathrm{C}} \tag{4.3.5}$$

ここで $\boldsymbol{F}_i^{\mathrm{H}}$，$\boldsymbol{N}_i^{\mathrm{H}}$ は流体から受ける力・トルクであり，粒子表面に作用する流体応力から次式により求められる。

$$\boldsymbol{F}_i^{\mathrm{H}}=\int_{\partial P_i}\boldsymbol{\sigma}\cdot\mathrm{d}\boldsymbol{S} \tag{4.3.6}$$

$$\boldsymbol{N}_i^{\mathrm{H}}=\int_{\partial P_i}(\boldsymbol{r}-\boldsymbol{r}_i)\times(\boldsymbol{\sigma}\cdot\mathrm{d}\boldsymbol{S}) \tag{4.3.7}$$

これらの積分は粒子表面上で実行する。応力の構成方程式 (4.3.3) に熱揺動項を付加すれば，(4.3.6)，(4.3.7) 式を介して粒子の Brown 運動が再現される [18]。なお，4.2 節の Langevin 方程式では，孤立粒子に対する解析的な表現を $\boldsymbol{F}_i^{\mathrm{H}}$，$\boldsymbol{N}_i^{\mathrm{H}}$ として近似的に用いていた。

4.3.2 Navier-Stokes 方程式の数値解法

粒子の存在を考慮しない場合について，Navier-Stokes 方程式の数値解法の概要を説明する。(4.3.3) 式を (4.3.2) 式に代入し，(4.3.1) 式を考慮して変形すると，以下の流速場の時間発展方程式を得る。

$$\frac{\partial \boldsymbol{u}}{\partial t} = -\boldsymbol{u} \cdot \nabla \boldsymbol{u} + \nu \nabla^2 \boldsymbol{u} - \frac{1}{\rho} \nabla p \tag{4.3.8}$$

動粘性係数 $\nu = \eta/\rho$ は拡散係数と同じ次元を持つ。(4.3.8) 式は，移流項，拡散項，圧力項の 3 つの寄与が流体運動には存在することを示している。(4.3.8) 式の両辺の発散をとると，圧力場を決定する Poisson 方程式が得られる。

$$\nabla^2 p = -\rho (\nabla \boldsymbol{u}) : (\nabla \boldsymbol{u})^\top \tag{4.3.9}$$

これは時間微分項を含まない楕円型偏微分方程式だが，非圧縮性流体では圧力変化が無限大の音速で伝播することに由来する。(4.3.8) 式の圧力項は，流速場に (4.3.1) 式の非圧縮条件を満足させる役割を担っている。Navier-Stokes 方程式の数値解法においても，非圧縮性を満たすように圧力場を決定することが鍵となる。

Navier-Stokes 方程式の数値解法はいくつか考案されているが [20]，ここでは fractional step 法を紹介する。時間差分スキームには 4.1.4 項で説明した Euler 法を用いる。(4.3.8) 式の時間発展を 2 段階に分けて解くことを考える。まず，移流・拡散項による時間発展から仮の流速場 $\boldsymbol{u}^*$ を求める。

$$\boldsymbol{u}^* = \boldsymbol{u}^n + \Delta t \left[-\boldsymbol{u}^n \cdot \nabla \boldsymbol{u}^n + \nu \nabla^2 \boldsymbol{u}^n \right] \tag{4.3.10}$$

その後に圧力項による時間発展を解く。

$$\boldsymbol{u}^{n+1} = \boldsymbol{u}^* - \frac{\Delta t}{\rho} \nabla p^{n+1} \tag{4.3.11}$$

ここで，圧力場は (4.3.1) 式の非圧縮条件を満足するように決定されるため，時刻 t_{n+1} での値としている。(4.3.11) 式の両辺の発散をとると，$\boldsymbol{u}^{n+1}$ が (4.3.1) 式を満たすことから，p^{n+1} を決定する以下の Poisson 方程式が得られる。

$$\nabla^2 p^{n+1} = \frac{\rho}{\Delta t}\nabla \cdot \boldsymbol{u}^* \tag{4.3.12}$$

(4.3.9) 式の右辺と異なる点には注意が必要である。4.3.3 項で述べる空間差分を適用すると，(4.3.12) 式は空間の代表点における圧力値の連立方程式を与える。その数値解法には一般的に収束計算が用いられ，計算時間の律速となる [20]。

コロイド系の直接数値シミュレーションでは，粒子の運動方程式も同時に解く。その際，流体運動と粒子運動を連成させるためには，(4.3.2) 式の体積力 f_{P} と (4.3.6), (4.3.7) 式の流体力・トルクを評価するためのアルゴリズムが必要である。この節の解析例で用いている Smoothed Profile 法については参考文献 [17-19] を参照されたい。

4.3.3　空間差分スキーム

偏微分方程式には時空間の偏微分が含まれるため，4.1.4 項で述べた時間微分の差分近似に加えて，空間微分の差分近似も必要となる。簡単のため，1 次元空間での流速場 $u(x,t)$ を対象に，移流項と拡散項の差分近似を説明する。数値シミュレーションで扱う計算領域は有限であり，その長さ L の中で N 個の代表点 $\{x_j\}_{j=0,\ldots,N}$ を間隔 $\Delta x = x_{j+1} - x_j = L/N$ で設ける。4.1.4 項で述べた時間の離散化も行い，離散的な代表点での関数値 $\{u(x_j, t_n)\}$ から流速場の時間発展を近似的に求める。以下では $u(x_j, t_n)$ を u_j^n と表す。

空間微分の差分近似には隣接する代表点での関数値を用いるため，計算領域の境界上の代表点で差分近似を行うには，計算領域の外に仮想的な代表点を設ける必要がある。仮想的な代表点での関数値は，計算領域に課する境界条件に応じて決定する。4.1.5 項で説明した周期境界条件の場合，境界上の代表点 x_0，x_N において $u_0^n = u_N^n$ とした上で，仮想的な代表点 x_{N+1} を設けて $u_{N+1}^n = u_1^n$ とすればよい。

(1) 風上差分：移流方程式

(4.3.8) 式の右辺で移流項のみを考慮する。ただし，主要な流動の流速

c に比べて流速の変動が小さい状況を考えて，以下の線形化された移流方程式を取り扱う。

$$\frac{\partial u}{\partial t} = -c\frac{\partial u}{\partial x} \tag{4.3.13}$$

$c > 0$ とすると，u の情報は $+x$ 方向に伝播するので，代表点 x_j における空間微分の近似には，風上側の代表点 x_{j-1} での値を用いた後退差分が適当となる。時間微分には前進差分を用いる。

$$\frac{u_j^{n+1} - u_j^n}{\Delta t} = -c\frac{u_j^n - u_{j-1}^n}{\Delta x} \tag{4.3.14}$$

これより，代表時刻における関数値の関係を与える差分方程式が得られる。

$$u_j^{n+1} = u_j^n - N_c\left(u_j^n - u_{j-1}^n\right) \tag{4.3.15}$$

$$N_c = \frac{c\Delta t}{\Delta x} \tag{4.3.16}$$

ここで導入した無次元数 N_c は Courant 数と呼ばれる。4.1.4 項では，常微分方程式の数値解法には，時間刻み幅 Δt に対して安定条件が存在することを述べた。一方，偏微分方程式の数値解法では，時空間の刻み幅 $\Delta t, \Delta x$ の両方が関係する安定条件が存在する。ここでは von Neumann の安定性解析により安定条件を求める。u_j^n を以下のように Fourier 級数展開する。

$$u_j^n = \sum_k \hat{u}_k^n \exp\left(\mathrm{i}kx_j\right) \tag{4.3.17}$$

ここで $\mathrm{i} = \sqrt{-1}$ は虚数単位である。(4.3.17) 式は波数 k，振幅 $\hat{u}_k^n$ の平面波の重ね合わせを表しており，すべての波数成分の振幅が時間に対して発散しないことが安定条件となる。(4.3.15) 式の解として波数 k の成分を代入する。すなわち $u_j^n = \hat{u}_k^n \exp\left(\mathrm{i}kx_j\right)$ より，増幅係数 $G_k = \hat{u}_k^{n+1}/\hat{u}_k^n$ が以下のように求められる。

$$G_k = 1 - N_c\left[1 - \exp\left(-\mathrm{i}k\Delta x\right)\right] \tag{4.3.18}$$

その絶対値は次のようになる。

$$|G_k|^2 = 1 + 2N_\mathrm{c}(N_\mathrm{c} - 1)[1 - \cos(k\Delta x)] \tag{4.3.19}$$

安定条件は任意の k に対して $|G_k| \leq 1$ となることであり，以下のようになる。

$$N_\mathrm{c} \leq 1 \tag{4.3.20}$$

これは CFL（Courant-Friedrichs-Lewy）条件と呼ばれる。代表点の間を情報が伝播する時間 $\Delta x/c$ に対して，それより小さい Δt の設定が必要であることを意味している。なお，多次元空間を扱う場合には，各方向の移流速度と空間刻み幅に対して Courant 数を求め，それらの和で (4.3.20) 式の左辺を置き換えたものが安定条件となる。

(2) 中央差分：拡散方程式

(4.3.8) 式の右辺で拡散項のみを考慮して，以下の拡散方程式を取り扱う。

$$\frac{\partial u}{\partial t} = \nu \frac{\partial^2 u}{\partial x^2} \tag{4.3.21}$$

4.1.4 項で説明した中央差分近似を右辺の空間微分に対して用いる。

$$\frac{u_j^{n+1} - u_j^n}{\Delta t} = \nu \frac{u_{j+1}^n - 2u_j^n + u_{j-1}^n}{\Delta x^2} \tag{4.3.22}$$

この式から導かれる差分方程式では無次元数として拡散数 N_d が現れる。

$$u_j^{n+1} = u_j^n + N_\mathrm{d}\left(u_{j+1}^n - 2u_j^n + u_{j-1}^n\right) \tag{4.3.23}$$

$$N_\mathrm{d} = \frac{\nu \Delta t}{\Delta x^2} \tag{4.3.24}$$

(4.3.23) 式の安定条件を von Neumann の安定性解析で求める。この場合の増幅係数は次式となる。

$$G_k = 1 - 2N_\mathrm{d}[1 - \cos(k\Delta x)] \tag{4.3.25}$$

従って，安定条件は以下のようになる。

$$N_\mathrm{d} \leq \frac{1}{2} \tag{4.3.26}$$

代表点の間を情報が拡散する時間は $\Delta x^2/\nu$ であり，その定数倍よりも Δt を小さく設定する必要があることを意味している。多次元空間を扱う場合の安定条件は，(4.3.20) 式の場合と同様，各方向についての拡散数の和で (4.3.26) 式の左辺を置き換えればよい。

4.3.4　解析例 1：沈降速度

流体よりも比重の大きい粒子は重力により沈降する。粒子には，流体から受ける粘性抵抗力と，浮力を差し引いた実効的な重力が作用し，定常状態では両者が釣り合う。孤立粒子の場合，力の釣り合いは次式で表される。

$$6\pi\eta a v_{s0} = m\left(1-\frac{\rho}{\rho_p}\right)g \tag{4.3.27}$$

ここで，ρ_p は粒子密度である。この式から孤立粒子の沈降速度 v_{s0} が得られる。

$$v_{s0} = \frac{2}{9}\frac{a^2\left(\rho_p-\rho\right)g}{\eta} \tag{4.3.28}$$

一方で，沈降速度は粒子濃度の増加とともに小さくなる。この現象は粒子間の流体力学的相互作用に起因しており，干渉沈降と呼ばれている。その一例として，周期的に配置された粒子の沈降速度の解析例を紹介する。

図 4.13 のような立方体の計算領域の中に 1 つの粒子を配置し，周期境界条件を課する。これにより，単純立方格子の格子点上に配列された粒子群が考慮される。また，静置された容器内での粒子運動に対応させるため，計算領域の重心速度は 0 に保つ。計算領域の一辺の長さ L を小さくすると，次式に従って粒子体積分率 ϕ は大きくなる。

$$\phi = \frac{4\pi}{3}\left(\frac{a}{L}\right)^3 \tag{4.3.29}$$

異なる計算領域サイズでの沈降速度 v_s を数値シミュレーションで計算し，粒子濃度に対する関数 $K(\phi) = v_s/v_{s0}$ として整理した結果を図 4.14 に示す。過去の数値計算結果 [21] とよく一致し，$\phi < 0.1$ では低体積分率での近似解 [22] に漸近している。図 4.13 の断面 S での沈降粒子周囲の流れの

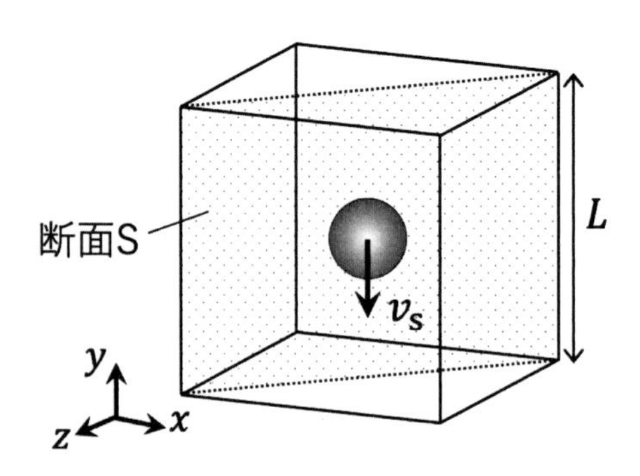

図 4.13　沈降粒子系の計算領域の設定

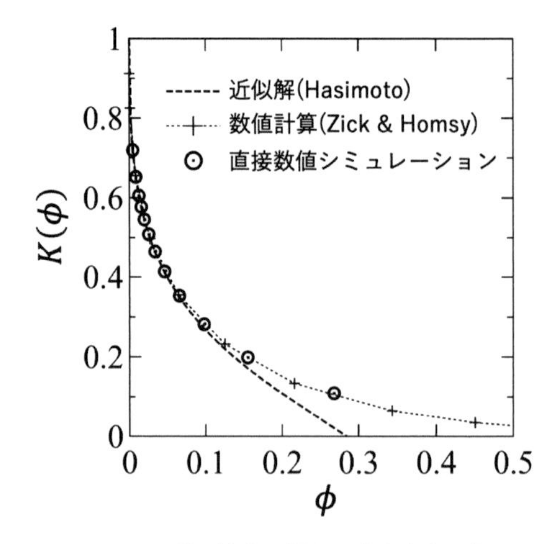

図 4.14　粒子濃度に対する沈降速度の変化

様子を図 4.15 に示す。粒子体積分率は，0.065($L = 4a$)，0.019($L = 6a$)である。粒子の周辺では粒子運動と同方向の流れとなる一方で，粒子が存在しない領域で逆向きの流れが発生している。逆向きの流れは計算領域の重心速度が 0 となることに起因しており，粒子濃度の増加とともに発達して沈降速度を減少させる。

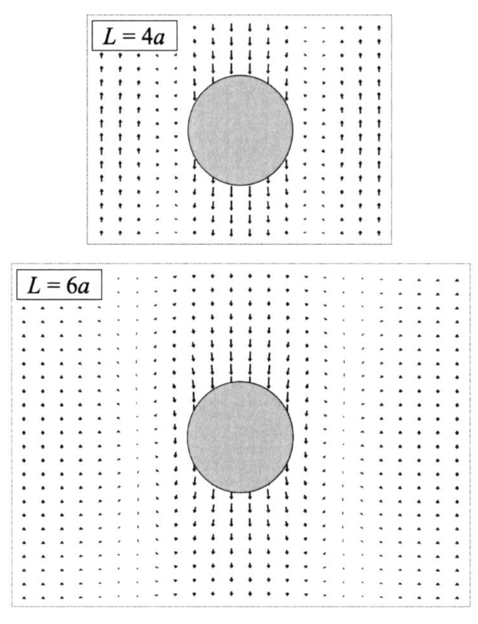

図 4.15 沈降粒子周囲の流速場

4.3.5 解析例 2：凝集系の見かけ粘度

コロイド系では，剪断率に対する見かけ粘度の低下（shear thinning）や上昇（shear thickening）などの非線形な流動特性が観察される。このような非線形性の把握は，コロイド系の塗布・輸送などの流動操作の効率化において必要である。また，流動特性は粒子の高次構造変化の反映なので，塗布・乾燥による材料作製では，塗布速度の選択が構造を介して材料性能に影響する。それゆえ，流動特性を構造と関係付けて理解することが大切である。そのような関係の把握の一例として，粒子凝集系における見かけ粘度の解析例を紹介する。

図 4.16 に示すように，計算領域の上下に壁面を設け，その間に粒子を配置する。壁面以外の境界には周期境界条件を設定する。計算領域の寸法は $16a \times 16a \times 6a$ とする。粒子濃度は 45vol% とし，粒子が分散した初期状態を想定して，粒子をランダムに配置する。上下壁面を同じ速さで反対方向に移動させることにより，単純剪断流れを発生させる。剪断率 $\dot{\gamma}$

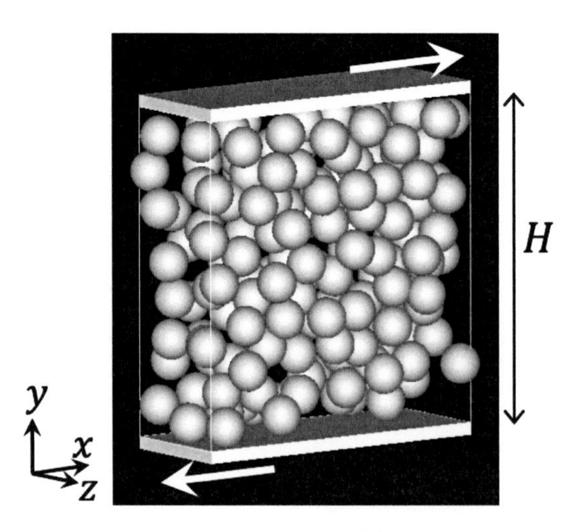

図 4.16　剪断流動系の計算領域の設定

は，壁面の移動速度 v_{w} と壁面間隔 H から次式で評価する。

$$\dot{\gamma} = \frac{2v_{\mathrm{w}}}{H} \tag{4.3.30}$$

さらに，剪断力と粒子間付着力の比を表す以下の無次元剪断率を導入する。

$$\dot{\gamma}^{*} = \frac{12\pi\eta a^{2}\dot{\gamma}}{F^{\mathrm{a}}} \tag{4.3.31}$$

ここで付着力 F^{a} は van der Waals 力から与えるが，2.2 節で示した相互作用エネルギーの式から分かるように，粒子間接触時には値が発散してしまう。それゆえ，接触近傍の表面間距離での値で評価する。

剪断流れを印加した時点からの粒子の平均接触数の時間変化を図 4.17 に示す。また，経過時間 $\dot{\gamma}t = 20$ における粒子の凝集状態を図 4.18 に示す。無次元時間 $\dot{\gamma}t$ は，印加された剪断歪みに相当する。van der Waals 力により粒子の凝集が進行する一方で，剪断流れは粒子を分散させる。時間の経過により定常状態に至るが，そのときの粒子の凝集状態は無次元

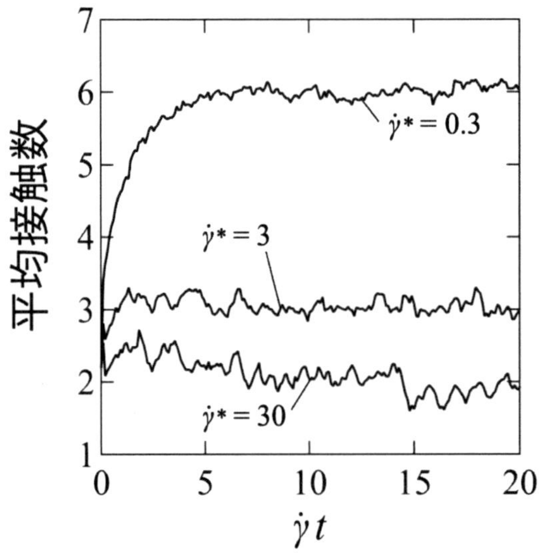

図 4.17　平均接触数の時間変化

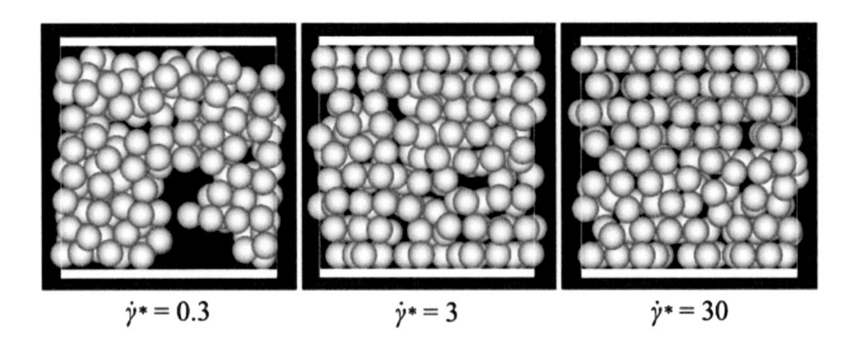

図 4.18　剪断流動下での粒子の凝集状態

剪断率に依存する。図 4.17 より，平均接触数の変動が比較的落ち着いた $\dot{\gamma}t = 15$ 以降を定常状態と見なして，その平均値の無次元剪断率への依存性を図 4.19 に示す。無次元剪断率の増加とともに平均接触数は減少しており，剪断力による粒子の分散が確認できる。無次元剪断率が 10 を超えると平均接触数が収束していき，凝集状態の変化は見られなくなる。凝集

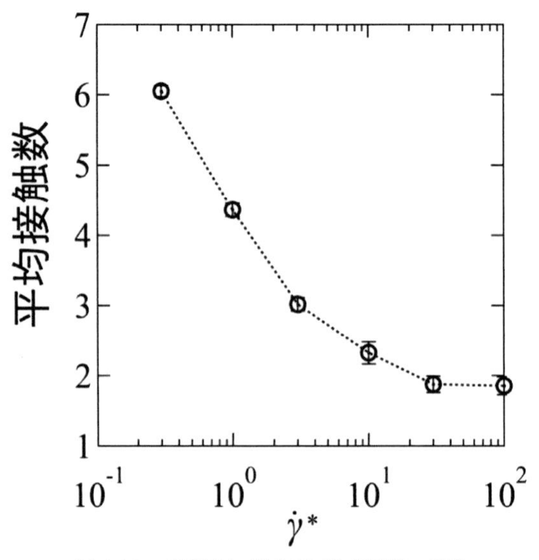

図 4.19　剪断率に対する平均接触数の変化

体を剪断流れで解砕する場合にも同様の挙動が予想され，粒子の分散度合いはある剪断率で頭打ちになる。その場合，さらに剪断率を上げても投入エネルギーは分散に使われずに熱に転換され，温度上昇による材料劣化に繋がる可能性がある。流体運動を解く直接数値シミュレーションでは，速度勾配から壁面に作用する剪断応力を評価できる。それゆえ，剪断応力を剪断率で割った量である見かけ粘度 η_{app} が以下の式から求められる。

$$\eta_{\mathrm{app}} = \frac{\eta}{\dot{\gamma}} \left\langle \frac{\partial u_x}{\partial y} \right\rangle_{\mathrm{wall}} \tag{4.3.32}$$

今回の解析における見かけ粘度の剪断率依存性を図 4.20 に示す。無次元剪断率の増加とともに見かけ粘度が減少する shear thinning が確認できる。図 4.19 と比較すると，shear thinning と粒子の分散が対応付けられる。

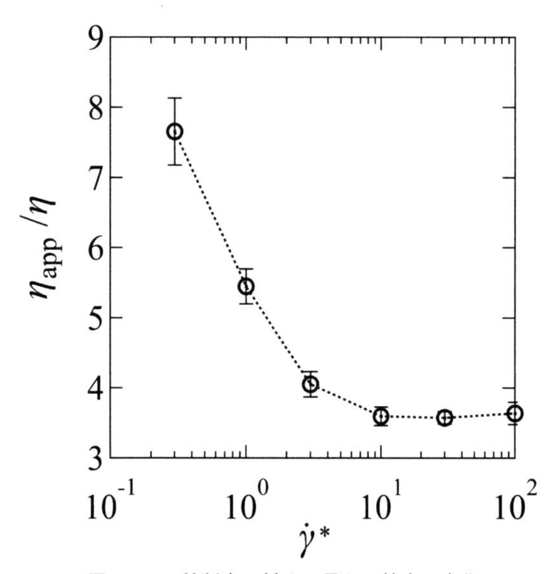

図 4.20　剪断率に対する見かけ粘度の変化

参考文献

[1] Cundall, P. A., Strack, O. D. L.: A discrete numerical model for granular assembles, *Geotechnique*, Vol. 29, pp. 47 - 65 (1979).

[2] 酒井幹夫: 粉体の数値シミュレーション, 丸善出版 (2012).

[3] O'Sullivan, C.（鈴木輝一 訳）: 粒子個別要素法, 森北出版 (2014).

[4] Timoshenko, S. P., Goodier, J. N.（金多潔　訳）: 弾性論, コロナ社 (1973).

[5] 大島隆義: 自然は方程式で語る 力学読本, 名古屋大学出版会 (2012).

[6] 上田顯: 分子シミュレーション – 古典系から量子系手法まで –, 裳華房 (2003).

[7] 神山新一, 佐藤明: 分子動力学シミュレーション（分子シミュレーション講座 2）, 朝倉書店 (1997).

[8] 今井功: 流体力学（前編）, 裳華房 (1973).

[9] 神山新一, 佐藤 明: 流体ミクロ・シミュレーション（分子シミュレーション講座 3）, 朝倉書店 (1997).

[10] Brady, J. F., Bossis, G.: Stokesian dynamics, *Annu. Rev. Fluid Mech.*, Vol. 20, pp. 111 - 157 (1988).

[11] Tatsumi, R., Iwao, T., Koike, O., Yamaguchi, Y., Tsuji, Y.: Effects of the evaporation rate on the segregation in drying bimodal colloidal suspensions, *Appl. Phys. Lett.*, Vol. 112, pp. 053702 (2018).

[12] Schulz, M., Keddie, J. L.: A critical and quantitative review of the stratification of particles during the drying of colloidal films, *Soft Matter*, Vol. 14, pp. 6181 - 6197 (2018).

[13] Zhou, J., Jiang, Y., Doi, M.: Cross interaction drives stratification in drying film of binary colloidal mixtures, *Phys. Rev. Lett.*, Vol. 118, pp. 108002 (2017).

[14] Tatsumi, R., Koike, O., Yamaguchi, Y., Tsuji, Y.: Classification of drying segregation states by a generalized diffusion model, *J. Chem. Phys.*, Vol. 153, pp. 164902 (2020).

[15] 藤田昌大: 微粒子－流体系の自己組織化シミュレーションのためのメソスケール・モデル, 粉体工学会誌, Vol. 47, pp. 327 - 338 (2010).

[16] 田中肇, 舘野道雄: コロイド・微粒子分散系のシミュレーション, オレオサイエンス, Vol. 19, pp. 455 - 460 (2019).

[17] Nakayama, Y., Kim, K., Yamamoto, R.: Simulating (electro)hydrodynamic effects in colloidal dispersions: Smoothed profile method, *Eur. Phys. J. E*, Vol. 26, pp. 361 - 368 (2008).

[18] Fujita, M., Yamaguchi, Y.: Simulation model of concentrated colloidal nanoparticulate flows, *Phys. Rev. E*, Vol. 77, p. 026706 (2008).

[19] Yamamoto, R., Molina, J. J., Nakayama, Y.: Smoothed profile method for direct numerical simulations of hydrodynamically interacting particles, *Soft Matter*, Vol. 17, pp. 4226 - 4253 (2021).

[20] Ferziger, J. H., Perić, M.（小林敏雄, 大島伸行, 坪倉 誠 訳）：コンピュータによる流体力学, 丸善出版 (2012).

[21] Zick, A. A., Homsy, G. M.: Stokes flow through periodic arrays of spheres, *J. Fluid Mech.*, Vol. 115, pp. 13 - 26 (1982).

[22] Hasimoto, H.: On the periodic fundamental solutions of the Stokes equations and their application to viscous flow past a cubic array of spheres, *J. Fluid Mech.*, Vol. 5, pp. 317 - 328 (1959).

第5章
演習問題

5.1　第 1 章

5.1.1　1.4 節

1. 次の文は正しいか誤りか答えよ。ただし，粒子の表面電位 ψ_o は (1.4.16) 式で与えられるものとする。

(1) 電解質溶液中の粒子の表面電位 ψ_o は表面電荷密度 σ が一定のとき，電解質濃度が低いほど低い。

(2) 電解質溶液中の粒子表面が膨潤し表面積が 2 倍になったが，全表面電荷 Q が一定であったので，粒子の表面電位は不変である。

2. (1) 0.01 M の NaCl 水溶液，(2) 0.01 M の $CaCl_2$ 水溶液，(3) 0.01 M の NaCl と 0.01 M の $CaCl_2$ の混合水溶液のそれぞれにおける電気二重層の厚さ (Debye 長，$1/\kappa$) を計算せよ。ただし，温度は 25 ℃とする。(1.4.18) 式を用いよ。ただし，これらの式で i 番目の電解質イオンの濃度 n_i の単位として m^{-3} のかわりにモル濃度（M 単位）を用いる場合の変換公式 (1.4.19) を用いよ。また，$e = 1.6\times10^{-19}$C, $\varepsilon_0 = 8.854\times10^{-12}$F/m, $k = 1.38\times10^{-23}$J/K, $N_A = 6\times10^{23}$mol^{-1}, 25 ℃における値 $\varepsilon_r = 78.55$, $T = 273 + 25K$ を用いよ。

3. ある剛体粒子の表面電位を 0.1 M NaCl 水溶液中で測定したところ 10 mV あった。この粒子を 0.01 M NaCl 水溶液中で測定すれば何 mV になると予想されるか，また，0.001 M NaCl 水溶液中ではどうか，概算せよ。ただし，粒子の表面電荷密度は NaCl 濃度に依存しないものとする。また，低電位の近似（(1.4.16) 式）を行い，さらに，粒子の表面の曲率の効果を無視して，平面と近似できるものとする。さらに，低電位の近似を用いず，厳密解（(1.4.21) 式および (1.4.22) 式）を用いた場合，結果はどう変わるか。温度は 25 ℃とする。

4. 高分子電解質層で覆われた柔らかい粒子の表面電位（高分子層の先端の電位）は高分子層内の Donnan 電位の何倍か。ただし，高分子層は

Debye 長（$1/\kappa$）に比べ十分厚いとする。また，電位は線形近似が適用できるほど低いとする。

5.1.2 1.5 節

1. 電解質溶液中における球状固体粒子の半径 a が電気二重層の厚さ $1/\kappa$ より十分大きい場合（$\kappa a \gg 1$），電気泳動移動度 μ とゼータ電位 ζ の関係に対して，Smoluchowski の (1.5.1) 式と Hückel の (1.5.17) 式のいずれの式が適用できるか。ただし，粒子の表面電位の大きさは 50 mV 以下で緩和効果は無視できるものとする。

2. 電解質溶液中の球状固体粒子のゼータ電位は，粒子半径 a が電気二重層の厚さ $1/\kappa$ の比 κa の値が任意の大きさの場合，Smoluchowski の (1.5.1) 式，Hückel の (1.5.17) 式，Henry の (1.5.20) 式のいずれの式が適用できるか。ただし，粒子の表面電位は 50 mV 以下で緩和効果は無視できるものとする。

3. Smoluchowski の (1.5.1) 式を用いて，25 ℃の水中で（比誘電率 $\varepsilon_r = 78.55$，粘性率 $\eta = 0.89$ mPa・s），電気泳動移動度 μ が 2 μmV^{-1}s^{-1} cm の粒子のゼータ電位 ζ の値を求めよ。また，この値と電位で表現した熱エネルギー kT/e の大きさを比較せよ。

4. 液体粒子（粘性率は媒質の粘性率にほぼ等しいとする）であるのに，固体粒子に対する Smoluchowski の式を用いて，電気泳動移動度からゼータ電位を計算してしまった。液体粒子表面には界面活性剤等が存在しないものとして，どの程度，ゼータ電位を過大評価してしまうか計算せよ。κa の値は十分大きいものとする。

5. 液体粒子（エマルション）の電気泳動速度は同じ表面電位（またはゼータ電位をもつ）剛体粒子に比べ速い。これを定性的に説明せよ。

5.1.3　1.6 節

1. 電解質イオンがほとんど存在しない非水系の場合，溶液中の球状固体粒子（粒子半径 a）のゼータ電位は，Smoluchowski の式（(1.5.1) 式），Hückel の式 （(1.5.17) 式），Henry の式（ (1.5.20) 式）のいずれの式が適用できるか。ただし，対イオン凝縮現象は無視できるものとする。

2. 対イオン凝縮現象が起こる場合，コロイド粒子の電気泳動移動度は粒子の電荷に対してどのような依存性を示すか。

5.2　第 2 章

5.2.1　2.2 節

1. 分子が密に詰まった物質と疎な物質を比べると，密な物質間の相互作用に関する Hamaker 定数の方が小さい。この文章は正しいか。

2. 2 個の同種球状粒子間の van der Waals 相互作用のエネルギーは球の表面積に比例する。この文章は正しいか。

3. 水中に半径 a = 100nm の 2 つの同種の球状粒子がある。表面間距離 H が 10 nm のとき，(2.2.30) 式を用いて粒子間の van der Waals 引力相互作用のエネルギーを計算せよ。ただし，Hamaker 定数 A の値は 5×10^{-21} J とする（ラテックス粒子，リポソーム，細胞等に典型的な値）。この値を熱エネルギー kT（25 ℃で計算せよ）と比較して，どのようなことがいえるか。

5.2.2　2.3 節

1. 一般に電解質濃度を下げると，イオンによる遮蔽効果が減少しコロイド粒子間の静電相互作用エネルギーは増加する。したがって，電解質濃度が完全にゼロ（H^+ と OH^- を含めイオンが全く存在しないとする）の仮想的な極限の系では，静電相互作用エネルギーが最大になる。この文章は正しいか。

2. 2個の同種球状粒子間の静電相互作用のエネルギーは球の表面積に比例する。この文章は正しいか。

5.2.3 2.4節

1. 一般に，Hamaker定数が大きいほど，ゼータ電位が低いほど同種コロイド粒子分散系は安定である。この文章は正しいか。

2. 2個の粒子間の相互作用に対するポテンシャル曲線を描いたところ，熱エネルギーkTよりも低い極大が現れた。2個の粒子は分散するか，凝集するか。

3. 表面電位ψ_oを高くすればするほど，コロイド粒子間の静電相互作用エネルギーは表面電位ψ_oの大きいほど限りなく大きくなり，分散系の安定性は増す。この文章は正しいか。

4. 0.01 MのNaCl水溶液中に半径$a = 100$ nmの2つの球状粒子がある。粒子の表面電位は50 mVである。表面間距離Hが10 nmのとき，(2.4.9)式を用いて粒子間の電気二重層相互作用のエネルギーを計算せよ。ただし，温度は25 ℃，水の比誘電率ε_rを78.55とする。熱エネルギーkTの大きさと比較せよ。

5.2.4 2.5節

1. 2個の異種球状粒子がある。それぞれの表面電位は互いに同符号であり，Hamaker定数は負である。粒子間相互作用のポテンシャル曲線には極大が存在する。この文は正しいか誤りか。

2. 2個の異種球状粒子がある。それぞれの表面電位は互いに異符号であり，Hamaker定数は負である。粒子間相互作用のポテンシャル曲線には極大も極小も存在しない。この文は正しいか誤りか。

5.3　演習問題解答

第 1 章

1.4 節

1.

(1) (1.4.16) 式の分母にある κ が電解質濃度の平方根に比例する。したがって，電解質濃度が低いほど，表面電位は高くなる。

答：誤り

(2) (1.4.16) 式より表面電位は全電荷 Q ではなく，表面電荷密度 σ に比例する。全表面電荷 Q が一定で表面積が 2 倍になると表面電荷密度 σ が半分になるので，表面電位は 1/2 になる。

答：誤り

2.

(1) 1-1 型電解質（濃度 n (M)）の κ は (1.4.18) 式より，

$$\kappa = \left(\frac{2000N_{\mathrm{A}}ne^2}{\varepsilon_{\mathrm{r}}\varepsilon_0 kT}\right)^{1/2}$$

ただし，(1.4.19) 式を用いて電解質濃度の単位を m^{-3} から M に変換してある。

(2) $CaCl_2$ のような 2-1 型（濃度 n(M)）の場合は，(1.4.18) 式より，

$$\kappa = \left(\frac{6000N_{\mathrm{A}}ne^2}{\varepsilon_{\mathrm{r}}\varepsilon_0 kT}\right)^{1/2}$$

(3) 1-1 型電解質（濃度 n_1(M)）と 2-1 型電解質（濃度 n_2(M)）の混合水溶液の場合，(1.4.18) 式より，

$$\kappa = \left[\frac{2000N_{\mathrm{A}}(n_1 + 3n_2)e^2}{\varepsilon_{\mathrm{r}}\varepsilon_0 kT}\right]^{1/2}$$

以上の式を用いると，次の結果が得られる。

答：(1) 3.0 nm，(2) 1.8 nm，(3) 1.5 nm

3. 低電位かつ平面の場合，表面電位 ψ_o と電荷密度 σ の関係は (1.4.16) 式で与えられる。この式より，σ が一定とすれば，ψ_o は拡散電気二重層の厚さ $1/\kappa$ に比例する。$1/\kappa$ はさらに，塩濃度の平方根に反比例する。したがって，塩濃度が 0.1M から，0.01M まで 1/10 になると，表面電位は約 $\sqrt{10}$ 倍 ≈ 10 倍になると予想される。したがって，10 mV から約 100 mV になると予想される。

答：約 30 mV，約 100 mV

また，厳密解を用いた場合，(1.4.21) 式（ただし，$z=1$）で，表面電位 ψ_o =10mV と置いて，表面電荷密度 σ を求めると，25 ℃，ε_r=78.55 では，$\sigma = 7.27\times10^{-3}$ C/m^2 が得られる。この値を，塩濃度 0.01M の値とともに，(1.4.22) 式に代入すると，ψ_o= 30 mV が得られ，低電位の近似解 ((1.4.16) 式) の結果と良く一致する。しかし，塩濃度 0.001M では，ψ_0 = 73 mV となり，低電位の近似解 ((1.4.16) 式) の結果は厳密解から大きく外れることがわかる。

答： 30 mV，73 mV

4. (1.4.55) 式と (1.4.57) 式の比較から，表面電位 ψ_0 は Donnan 電位 ψ_{DON} の半分の大きさである。

答：表面電位は Donnan 電位の半分の大きさである。

1.5 節

1. 電解質溶液中の球状固体粒子の半径 a が電気二重層の厚さ $1/\kappa$ より十分大きい場合（κa »1)，粒子の電気泳動移動度 μ は Smoluchowski の式 ((1.5.1) 式）に従う。

答：Smoluchowski の式

2. 電解質溶液中の球状固体粒子の半径 a と電気二重層の厚さ $1/\kappa$ の比

κa の値が任意の大きさの場合，粒子の電気泳動移動度 μ は Henry の式（(1.5.20) 式）に従う。

答：Henry の式

3. Smoluchowski の式（(1.5.1) 式）を逆に解いて，μ=1 μm V^{-1} s^{-1} cm =1×10^{-8} m V^{-1} s^{-1} m を代入すると，次式が得られる。

$$\zeta = \frac{\eta}{\varepsilon_r \varepsilon_0}\mu = \frac{0.89\times10^{-3}}{78.55\times8.85\times10^{-12}}\times2\times10^{-8} = 25.6\times10^{-3}\mathrm{V} = 25.6\ \mathrm{mV}$$

この電位の大きさと，電位の単位で測った熱エネルギーの値

$$\frac{kT}{e} = \frac{4\times10^{-21}\,\mathrm{J}}{1.6\times10^{-19}\,\mathrm{C}} = 0.025\,\mathrm{V} = 25\,\mathrm{mV}$$

を比較すると，熱エネルギーとほぼ等しいことがわかる。

答：25.6 mV，熱エネルギーとほぼ等しい

4. 液滴粒子の電気泳動移動度の式である (1.5.24) 式において κa が十分大きく，かつ，$\eta_d = \eta$ の場合，(1.5.24) 式は，

$$\mu = \frac{\varepsilon_r \varepsilon_0}{\eta}\zeta\cdot\frac{\kappa a}{5}$$

になる。この式と Smoluchowski の式（(1.5.1) 式）と比較すると，$\kappa a/5$ 倍大きい。したがって，ゼータ電位を $\kappa a/5$ 倍大きく過大評価してしまうことになる。

答：κa/5 倍大きく過大評価

5. 剛体粒子の場合，液体の速度（粒子の対する相対速度）は粒子表面で強制的にゼロになるが，液滴の場合，液滴表面で液体の速度はゼロにならない。これは，液体に対する剛体粒子の抵抗に比べて，液滴の抵抗が小さいことを示す。この結果，液滴は剛体粒子より速く動く。

1.6 節

1. 非水系では電解質イオンがほとんど存在しないので，κ は小さく，粒子半径 a が電気二重層の厚さ $1/\kappa$ より十分小さい場合（κa «1）に相当

する。したがって，粒子の電気泳動移動度 μ は Hückel の式 (1.5.17) に従う。

答：Hückel の式

2. 対イオン凝縮現象が起こると，粒子の電気泳動移動度は粒子の電荷 Q に依存せず (1.6.34) 式で与えられる一定値をとる（図 1.36）。

第 2 章

2.2 節

1. (2.2.10) 式が示すように，Hamaker 定数は分子密度の 2 乗に比例する。したがって，密な物質の方が Hamaker 定数は大きい。

答：誤り

2. (2.2.30) 式が示すように，2 個の同種球状粒子間の van der Waals 相互作用のエネルギーは球の表面積ではなく球の半径に比例する。

答：誤り

3. (2.2.30) 式に，$A = 5\times10^{-21}$ J, a= 100nm = 10^{-7} m, H = 10 nm = 10^{-8} m を代入すると，van der Waals 相互作用のエネルギー V の値が次のように計算される。

$$V = -\frac{Aa}{12H} = -\frac{\left(5\times10^{-21}\,\mathrm{J}\right)\times\left(10^{-7}\,\mathrm{m}\right)}{12\times\left(10^{-8}\,\mathrm{m}\right)} = -4.17\times10^{-21}\,\mathrm{J}$$

熱エネルギー $kT = 1.38\times10^{-23}\,\mathrm{J/K}\times(273+25)k = 4.1\times10^{-21}\,\mathrm{J}$ であるから，van der Waals 引力相互作用のエネルギー V の値は熱エネルギーと同程度である。

答：-4.17×10^{-21} J，熱エネルギーと同程度の大きさである

2.3 節

1. 誤りである。微粒子間の静電相互作用エネルギーは，イオンの熱運動に由来するイオンの浸透圧である。したがって，全く，イオンが存在しないと，静電相互作用も消えてしまう。

答：誤り

2. (2.3.34) 式が示すように，2 つの同種球状粒子間の静電相互作用のエネルギーは球の表面積ではなく球の半径に比例する。van der Waals 相互作用エネルギーの場合と同じである。

答：誤り

2.4 節

1. Hamaker 定数（凝集促進因子）A が大きいほど粒子間の引力エネルギーが大きくなり，ゼータ電位（分散促進因子）ζ が低いほど粒子間の斥力エネルギーが小さくなるので，コロイド粒子分散系は不安定になる。

答：誤り

2. 熱エネルギー kT よりも低い極大なので，エネルギー障壁にならず，2 個の粒子は凝集する。

答：2 個の粒子は凝集する

3. コロイド粒子間の静電相互作用エネルギーはパラメタ γ を通して表面電位 ψ_o に依存する。ところが，図 2.28 からわかるように，ψ_o の非常に大きい極限の場合では，γ はほぼ 1 であり，コロイド粒子間の静電相互作用エネルギーは頭打ちとなり，コロイド粒子分散系の安定性の増加には限りがある。

答：誤り

4. (2.4.9) 式を用いる。そのために，必要な κ の値と γ の値を計算する。

(1.4.18) 式から，$z = 1, n = 0.01\mathrm{M}$ とおいて，

$$
\begin{aligned}
\kappa &= \sqrt{\frac{2z^2e^2\times1000N_A n}{\varepsilon_r\varepsilon_0 kT}} \\
&= \sqrt{\frac{2\times(1.6\times10^{-19})^2\times1000\times6.02\times10^{23}\times0.01}{78.55\times(8.85\times10^{-12})\times(1.38\times10^{-23})\times(273+25)}} = 3.28\times10^8\ \mathrm{m}
\end{aligned}
$$

次に，(2.4.4) 式より，

$$
\begin{aligned}
\gamma &= \frac{\exp\left(ze\psi_o/2kT\right)-1}{\exp\left(ze\psi_o/2kT\right)+1} \\
&= \frac{\exp\left[\left(1.6\times10^{-19}\right)\times\left(50\times10^{-3}\right)/\left\{2\times\left(1.38\times10^{-23}\right)\times(273+25)\right\}\right]-1}{\exp\left[\left(1.6\times10^{-19}\right)\times\left(50\times10^{-3}\right)/\left\{2\times\left(1.38\times10^{-23}\right)\times(273+25)\right\}\right]+1} = 0.451
\end{aligned}
$$

これらの値を用いると，(2.4.9) 式から，

$$
\begin{aligned}
V(H) &= \frac{64\pi ankT\gamma^2}{\kappa^2}\exp(-\kappa H) \\
&= \frac{64\pi a\times(1000N_A n)\times kT\gamma^2}{\kappa^2}\exp(-\kappa H) = 3.54\times10^{-20}\,\mathrm{J}
\end{aligned}
$$

となり，熱エネルギーより大きい斥力エネルギーが得られた。

答：3.54×10^{-20} J，熱エネルギーの 10 倍程度の大きさである

2.5 節

1. 図 2.37 の (b) 型のポテンシャル曲線に対応し，極大も極小も存在しない。

答：誤り

2. 図 2.37 の (c) 型のポテンシャル曲線に対応し，極小が存在する。

答：誤り

索引

さ

た

な

は

ま

や

ら

監修紹介

一般社団法人 日本ディスパージョンセンター

（一社）日本ディスパージョンセンターについて、設立趣旨やその活動内容を簡単にご紹介させて頂きます。

当センターは、固体・液体・気体の分散・凝集に関する現象や応用技術について、その理論背景を学ぶ機会を設けたり、技術開発に必要な工業材料や製造装置・評価機器の使用実践講習会を開催したりするなど、分散・凝集に関する科学技術の理解と普及を目指して設立されたものです。その活動の中で、本書は、とくに理論背景、評価法、応用技術を学ぶ際の「教科書」として活用して頂きたく編集致しました。この教科書を用いてオンラインや対面での講義も実施しています。

また、当センターでは、コロイド科学の基本の中核をなす「分散・凝集の科学」を学ぶ機会が減少しつつある現状を考慮し、それを補いつつ企業の技術者の方々が直面する実用系での課題に対してもサポートできるような活動を目指しております。その意味では、座学と実践の両面から、分野ごとに蓄積されてきたノウハウとその背景にある理論を系統立てて学べるように種々の学習コースを提供していく所存です。

開発業務上、新たにこの分野に参入された方、目標とする製品開発で難題に遭遇されておられる方にこそ当センターの会員になって頂きたいと考えております。本書をご購読頂いて興味をお持ち頂けましたら以下のサイトをご高覧頂けましたら幸いです。

なお、ご入会のお申し込み・お問い合わせは、下記メールアドレスにお願い致します。担当より回答させていただきます。

一般社団法人 日本ディスパージョンセンター
https://dispersion.jp
事務局 E-mail：contact@dispersion.jp

◎本書スタッフ
編集長：石井 沙知
編集：伊藤 雅英
図表製作協力：安原 悦子
組版協力：阿瀬 はる美
表紙デザイン：tplot.inc 中沢 岳志
技術開発・システム支援：インプレス NextPublishing

●本書は『分散・凝集の基礎』（ISBN：9784764960619）にカバーをつけたものです。

●本書の内容についてのお問い合わせ先
近代科学社Digital　メール窓口
kdd-info@kindaikagaku.co.jp
件名に「『本書名』問い合わせ係」と明記してお送りください。
電話やFAX、郵便でのご質問にはお答えできません。返信までには、しばらくお時間をいただく場合があります。なお、本書の範囲を超えるご質問にはお答えしかねますので、あらかじめご了承ください。

微粒子分散・凝集講座　第1巻

分散・凝集の基礎

2024年4月30日　初版発行Ver.1.0

監　修　一般社団法人 日本ディスパージョンセンター
編　者　米澤 徹,武田 真一,藤井 秀司,石田 尚之
発行人　大塚 浩昭
発　行　近代科学社Digital
販　売　株式会社 近代科学社
〒101-0051
東京都千代田区神田神保町1丁目105番地
https://www.kindaikagaku.co.jp

印刷・製本　京葉流通倉庫株式会社
Printed in Japan

ISBN978-4-7649-0690-7